生态文明建设文库
陈宗兴　总主编

生态文明建设与绿色发展的云南探索

付　伟　罗明灿　陈建成　著

中国林业出版社

图书在版编目（CIP）数据

生态文明建设与绿色发展的云南探索／付伟，罗明灿，陈建成著．－北京：中国林业出版社，2019.9

（生态文明建设文库）

ISBN 978-7-5219-0251-8

Ⅰ．①生…　Ⅱ．①付…　②罗…　③陈…　Ⅲ．①生态环境建设－研究－云南　Ⅳ．① X321.274

中国版本图书馆 CIP 数据核字（2019）第 186930 号

出 版 人　刘东黎
总 策 划　徐小英
策划编辑　沈登峰　于界芬　何　鹏　李　伟
责任编辑　李　伟
美术编辑　赵　芳
责任校对　梁翔云

出版发行　中国林业出版社（100009　北京西城区刘海胡同 7 号）
http://www.forestry.gov.cn/lycb.html
E-mail:forestbook@163.com　电话：(010)83143523、83143543
设计制作　北京捷艺轩彩印制版有限公司
印刷装订　北京中科印刷有限公司
版　　次　2019 年 9 月第 1 版
印　　次　2019 年 9 月第 1 次
开　　本　787mm × 1092mm　1/16
字　　数　267 千字
印　　张　14.5
定　　价　55.00 元

总序

生态文明建设是关系中华民族永续发展的根本大计。党的十八大以来，以习近平同志为核心的党中央大力推进生态文明建设，谋划开展了一系列根本性、开创性、长远性工作，推动我国生态文明建设和生态环境保护发生了历史性、转折性、全局性变化。在“五位一体”总体布局中生态文明建设是其中一位，在新时代坚持和发展中国特色社会主义基本方略中坚持人与自然和谐共生是其中一条基本方略，在新发展理念中绿色是其中一大理念，在三大攻坚战中污染防治是其中一大攻坚战。这“四个一”充分体现了生态文明建设在新时代党和国家事业发展中的重要地位。2018 年召开的全国生态环境保护大会正式确立了习近平生态文明思想。习近平生态文明思想传承中华民族优秀传统文化、顺应时代潮流和人民意愿，站在坚持和发展中国特色社会主义、实现中华民族伟大复兴中国梦的战略高度，深刻回答了为什么建设生态文明、建设什么样的生态文明、怎样建设生态文明等重大理论和实践问题，是推进新时代生态文明建设的根本遵循。

近年来，生态文明建设实践不断取得新的成效，各有关部门、科研院所、高等院校、社会组织和社会各界深入学习、广泛传播习近平生态文明思想，积极开展生态文明理论与实践研究，在生态文明理论与政策创新、生态文明建设实践经验总结、生态文明国际交流等方面取得了一大批有重要影响力的研究成果，为新时代生态文明建设提供了重要智力支持。“生态文明建设文库”融思想性、科学性、知识性、实践性、可读性于一体，汇集了近年来学术理论界生态文明研究的系列成果以及科学阐释推进绿色发展、实现全面小康的研究著作，既有宣传普及党和国家大力推进生态文明建设的战略举措的知识读本以及关于绿色生活、美丽中国的科普读物，也有关于生态经济、生态哲学、生态文化和生态保护修复等方面的专业图书，从一个侧面反映了生态文明建设的时代背景、思想脉络和发展路径，形成了一个较为系统的生态文明理论和实践专题图书体系。

中国林业出版社秉承“传播绿色文化、弘扬生态文明”的出版理念，把出版生态文明专业图书作为自己的战略发展方向。在国家林业和草原局的支持和中国生态文明研究与促进会的指导下，“生态文明建设文库”聚集不同学科背景、具有良好理论素养的专家学者，共同围绕推进生态文明建设与绿色发展贡献力量。文库的编写出版，是我们认真学习贯彻习近平生态文明思想，把生态文明建设不断推向前进，以优异成绩庆祝新中国成立 70 周年的实际行动。文库付梓之际，谨此为序。

十一届全国政协副主席
中国生态文明研究与促进会会长　陈宗兴

2019 年 9 月

前言

21世纪世界发展的核心是人类发展，人类发展的主题是绿色发展。推进绿色发展、建设生态文明是全面建成小康社会、实现中国梦的时代抉择。党的十九大报告明确提出推进绿色发展规划，这是继十八大把绿色发展作为生态文明建设基本途径之后的再一次提升。习近平总书记指出：绿色发展是民族地区发展的“利器”。民族地区的绿色发展在全国发展格局中具有特殊重要的战略地位。云南具有良好的生态环境和自然禀赋，山水之秀美多姿，全国罕见，素有“植物王国”“动物王国”“生物多样性王国”的美誉。国家对云南省的定位之一就是“生态文明建设排头兵”，向绿色要效益，让绿色成为美丽云南的主色调，实现“让云岭大地天更蓝、水更清、山更绿、空气更清新”的美丽云南新目标。

本书第一篇生态文明建设理论与实践，首先，从生态文明建设的时代背景出发，探索人类文明史中天人关系的变化历程，理顺生态文明理论形成的两大思想渊源，这为生态文明建设的理论分析和内容打下了基础；其次，从不同视角归纳总结生态文明的评价方法，包括基于资源生产率的生态文明指标、生态文明指标体系评价、生态文明健商指数、生态足迹等；最后，从宏观、中观、微观层面分析云南生态文明建设取得的成效与经验。

本书第二篇绿色发展理论及实践，首先，从绿色发展理论入手，全面分析绿色发展的内涵与本质，并将绿色发展与循环发展、低碳发展进行对比分析，得出绿色发展的定位；其次，基于不同的方法对绿色发展评价进行归纳总结，包括绿色GDP核算、人类绿色发展指数、中国绿色发展指数、基于“两山”理论的绿色发展模式等；再次，从绿色发展涉及的不同领域进行研究，涵盖低碳发展的财税政策、绿色设计、绿色消费等；最后，对云南绿色发展的实践及典型案例进行研究，主要分析了云南绿色产业的发展和云南他留文化绿色消费案例。

本书第三篇生态文明背景下生态项目的投融资模式及案例研究，首先，分析环境污染的危害，包括水污染、大气污染、固体废物的危害，在此背景下，生态项目应运而生；其次，从PPP模式简介、生态项目

PPP 模式相关政策、PPP 模式的分类、PPP 模式结构等方面分析生态项目 PPP 模式；再次，研究云南生态项目 PPP 模式的应用，选取了两个典型案例，一个是针对水污染治理的云南大理洱海环湖截污治理 PPP 项目案例，另一个是针对垃圾处理的云南大理垃圾焚烧发电 BOT 项目案例。

生态文明建设与绿色发展研究是一个系统工程，本书在架构及内容上难免有疏漏和不妥之处，诚请各位同行和读者批评指正。此外，本书借鉴了大量国内外相关文献，在此谨对这些文献的作者表达诚挚的感谢！

本书得以顺利出版，由衷感谢国家出版基金的资助，感谢西南林业大学领导及有关部门的支持，感谢中国林业出版社给予的宝贵机会。

著 者

2019 年 7 月 18 日

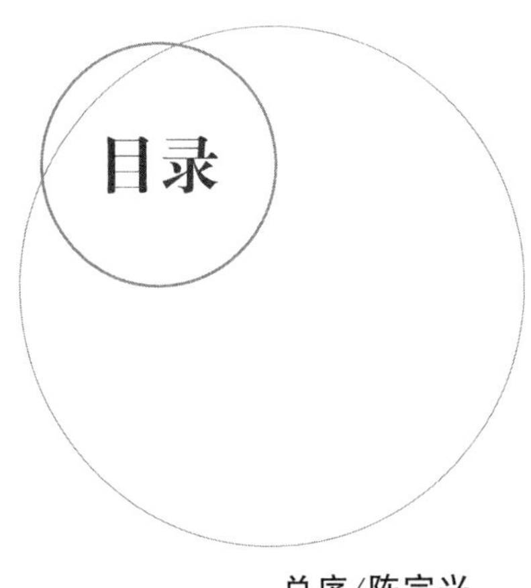

目录

第三篇　生态文明背景下生态项目的投融资模式及案例研究

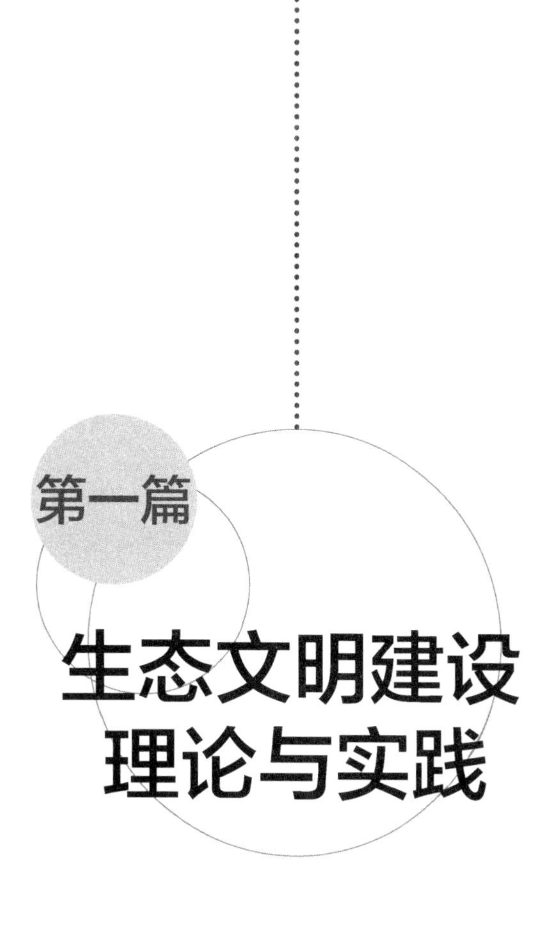

第一篇 生态文明建设理论与实践

生态文明建设是把可持续发展提升到绿色发展高度，为后人“乘凉”而“种树”，留下更多的生态资产，功在当代、利在千秋。党的十九大明确提出建设生态文明是中华民族永续发展的千年大计，必须树立和践行绿水青山就是金山银山的理念，坚持节约资源和保护环境的基本国策，像对待生命一样对待生态环境，统筹山水林田湖草系统治理，实行最严格的生态环境保护制度，形成绿色发展方式和生活方式，坚定走生产发展、生活富裕、生态良好的文明发展道路，建设美丽中国，为人民创造良好生产生活环境，为全球生态安全作出贡献。

我国一直高度重视生态环保工作，坚持节约资源和保护环境的基本国策。党的十五大报告明确提出实施可持续发展战略。十六大以来，在科学发展观指导下，党中央相继提出发展低碳经济、循环经济，建立资源节约型、环境友好型社会，建设生态文明等新的发展理念。十七大强调，到 2020 年要基本形成节约能源资源和保护生态环境的产业结构、增长方式和消费模式。十七届五中全会明确要求树立绿色、低碳发展理念，发展绿色经济。在“十二五”规划中，“绿色发展”独立成篇。党的十八大作出“大力推进生态文明建设”的战略部署，首次明确“美丽中国”是生态文明建设的总体目标。十八届五中全会首次提出了“创新、协调、绿色、开放、共享”的五大发展理念，通过的《中共中央关于制定国民经济和社会发展第十三个五年规划的建议》中明确提出发展绿色环保产业。党的十九大报告明确指出加快生态文明体制改革，推进绿色发展，壮大节能环保产业、清洁生产产业、清洁能源产业。

近年来一系列的政策文件也相继发布，将生态文明建设落实到位。2013 年 8 月国务院发布了《关于加快发展节能环保产业的意见》，2013 年 9 月发布《大气污染防治行动计划》（简称“气十条”），2015 年 1 月 1 日，被称为“史上最严”的新《环境保护法》正式实施，各类环保产业及其归属的绿色产业的相关政策陆续出台。2015 年 4 月 16 日，国务院印发《水污染防治行动计划》（简称“水十条”），着力推动我国水环境质量的优化。2016 年 1 月 1 日，《中华人民共和国大气污染防治法》正式实施。2016 年 5 月 28 日，为了加强土壤污染防治，逐步改善土壤环境质量的《土壤污染防治行动计划》（简称“土十条”）颁布实施。业界所称的“气十条”“水十条”和“土十条”全面落实，条例的颁布与实施对生态文明建设起到了强有力地推动作用，其中明确提出要建立和完善激励政策，加大中央财政对水环境保护项目、土壤污染防治工作的支持力度，落实各项财税优惠政策。2018 年 1 月 1 日，《环境保护税法》正式实施，通过环境税收手段进一步加强环境保护的力度。

第一章

生态文明理论

生态文明建设是生态需求、物质需求和精神需求“三大需求”相融合的自然—经济—社会复合生态系统，旨在将生态效益、经济效益和社会效益三者有效地统一，实现生态和谐、社会和谐。潘家华（2018）认为社会主义生态文明新时代是“生态红利”的时代，把人和自然看作一个和谐共生的整体，让自然休养生息，意在建设人与自然和谐、生产发展、生活富裕、生态繁荣的文明社会。

2015年4月中共中央、国务院印发《关于加快推进生态文明建设的意见》，首次将“绿色化”作为“新五化”（即“新型工业化、信息化、城镇化、农业现代化和绿色化”）之一，这是我国经济社会发展全方位绿色转型的概括和集中体现。2015年9月《生态文明体制改革总体方案》出台，明确给出生态文明体制改革的目标：到2020年，构建起由自然资源资产产权制度、国土空间开发保护制度、空间规划体系、资源总量管理和全面节约制度、资源有偿使用和生态补偿制度、环境治理体系、环境治理和生态保护市场体系、生态文明绩效评价考核和责任追究制度等八项制度构成的产权清晰、多元参与、激励约束并重、系统完整的生态文明制度体系，推进生态文明领域国家治理体系和治理能力现代化，努力走向社会主义生态文明新时代。生态文明相关文件的发布标志着生态文明建设的顶层设计逐步形成，生态文明价值观已逐步深入人心。为落实《生态文明体制改革总体方案》，国家打出“1+6”“组合拳”，其中，“1”就是《生态文明体制改革总体方案》，“6”包括《环境保护督察方案（试行）》《生态环境监测网络建设方案》《开展领导干部自然资源资产离任审计试点方案》《党政领导干部生态环境损害责任追究办法（试行）》《编制自然资源资产负债表试点方案》《生态环境损害赔偿制度改革试点方案》，从各个层面保障落实生态文明体制改革。

一、生态文明建设的时代背景

生态文明是自然和谐与社会和谐的统一，自然和谐是社会和谐的基石。人与人、人与社会之间的关系在人类改造自然的生产过程中形成，并对人与自然的关系产生影响。生态文明观念的形成既可以追溯到我国古代文明的哲理精华，同时又蕴含“人与自然”“人与人”两大关系的演化过程。

(一) 人类文明史中的天人关系

从人与自然关系的视角来看，人类社会经历了原始文明、农业文明、工业文明、生态文明四个阶段的文明形态，在不同阶段由于生产力发展水平的差异，人类对自然界的认识水平都发生了重要的转变。牛文元（2013）总结了不同过程中人类文明的特点：原始文明基本靠“本能”，其特质是“淳朴”，缺憾是具有盲目性；农业文明基本靠“体能”，其特质是“勤勉”，缺憾是具有依赖性；工业文明基本靠“技能”，特质是“进取”，缺憾是具有掠夺性。不同时期人类社会文明过程都留有历史的烙印和特点，具体如下：

1. 原始文明:敬畏自然、依附自然和崇拜自然

人类社会早期，生产力水平极其低下，人类在与自然的关系中处于依附状态，原始人群在生产中较为乏力，生产工具以石器为代表，采用刀耕火种的耕作方式，单纯依靠物质循环来恢复地力，其中劳动是第一生产要素，采集和狩猎是人类获得生活资料的主要方式，生存是其主要目标。由于对自然的畏惧，将大自然的日月星辰、凶禽猛兽等加以神化，并对它们产生崇拜。

2. 农业文明:改造自然、利用自然和支配自然

农业文明时期人类开始认识自然，利用自然，人类改变自然的能力有了质的提高，手工业、种植业、畜牧业得到了发展，基本满足了人类对能源、资源的需求，经济得到一定的发展，人类开发利用一定的资源，土地是第一生产要素，但与自然的关系仍处于低水平的平衡状态。

3. 工业文明:控制自然、征服自然和掠夺自然

1765 年第一台蒸汽机的诞生，标志着人类历史进入了一个新纪元。如果说土地推动了农业文明的发展，无疑，科学技术是工业文明的动力机，资本成为工业文明的第一生产要素，工业文明时期科技取得了一定的发展，在利用自然资源的同时，也带来了前所未有的环境危机。西方国家率先步入工业化阶段，最早享受工业文明带来的繁荣的同时，也最早尝到工业化带来的恶果。在工业发达国家，从 20 世纪 50 年代开始，破坏环境的“公害事件”屡见不鲜，世界

八大公害事件（马斯河谷烟雾事件、多诺拉镇烟雾事件、伦敦烟雾事件、洛杉矶光化学烟雾事件、水俣病事件、富山骨痛病事件、四日市气喘病事件、米糠油事件），涉及大气污染，有毒化工原料直接排入江海，或污染食物，严重危害人类身体健康。

人类文明发展表明工业文明发展黑色化是常态，故工业文明确实是黑色文明，其发展是黑色发展，它的一切光辉成就的取得，说到底是以牺牲自然生态、社会生态和人体生态为代价，创造着黑色的文明史（高红贵，2015）。

4. 生态文明：保护自然、尊重自然与善待自然

反思人类文明的发展历程中人与自然的关系，由于生产力、生产工具、生产要素和产业结构的变化，显然需要建立一种新的文明理论，以适应新的时代发展的要求，生态文明应运而生，打破传统的修补式治理污染的思路，转变为预防式生产和生活模式，囊括整个社会的各个方面，既要求实现人与自然的和谐，又要求人与人的和谐，是社会全方位的和谐，是一种“绿色”文明。

对于人类文明的发展过程，牛文元（2013）对不同历史阶段的文明形态和特点进行了较为全面的归纳与总结，见表1-1。

表1-1　人类不同历史阶段的文明形态和特点

	原始文明	农业文明	工业文明	生态文明
时间尺度	1万年以前	1万年至今	1800年至今	最近30年
空间尺度	个体或部落	流域或国家	国家或洲际	全球
哲学认知	全自我存在（求生与繁衍）	追求“是什么”	追求“为什么”	追求“将发生什么”
人文特质	淳朴	勤勉	进取	协调
推进动力	主要靠本能	主要靠体能	主要靠技能	主要靠职能
对自然态度	自然拜物主义	物质获取为主 自然优势主义 （靠天吃饭）	能量获取为主 人文优势主义 （人定胜天）	信息获取为主 天人协同进化 （天人和谐）
经济水平	融于天然食物链	自给自足（衣食）	富裕水平（效率）	优化水平（平衡）
经济特征	采食渔猎	简单再生产	复杂再生产	平衡再生产（理性、和谐、循环、再生、简约、废物资源化）
系统识别	点状结构	线状结构	面状结构	网络结构
消费标志	满足个体延续需要	维持低水平的生存需求	维持高水平的透支需求	全面发展的可循环可再生需求
生产模式	从手到口	简单技术和工具	复杂技术与体系	绿色技术与体系
能源输入	人的肌肉	人、畜及简单自然能力	化石能源	绿色能源
环境响应	无污染	缓慢退化	全球性环境压力	资源节约、环境资源、生态平衡
社会形态	组织度低	等级明显	分工明显	公平正义、共建共享

由此看出，工业革命以来，技术革命不断创新，创造前所未有物质财富，但与此同时，也给人们赖以生存的物质家园带来了前所未有的环境污染和生态破坏，生态危机在全球蔓延。随着《寂静的春天》《增长的极限》等著作的出版，人类思想逐步发生转变，生态环境问题不仅是一个发展问题，已逐渐变为民生问题。人类逐渐意识到自然环境是人类长远发展的基础，既要维持经济增长，也要维持基本的生态环境。生态文明就是人类在改造自然以造福自身的过程中为实现人与自然之间的和谐所作的全部努力和所取得的全部成果，它表征着人与自然相互关系的进步状态。

我国对于人与自然的关系的认识和实践，经历了一个从“依附自然”“利用自然”“战胜自然”到“尊重自然”“人与自然和谐相处”，再到大力发展生态文明和绿色发展的过程，这也是对人与自然关系价值观转变的体现。

(二) 生态文明理论形成上的两大思想渊源

生态文明的思想渊源已久，在中国传统思想中，自古就把天地万物看成是一个整体。《洪范》中的无形说，把金、木、水、火、土这五种最基本的物质看成是构成世界万物的元素，彼此之间相互联系，相互制约，构成统一的整体。管子主张天与人的协调，认为“人与天调，然后天地之美生”。我国传统的生态文明智慧与马克思的生态文明观共同构成了生态文明形成的两大渊源。

1. 中国传统生态文明智慧

中华民族五千年传统文化博大精深，其中蕴含丰富的天人合一、道法自然、人与自然和谐统一等生态文明智慧和生态伦理思想。

(1) 儒家——天人合一。天人合一是儒家生态思想的核心。所谓天人合一，一般是指人与自然为一体，人与自然和谐相处（蔡登谷，2011）。董仲舒提出：“天人之际，合而为一”，张载在《正蒙 · 乾称》中说：“因明致诚，因诚致明，故天人合一”，明确提出“天人合一”。孔子倡导“仁爱万物”，孟子发扬“仁爱”思想，提出了“君子之于物也，爱之而弗仁；于民也，人之而弗亲。亲亲而仁民，仁民而爱物”。

“天人合一”的思想核心是人与自然的关系和谐的、统一发展，而不是对立或对抗的，是“天道”与“人道”的合一，肯定自然规律与道德法规的内在统一，反映出深邃的生态文明的思想。

(2) 道家——道法自然。“道法自然”是道家的核心价值理念，认为大自然是一个充满生命的整体，“道”是世界的本原，是创造一切生命的源泉。“道”不是一个具体实物，而是无形无象，无处不在，是天地万物之源。《老子》里有“道生一，一生二，二生三，三生万物；人法地，地法天，天法道，道法自然”的表述。庄子认为：“天地万物，物我一也。”道具有自然无为的本性，人要顺应本性，反对人为。

“道法自然”把自然看作一个整体，所有事物都相生相息，提倡顺应自然规律，不去做违反自然规律的事。达到天、地、人的和谐统一，这与生态伦理学的思想是一致的。

（3）佛教——生态关怀。佛教具有两千多年的历史，蕴含着丰富的生态文明思想，“众生平等”“慈悲为怀”“佛化自然”等都是其生态关怀的表现。“一切众生悉有佛性，如来常住无有变异。”佛教强调众生平等，生命轮回，要尊重生命，万物皆有生存的权利，要善待万物。“勿杀生”被佛教奉为“五戒”之首，告诫人们不要滥伐森林，滥杀动物，引导人类以自然为本，与自然平等相处，有利于生态环境保护。

中国传统文化源远流长，其蕴含着的生态观，主张顺天量地，中庸和谐，循环发展，其思想精髓世代传承、博大精深，融入了经济社会生活的方方面面，影响极其深远。

2. 马克思的生态文明观

马克思生态文明观既包括生态经济观的解读，又包括对生态社会观和生态经济观的客观论述，是生态马克思主义经济发展理论的生态阐释。马克思主义生态经济学说是指马克思主义创始人马克思、恩格斯的生态学和生态经济观点、思想和理论，这个学说蕴藏着丰富的文明和生态文明思想（刘思华，2008）。

（1）人与自然和谐共处的思想。对于人与自然的关系，马克思、恩格斯给出了深刻的诠释，首先承认自然存在的客观性，人只是自然的一部分；其次，人是靠自然界生活，人与自然要和谐相处。马克思指出，“人直接的是自然存在物”，而且是“有生命的自然存在物”。这就是马克思思想中对于人首先具有的自然属性的解释。

工业文明形态下的人类过度开采自然资源，违背自然规律，引发了环境污染、生态危机，以致人与自然的关系日益紧张。马克思说：“不以伟大的自然规律为依据的人类计划，只会带来灾难。”恩格斯（1957）在《自然辩证法》中指出：“我们不要过于得意我们对自然界的胜利。对于我们的每一次胜利，自然界都报复了我们。每一次的这种胜利，第一步我们确实达到预期的结果，但第二步和第三步却有了完全不同的意想不到的结果，常常正好把第一个经过的意义又取消了。美索不达米亚、希腊、小亚细亚以及其他各地的居民，为了想得到耕地把森林都砍完了，但是他们怎么也想不到，这些地方今天竟因此成为荒芜不毛之地，因为他们把森林砍完之后，水分积聚和储存的中心也不存在了……因此我们必须时刻记住：我们统治自然界，决不像征服者统治异族一样——相反地，我们同我们的肉、血和头脑一起是属于自然界，存在于自然界中；我们对自然界的整个支配，仅仅是因为我们胜于其他一切动物，能够认识和正确运用自然规律而已”。

马克思思想承认人具有能动性，作用于自然的同时，反作用于自然界，但是对于人与自然关系的阐释中更多强调的是人类在改造、利用自然的过程中，要顺应自然规律，才能造福社会，否则物极必反，一味地破坏自然生态，违反自然规律，必然会受到自然的惩罚。

（2）物质循环，废物再利用思想。马克思的生态文明思想中蕴含着循环经济的雏形，涵盖生产到消费到再利用的过程。根据循环经济的思想，世界上没有真正的垃圾，只有放错地方的资源。在社会生产和再生产过程中，消除污染的有效途径就是将废弃物变成原料，再次利用。而马克思生态文明思想中关于物质循环的核心就是强调对社会生产和生活的排泄物要进行“分解”和“再利用”。马克思对于生产排泄物和生活排泄物还进行了详细的说明。马克思说：“我们所说的生产排泄物，部分地指消费品消费以后残留下来的东西。……铁屑等，是生产排泄物。……破衣破布等，是消费排泄物。”马克思认为，如果这两种消费排泄物不加以处理，且排泄物积累超过了自然生态系统的自净能力，则会造成生态失衡，环境恶化。

马克思物质循环利用的思想是生态经济协调发展的体现，在物质再生产过程中，变废为宝，解决了传统末端治理的弊端，实现了生态—经济—社会多重系统的有机协调发展，是生态文明的重要体现。

（3）科技进步推动人与自然和谐发展思想。马克思指出：“手推磨产生的是封建主的社会，蒸汽磨产生的是工业资本家的社会。”恩格斯指出，“科学是一个伟大的历史杠杆”。在马克思看来，科学是一种在历史上起推动作用的、革命的力量。在废物再次循环利用的过程中马克思还认为，废物的减少，主要取决于所使用的机器和工具的质量，依靠科技力量对工业废料再利用。

二、习近平生态文明思想

习近平生态文明思想内涵丰富，它不仅将我国传统文化中“天人合一”“恩至于水”“恩至于土”等思想文化精髓赋予了新时代的活力，同时也融合了马克思生态文明观，将生态文明建设融入新时代中华民族伟大复兴的历史使命之中，深刻回答了为什么建设生态文明、建设什么样的生态文明、怎样建设生态文明等重大理论和实践问题，为实现生态效益与经济效益两者的和谐共生指明了出路。

(一) 发展历程

习近平同志曾在多个重要场合强调了“生态文明建设”在我国未来发展中的重要性，并围绕生态文明建设问题提出过一系列富有新时代属性的新理论、新战略和新方针，是一个总结历史发展经验，立足当代可持续发展需求，不断求索与创新的过程。习近平生态文明建设思想的形成与建立遵循了客观、科学、严谨、清晰的发展进程，主要包含了萌芽阶段、发展阶段和成熟三个阶段。

1. 萌芽阶段

陕北农村的知青经历萌发了习近平生态文明建设思想，生态理念也孕育于此。为响应毛主席“上山下乡”的号召，1969～1975 年习近平作为知青到陕西省延川县文安驿公社梁家河大队插队 7 年。黄土地生态环境恶劣，生活条件艰苦，时至今日，延川县还是国家级贫困县。为改善生产条件，习近平带领村民改善生态，打坝造田。在全国试行建设沼气池的初期，习近平去已建成的四川沼气地实地考察，带领梁家河全村，利用秸秆和畜禽粪便，成功建成了几十口沼气池，基本上解决了社员做饭、照明的问题。沼气池在当地的成功实践，是一次资源循环利用的实际应用，不仅仅是一个变废为宝的个案，更使得习近平认识到了循环能源对改善人民生活质量的积极作用，这也开启了习近平生态文明建设思想的大门。

20 世纪 80 年代末，习近平担任宁德地区地委书记，鼓励地方开创“绿色工程”，依托荒山、荒坡、荒地和荒滩，实行集约经营。他认为，林业具有很高的生态、社会和经济效益，提出“森林是水库、粮库、钱库”，重视发展林木业这一提法显示出了其早期生态文明建设思想的进一步变化（贾雯，2017）。

2. 发展阶段

习近平十分重视当地生态环境与经济发展相结合。1990 年调任福州市委书记，1992 年，习近平在福州主持编订《福州市 20 年经济社会发展战略设想》（“3820”工程），对福州市将来 20 年的经济和社会的发展制定了策略目标，该“战略设想”把福州的第一产业、第二产业、第三产业以及教育、科技、政治、经济、文化等方面做了统筹规划，并明确提出“一定要做好经济发展过程中的环境保护工作（习近平，1993）。该“3820”工程规划设计不仅给福州政治、经济、文化建设指明了发展方向，而且也是“生态环境”概念在习近平的公开文献中的第一次呈现，为其后续生态文明建设思想的凝练、拓展、深化奠定了基础（阮朝辉，2015）。

习近平开始在福建省任职后，便注意到福建省存在着严重的水土流失问题，习近平展现了其深谋远虑的战略构思，要把该省打造成生态优美的省份，2002年，他最早提出了“建设生态省”的伟大构想，推动编制实施《福建生态省建设总体规划纲要》，强调任何形式的开发利用，都要在保护生态的前提下进行，福建也因此成为国内首批生态省建设试点。“生态省”的战略思想是生态文明建设、绿色发展思想的体现，通过转变经济增长方式，实现环境的保护，实现可持续发展。

2002～2007年，习近平任浙江省委书记，他强调：“你善待环境，环境是友好的；你污染环境，环境总有一天会翻脸，会毫不留情地报复你。这是自然界的客观规律，不以人的意志为转移”。亲自指导编制和推动实施《浙江生态省建设规划纲要》，将“建设生态文明省”的理念带到了浙江，并将这一理念的内涵进行了延伸，由陆地延伸到海洋。2005年他在湖州市安吉县余村考察时提出“绿水青山就是金山银山”，指出在鱼和熊掌不可兼得的情况下，必须善于选择，走“生态立县”的道路。

3. 成熟阶段

中共十七大选举习近平为中央政治局常委，党的十七大报告中也充分体现了他的生态文明建设理念，从这一时期开始，“弘扬生态文明理念，加强生态文明建设”被提高到国家层面。在党的十八大中，习近平等新一届领导人将“生态文明建设”提升到了“五位一体”总体布局的新高度，党的十八大报告中以大篇幅的文字确立了“生态文明建设”是全国人民全面建成小康社会的行动指南。党的十八届三中全会提出加快建立系统完整的生态文明制度体系，并将资源产权、生态红线、生态补偿、管理体制等内容纳入生态文明制度体系中。党的十八届四中全会提出用严格的法律制度保护生态环境，加快建立有效约束开发行为和促进绿色发展的生态文明法律制度。党的十八届五中全会将生态文明建设作为新内涵写入我国“十三五”规划。党的十九大报告明确提出建设生态文明是中华民族永续发展的千年大计，必须树立和践行绿水青山就是金山银山的理念，再次将生态文明提高到战略高度。党章修改中增加了把我国建成富强民主文明和谐美丽的社会主义现代化强国，增强绿色青山就是金山银山的意识等内容，2018年3月通过的《中华人民共和国宪法修正案》写入生态文明。2018年5月，习近平同志在生态环境保护大会上所作的发言中，把生态文明建设是中华民族永续发展的千年大计改为根本大计，系统阐述了八个坚持的内容：坚持生态兴则文明兴，坚持人与自然和谐共生，坚持绿水青山就是金山银山，坚持良好生态环境是最普惠的民生福祉，坚持山水林田湖草是生命共同体，坚持用最严格制度最严密法治保护生态环境，坚持建设美丽中国全民行动，坚持共谋全球生态文明建设。至此，标志着习近平生态文明思想的正式确立。

习近平生态文明建设思想的形成与发展，秉持着从实际出发，理论与实践相结合的严谨态度，其生态文明建设思想发展的历程经历了从萌芽到成熟，从实践到理论、从民生到政治的过程，为我国生态文明法制建设的顺利实施提供了可能。

（二）习近平生态文明观的内容

习近平生态文明建设思想包含的举措是全面的，包括科技、政治、理念各个方面，并且各方面相互配合，具体而言，包括如下几个方面。

1. 绿色发展观

习近平曾这样概括生态环境与人类文明的关系："生态兴则文明兴，生态衰则文明衰。"并在多次重要讲话中明确强调了生态问题的重要性，他指出，"保护环境就是保护生产力，改善生态环境就是发展生产力"的思想指示。

可见，习近平对人与自然的关系进行了深刻的思考。基于对人与自然、生态环境与经济发展的辩证关系的认识，提出了解决二者矛盾的方案，即绿色发展观。实行绿色发展首先需要转变经济增长方式，大力发展节能环保产业，加快核电、风电、太阳能光伏发电等新材料、新装备的研发和推广，推进生物质发电、生物质能源、沼气、地热、浅层地温能、海洋能等应用。全面促进资源节约循环高效使用，推动利用方式根本转变。习近平对此提出："建立在过度资源消耗和环境污染基础上的增长得不偿失。我们既要创新发展思路，也要创新发展手段。要打破旧的思维定式和条条框框，坚持绿色发展、循环发展、低碳发展"。

2. 生态政治观

生态政治观念的一个重要方面就是符合社会主义国家的本质，为人民的利益而奋斗。生态文明建设离不开政府的主导、推动和监督落实。习近平也提出"是否能将社会成员有效动员起来是政府执政能力的体现"。2014 年，习近平在中共十八届四中全会上所作的《中共中央关于全面推进依法治国若干重大问题的决定》明确指出："用严格的法律制度保护生态环境，加快建立有效约束开发行为和促进绿色发展、循环发展、低碳发展的生态文明法律制度。"这一重要论断揭示了生态文明建设制度化、法制化的重要性。习近平的生态文明制度建设为走向生态文明新时代提供了根本保障和现实路径。

3. 生态文化观

生态文化观的建立是生态文明建设的内在推动力，是构筑和谐社会的凝聚力和整合力。生态文化的缺失会在一定程度上引发资源紧缺、生态系统被破坏以及环境污染等问题。所以，习近平强调，要化解人与自然、人与人、人与社会的各种矛盾，必须依靠文化的熏陶、教化、激励作用，发挥先进文化的凝聚、润滑、整合作用。生态文化扩充了人类文化内涵，其中包括人与自然、人与社会的伦理道德建构，良好的生态文化氛围有利于全社会生态价值观的形成，为人与自然和谐共处提供重要保障。

4. 全球生态观

随着全球化趋势不断加深，生态危机早已经不是某一个国家的个别问题，它是全世界人民需要共同解决的重要问题。习近平在外交场合也多次成功地用他的生态文明理念引导着整个世界。他多次强调："应对全球气候变化关乎各国共同利益，地球安危各国有责"，习近平的生态文明建设思想已经从我国提升到了"地球家园"的世界流高度（李航，2017）。

对于共建合作共赢的全球治理体系，习近平在贵阳国际论坛的贺信中指出，保护生态环境是全球需面对的共同挑战。习近平表示，中国愿意承担国际义务，愿意与其他国家一起为维护生态环境开展国际合作，这体现出了中国作为大国所应承担的责任义务和胸怀。习近平的全球生态观充分体现了中国在推进生态文明建设中的高度责任感，并将生态建设问题放在全球、全人类的高度来对待，体现出了习近平生态文明建设思想的国际视野。

（三）习近平生态文明思想系统论述

2018 年 5 月，习近平在全国生态环境保护大会上的讲话中强调，生态文明建设是关系中华民族永续发展的根本大计，新时代推进生态文明建设要坚持以下原则：人与自然和谐共生，绿水青山就是金山银山，良好生态环境是最普惠的民生福祉，山水林田湖草是生命共同体。这都是习近平生态文明思想的论述，具体分析如下：

1."两山"理论

习近平（2007）所著的《之江新语》中指出了绿色 GDP 发展观念，这是实现经济的绿色可持续的发展，这就要求我们需认清高速发展的经济社会与环保之间问题的关联性。绿色 GDP 的提出为之后的"两山"理论奠定了思想基础，初步论述了经济发展和环境之间的关系。2005 年 8 月，习近平在任浙江省委书记时提出绿水青山和金山银山都是我们的财富，都是我们所需要的，实际上，绿水青山就是金山银山，基本上给出了"两山"理论的阐释。2013 年，习近平在谈到环境保护问题时明确指出："我们既要绿水青山，也要金山银山。宁要绿水青山，不要金山银山，而且绿水青山就是金山银山。"这就是"两山"理论的完整阐述，"两山"理论是生态文明建设的重要组成部分，在党的十九大报告中，明确提出"树立和践行绿水青山就是金山银山的理念"。

从社会发展过程来看，人们在实践中对绿水青山和金山银山这"两座山"的认识经历了三个阶段：第一阶段，"只要金山银山，不要绿水青山"，此阶段粗放式经济增长，一味追求高 GDP，而造成了资源的过度开发，环境的破坏；第二阶段，“既要金山银山，也要绿水青山”，此阶段人们对人与自然的关系进行的反思，打破旧的思维定式，强调绿色发展、循环发展和低碳发展；第三阶段，“绿水青山就是金山银山”，强调生态环境保护也是发展，绿水青山本身就是财富，生态环境优势可以转换为绿色经济优势。这是一种更高层次的境界。

习近平多次强调“绿水青山就是金山银山”，在社会各界引起了强烈的反响，对于生态文明和绿色发展的认识有了不同程度的提高，从思维上进行转变，助推节能环保产业、清洁能源产业的发展，全面推进资源全面节约和循环利用，实现经济的高质量发展。

2. 良好生态环境是最普惠的民生福祉

习近平总书记指出，良好生态环境是最公平的公共产品，是最普惠的民生福祉。对于良好的生态环境和民生福祉的科学判断之间深刻关系的论述是在2013 年习近平总书记在海南考察时提出的。党的十九大报告提出，中国特色社会主义进入新时代，我国社会主要矛盾已经转化为人民日益增长的美好生活需要和不平衡不充分的发展之间的矛盾。习近平指出，生态问题不仅仅是一个经济问题，更是一个民生问题、社会问题、政治问题，老百姓过去“盼温饱”，现在“盼环保”，过去“求生存”，现在“求生态”。坚持生态惠民就要重点解决损害群众健康的突出环境问题，不断满足人民日益增长的优美生态环境需要，打赢“水、土、气”三大“战役”，还百姓碧水蓝天。持续开展农村人居环境整治行动，打造美丽乡村，为百姓留住鸟语花香田园风光，留得住青山绿水，记得住乡愁。

3.“山水林田湖草”生命共同体

山水林田湖草是一个生命共同体，人的命脉在田，田的命脉在水，水的命脉在山，山的命脉在土，土的命脉在林和草，这也是习近平生态文明思想的重要部分。“生命共同体”的观点，揭示了生态自然观的实质，丰富了马克思主义自然观。

生命共同体的提出是一个系统论的应用，生态系统是由人类及其他生命体、非生命体及其所在环境构成的整体。生态系统各组成要素相互作用、相互依存，并遵循自身演化发展的规律。自然状态下，各种要素相互依存，实现循环的生态链条，其中某个要素的破坏，直接会影响生态系统功能的发挥，从而引发生态失衡。

生态环境的保护与治理工作应以“山水林田湖草”生命共同体的理论为指导，按照区域生态系统的整体性、系统性及其内在的自然规律性，要统筹兼顾，多措并举，不能只是局限于部分，全方位、全地域、全过程开展生态文明建设。

三、生态文明建设的理论和内容

习近平总书记在致生态文明贵阳国际论坛2013年年会的贺信中指出："走向生态文明新时代，建设美丽中国，是实现中华民族伟大复兴的中国梦的重要内容。"北京大学的张世秋教授提出关于生态文明等社会观念变革已成为全球的第三次环境变革。生态文明建设就是人类自我救赎的一种倡导，从传统的发展观到可持续发展观，直至绿色发展观、五大发展理念的演变，无不阐释着人与自然关系的悄然变化。

(一) 生态文明的理解

生态文明建设是可持续发展的重要内容，生态危机是全球性的，"蝴蝶效应"触目惊心，而环境问题的根源在于世界人口的迅速增长。1987年7月是世界50亿人口日，1999年10月是世界60亿人口日，2011年10月是世界70亿人口日，平均每年世界人口新增8500万。人口对自然资源、环境的消耗已超出地球的承载力，经济学家、生态学家已对经济增长带来的环境问题进行了深刻的反思，进行着一系列的绿色救赎。

马克思在《资本论》中讲到资本主义大工业和城市的发展所产生的影响时曾经指出：大工业"一方面聚集着社会的历史动力，另一方面又破坏着人和土地之间的物质交换……从而破坏土地持久的永恒的自然条件"。1962年出版的《寂静的春天》是对已了无生机的春天的救赎；1971年美国生态学家巴里·康芒纳出版的《封闭的循环》是对现代科技发展方向的救赎；1972年出版的《增长的极限》是对人类增长方式的救赎；1978年美国社会学家邓拉普（R. E. Dunlap）和卡顿（W. R. Catton）发表了《环境社会学：一个新的范式》，随后提出"新生态范式"是对社会—环境互动的救赎。

1. 生态文明内涵

被誉为中国最早投入可持续发展研究先锋之一的中国科学院研究员牛文元（2017）主编的《2016世界可持续发展年度报告》中给出GDP质量是实现世界可持续发展的"发动机"而生态文明建设就是此"发动机"的润滑油，从环境属性、社会属性、人文属性提高GDP的质量。生态文明最早类似的提法是在1995年由美国的Roy Morrison（1995）提出，并将其作为"工业文明"之后的一种新的文明形式。在中国较早使用"生态文明"这个词的学者刘宗超和刘粤生（1993），在1993年发表的《全球生态文明观—地球表层信息增值范型》中明确指出人类与地球表层共存就是生态文明，应使其成为一种具有建设性意义的人类文化传统。1998 年由生态学家叶谦吉（1998）首次明确使用生态文明的概念。

生态文明虽然在国内外经济学界都得到了广泛的认同，但是对生态文明理解的出发点不同，看问题的角度不同，给出的解释就有所差异。诸大建（2008）将其定义为用较少的自然消耗获得较大的社会福利。这一概念操作性强，体现着生态文明必须要跨越生态门槛和福利门槛，即经济增长要与资源消耗、环境污染脱钩，同时社会福利又要与经济增长脱钩，这就需要对传统 GDP 迅速增长造成的全球气候变暖、资源耗竭、水污染、土壤污染等问题，采取变革式、预防式的对策，发展绿色经济和生态经济，从而代替末端处理的应对式、修补式的发展思路；李世东等（2011）认为生态文明是人与自然共同生息，生态与经济共同繁荣，人、经济、社会与自然全面协调发展的现代文明（本质特征）；生态文明是继原始文明、农业文明和工业文明后的一种高级文明形态（历史发展）；生态文明是物质文明、政治文明、精神文明的发展与补充，并对物质文明、政治文明、精神文明发展予以“生态化”引导和制约（结构特征）；生态文明建设内容包括意识文明、生态行为文明、生态物质文明、生态环境文明和生态制度文明等（建设内容）。

李文华（2012）将生态文明的内涵概括为人与自然和谐的文化价值观、生态系统可持续前提下的生产观和满足自身需要又不损害自然的消费观；赵景柱（2013）提出生态文明是指具有保持和改善生态系统服务，并能够为民众提供可持续福利的文明形态；王如松（2013）从政府管理角度对生态文明进行分析，认为生态文明要融入经济建设、政治建设、文化建设和社会建设，特别在政府层面上高度重视；中国科学院可持续发展战略研究组（2013）给出广义的生态文明是指人类社会继原始文明、农业文明、工业文明后的新型文明形态，囊括整个社会的各个方面，既要求实现人与自然的和谐，又要求人与人的和谐，是社会全方位的和谐；狭义的生态文明是指与物质文明、政治文明（制度文明）和精神文明并列的文明形态之一。

由此可见，生态文明是文明交替过程中被社会逐步接受的一种形式，在尊重“山水林田湖草”生命共同体运行规律基础上，形成经济高效、社会公平、环境优质的三角稳定态势。生态文明是“从上到下”生态环保制度的严格实施，又是“从下到上”，从个人到政府对生态价值观念认识的全新转变，还是“上下联动”的全方位、多层面的生态保护行动的落实践行。我国对生态文明探索的步伐从未间断,生态文明的研究逐步遍及社会各个层面。

2. 生态文明建设逻辑框架

生态文明建设涉及生产和生活领域的方方面面，从宏观的总量控制，到中观的行业转型，再到微观的生产和生活行为。中国科学院可持续发展战略研究组（2013）建立可持续生产和消费模式需要把资源持续利用和生态环境保护纳入生产和消费的全过程，把源头防控、过程控制和末端治理结合起来，基本的逻辑框架如图 1-1。

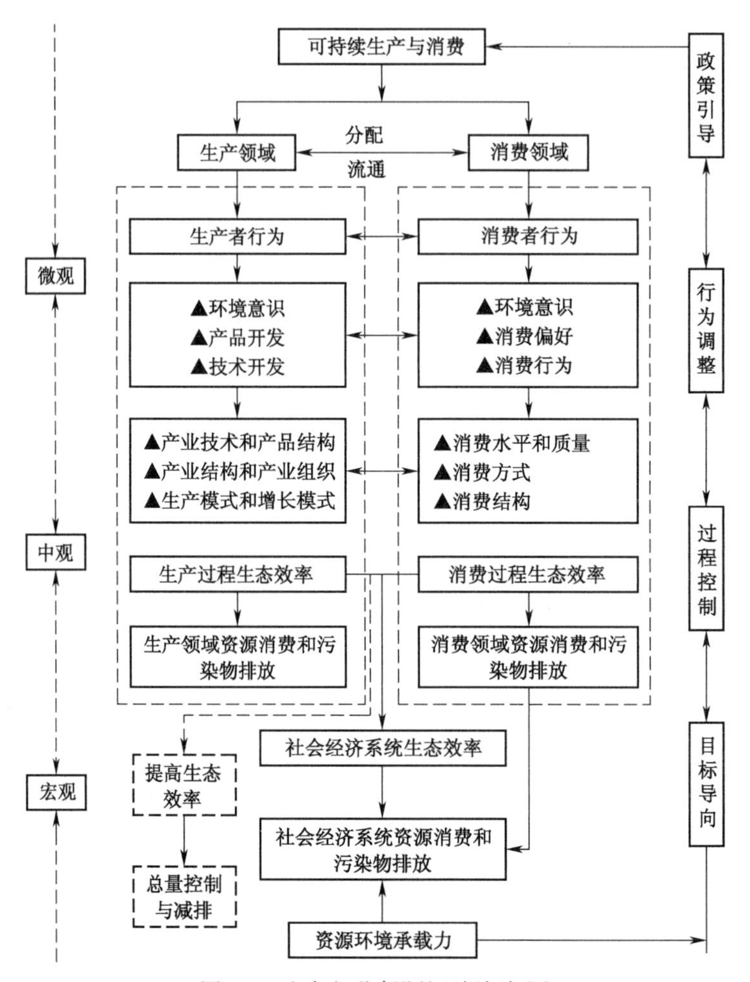

图 1-1 生态文明建设的逻辑框架图

（二）生态文明建设的基本组成

生态文明建设的关键，是处理好人与自然的关系，使经济社会发展建立在资源能支撑、环境能容纳、生态受保护的基础上，使青山常在、清水长流、空气常新，让人民群众在良好生态环境中生产生活。生态文明建设并不仅仅是浮于表面的"种草种树""末端治理"，而是转变现有发展的模式、思维、观念，生态文明的建设贯彻于社会、政治、经济、文化等各个领域，更与现代生产力布局、产业结构、空间格局、生活生产方式、制度治理体制、思想价值观念密不可分，是一项人人有责、互利共赢、共享共建、广博而系统的伟大工程和历史性的绿色变革。

根据生态文明建设目标及要求，生态文明建设基本由五个部分组成，即生态经济建设、生态环境建设、生态制度建设、生态科技建设、生态文化建设。

1. 生态经济建设

把生态文明建设以及环境保护的绿色发展理念与经济发展相结合，从而提高经济发展的质量，优化经济增长的发展模式，实现经济的高质量发展。继续促进清洁生产、鼓励循环经济，优化经济结构，提高资源的利用效率，缓解经济发展对生态环境所造成的压力，推动可持续的生产模式，为生态文明建设提供坚实稳定的物质保障。

2. 生态环境建设

加强和深化环境保护工作，继续加强污染防治，加大退化土地管理力度，改善和重建已经受损或退化的生态系统，恢复和提高自然系统的再生和自洁能力，优化和增强生态系统的服务功能和其本身的承载能力，为生态文明建设提供安全的环境保障。

3. 生态制度建设

建立和完善绿色发展和环境保护的相关法律法规，工作标准和完备的政策制度体系，优化多边合作，建立符合绿色发展观的治理结构和治理机制，建立严格的监管污染物排放的环境保护管理制度，为生态文明建设提供健全的制度保障。

4. 生态科技建设

要想从源头上缓解资源环境和经济发展之间的矛盾，就必须研发出科技含量高、资源利用效率高、环境压力小的产业结构，积极推进绿色化的生产方式，尽量提高经济的绿色化程度，降低经济发展对资源环境造成的压力。

在生产加工过程中，提倡节约资源、有益于环境的生产技术和工艺，建立符合生态绿色发展观的生产系统和产品，增强核心科技的探究，重视开展节能、新能源开发、资源循环、生态修复、污染整治等关键技术领域的相关技术研究，在基本研究和尖端技术研发方面获得深层次的突破。巩固主体地位企业技术创新，积极发挥市场在绿色产业发展和技术路线选择方向的决定性作用。深化科技体制改革，为自然环境治理和生态文明建设提供强有力的技术和科技支撑。

5. 生态文化建设

在发扬优秀传统文化的基础上，积极建立适应生态文明建设的绿色发展价值观，重视生态文明思想氛围的建设，鼓励生态文化产品开发与推广，逐步形成环境友好、资源节约的绿色消费模式，为生态文明建设提供良好的精神依托和思想动力。

四、生态文明建设的通俗表达

“稻花香里说丰年，听取蛙声一片。”寥寥几句诗，一片自然和谐共生的景象浮现脑海。在人类历史发展进程中，人们越来越清晰地认识到，经济社会快速发展决不能以环境的破坏、资源的浪费为代价，生态文明建设势在必行。而“绿水青山就是金山银山”系列表述，其实就是社会主义生态文明观的主要含义在中国背景和语境下的另一种形象化表达，所强调的是通过大力推进社会主义生态文明建设，在逐渐解决目前所面临的严重生态环境难题的同时，找到一条通向中国特色社会主义的人与自然、社会与自然关系的现实道路，也是当代全球最为形象的绿色新经典理论，是生态文明建设的通俗表达。

走“绿水青山就是金山银山”发展之路，是一场前无古人的创新之路，是对原有发展观、政绩观、价值观和财富观的全新洗礼，是对传统发展方式、生产方式、生活方式的根本变革。

(一)“两山”理论的发展历程

1.“两山”理论的提出

2005 年 8 月 15 日，习近平到安吉天荒坪镇余村考察，村干部向他介绍，关停了污染环境的矿山，从一度迷茫到转变发展方式，现在靠发展生态旅游，实现了“景美、户富、人和”。习近平听后说，我们过去讲，既要绿水青山，又要金山银山。其实，绿水青山就是金山银山。9 天后，习近平在浙江日报《之江新语》发表《绿水青山也是金山银山》的评论，如果把“生态环境优势转化为生态农业、生态工业、生态旅游等生态经济的优势，那么绿水青山也就变成了金山银山”。

对这“两座山”之间辩证统一的关系，习近平 2006 年 3 月 8 日在中国人民大学的一次演讲中，进行了集中阐述。他说：“第一个阶段是用绿水青山去换金山银山，不考虑或者很少考虑环境的承载能力，一味索取资源。第二个阶段是既要金山银山，但是也要保住绿水青山，这时候经济发展和资源匮乏、环境恶化之间的矛盾开始凸显出来，人们意识到环境是我们生存发展的根本，要留得青山在，才能有柴烧。第三个阶段是认识到绿水青山可以源源不断地带来金山银山，绿水青山本身就是金山银山，我们种的常青树就是摇钱树，生态优势变成经济优势，形成了一种浑然一体、和谐统一的关系。这一阶段是一种更高的境界，体现了科学发展观的要求，体现了发展循环经济、建设资源节约型和环境友好型社会的理念。以上这三个阶段，是经济增长方式转变的过程，是发展观念不断进步的过程，也是人和自然关系不断调整、趋向和谐的过程。”“两山”理论深刻阐明了生态环境与生产力之间的关系，是对生产力理论的重大发展，饱含敬畏自然、尊重自然、谋求人与自然和谐发展的价值理念和发展理念。

2.“两山”理论多次深化

2013年1月，习近平在十八届三中全会作出关于《中共中央关于全面深化改革若干重大问题的决定》的说明时，深刻揭示了“天人合一”的生态关系，他说：“山水林田湖是一个生命共同体，人的命脉在田，田的命脉在水，水的命脉在山，山的命脉在土，土的命脉在树”。2013年5月24日，中央政治局第六次集体学习“要正确处理好经济发展同生态环境保护的关系，牢固树立保护生态环境就是保护生产力、改善生态环境就是发展生产力的理念”。2013年9月7日，习近平在哈萨克斯坦纳扎尔巴耶夫大学发表演讲时提出：“我们既要绿水青山，也要金山银山。宁要绿水青山，不要金山银山，而且绿水青山就是金山银山。”一次次的生动论述将“两山”理论逐步深化。

3.“两山”理论写入中央文件

2015年3月24日，习近平主持召开中央政治局会议，通过了《中共中央关于加快推进生态文明建设的意见》，正式把“坚持绿水青山就是金山银山”的理念写进中央文件，成为指导中国加快推进生态文明建设的重要指导思想。“两山”理论是我国环境治理和生态文明建设的重要理论指导，是保障生态环境与社会经济统筹推进，协调发展的“压秤砣”，成为我国“五位一体”总体布局和“四个全面”战略布局中必不可少的一份子。

4. 进一步丰富内涵

2016年3月16日，习近平参加十二届全国人大四次会议黑龙江代表团审议时强调，“要加强生态文明建设，划定生态保护红线，为可持续发展留足空间，为子孙后代留下天蓝地绿水清的家园，绿水青山是金山银山，黑龙江的冰天雪地也是金山银山。”

2017年10月，党的十九大报告明确提出：坚持人与自然和谐共生。建设生态文明是中华民族永续发展的千年大计，必须树立和践行绿水青山就是金山银山的理念。“两山”理论成为新时代中国特色社会主义思想和基本方略的不可或缺的重要内容。十九大通过关于《中国共产党章程（修正案）》的决议，明确提出中国共产党领导人民建设社会主义生态文明，并将实行最严格的生态环境保护制度、增强绿水青山就是金山银山的意识、建设富强民主文明和谐美丽的社会主义现代化强国等内容写进党章。

中国共产党十九届二中、三中全会分别于2018年1月18日至19日、2月26日至28日召开。二中全会通过《中共中央关于修改宪法部分内容的建议》，建议将生态文明写入宪法。三中全会通过《中共中央关于深化党和国家机构改革的决定》，就自然资源和生态环境管理体制改革作出重大决定，要求实行最严格的生态环境保护制度，构建政府为主导、企业为主体、社会组织和公众共同参与的环境治理体系，为生态文明建设提供制度保障。

5. 中国生态文明建设进入了快车道

2019 年 4 月 28 日，习近平在 2019 年中国北京世界园艺博览会开幕式发表题为《共谋绿色生活，共建美丽家园》的重要讲话，提出绿色发展“五个追求”：追求人与自然和谐，追求绿色发展繁荣，追求热爱自然情怀，追求科学治理精神，追求携手合作应对。在追求绿色发展繁荣部分提到，绿水青山就是金山银山，改善生态环境就是发展生产力。良好生态本身蕴含着无穷的经济价值，能够源源不断创造综合效益，实现经济社会可持续发展。

从“两山”理论的发展历程中可以看出，绿水青山就是金山银山，深刻揭示了社会发展与生态保护、环境保护和财富增长的本质关系，指明了实现发展和保护内在统一、相互促进和协调共生的方法论。保护生态就是保护自然价值和增值自然资本的过程，保护环境就是保护经济社会发展潜力和后劲的过程，把生态环境优势转化成经济社会发展的优势，绿水青山就可以源源不断地带来金山银山，实现财富增长。

(二)“两山”理论的重要体现

1.“两山”理论体现了发展阶段论

发展是硬道理，是人类永恒的主题。但不同发展阶段面临的问题是不同的，这就需要科学认识、把握和解决不同发展阶段中的问题。应当把习近平总书记的三句话联系起来：既要绿水青山，又要金山银山；宁要绿水青山，不要金山银山；而且绿水青山就是金山银山。这三句话代表国家昌盛、民族可持续发展与人民健康。这是从灰色发展到绿色发展的战略转移，是党的十一届三中全会以来中华民族发展中的第二次战略转移，其意义十分重大。

“两山”理论从认识变化的“三阶段”对应了发展的“三阶段”，将发展比作登山，对“绿水青山”生态价值的认识经历了三阶段：第一阶段，在登山前的山脚下（平台阶段），人们认为绿水青山“不能当饭吃”，想到“砍柴烧”；第二阶段，登山过程中，由于饥饿，所以会乱砍滥伐、破坏生态环境；第三阶段，翻过山顶蓦然回首，发现绿水青山的美轮美奂，并采取环境友好的途径将“绿水青山”转变为“金山银山”。由上得出，山还是那座山，在不同的发展阶段，人们愿意付出的资金（支付意愿，WTP）不同，对自然的开发和保护的态度和做法也不相同。而“既要绿水青山，也要金山银山”，强调的是经济发展与环境保护的兼顾；“绿水青山就是金山银山”，代表生态价值的本来面貌，反映了人对自然生态价值的认识回归，需要生态自觉。

2."两山"理论体现了生态系统论

生态是生物与环境构成的有机系统，彼此相互影响，相互制约，在一定时期处于相对稳定的动态平衡状态。人类只有与资源和环境相协调，和睦相处，才能生存和发展。如同古人所云："天地与我并生，而万物与我为一"。

"两山"理论中"绿水青山"与"金山银山"的关系正是生态系统论的体现。"绿水青山"强调环境保护，"金山银山"强调经济发展，最终实现社会的和谐，人民都有美好的生活，鉴于此，"两山"理论是寻求和实现环境、经济、社会三者之间的平衡，意义非凡。

3."两山"理论体现了敬畏自然论

党的十九大提出了：坚持人与自然和谐共生，坚持推动构建人类命运共同体，构筑尊崇自然、绿色发展的生态体系等重要论断。敬畏自然、尊重自然、顺应自然、保护自然谋求人与自然和谐发展的价值理念和发展理念。敬，尊敬，这是基本道理；尊敬他人，就是尊敬自己。畏，一是自然的神秘性，二是自然的报复性，则人必须"畏"。只有畏，才能自律谨慎按规律办事。天阴阳变化，地刚柔变化，人天地之物。天人合一，道法自然。

过去很长一段时间，我们片面强调人对自然的主体作用，什么"人有多大胆，地有多高产"，什么"战天斗地"，什么毁田造房、毁林造厂、填海造地等，须知对每一次这样的陶醉，最后大自然都报复了我们。其实，人是自然界的产物，也是自然界的一部分，人类生存须臾离不开自然环境。保护好自然，就是保护好人类自身。

4."两山"理论体现了民生福祉论和综合治理论

党的十八大以来，党中央从增进民生福祉和环境综合治理出发，制定出台推进生态文明建设的一系列"组合拳"，包括修订实施史上最严格的《环境保护法》，制定印发《中共中央国务院关于加快推进生态文明建设的意见》，从各个方面健全生态文明制度体系，把环境保护和生态文明建设纳入法治化、制度化、系统化、常态化的轨道。

环境治理是一个系统工程，必须作为重大民生实事紧紧抓在手上，保护生态环境，关系最广大人民的根本利益，关系子孙后代的长远利益，关系中华民族伟大复兴中国梦的实现。

(三)"两山"理论的现实意义

1. 生态文明建设的根本遵循

党的十九大报告为未来中国推进生态文明建设和绿色发展指明了路线图，积极践行"两山"理论就是要加快生态文明体制改革、推进绿色发展、建设美丽中国的战略部署。要绿水青山，就要尊崇自然，实现绿色发展；既要为发展提供优良的环境质量，也需要为生态健康提供保障。要实现绿水青山就是金山银山，必须树立人与自然和谐共生的理念，推动绿色产品和生态服务的资产化，让绿色产品、生态产品成为生产力，使我国的生态优势转化成为符合中国特色社会主义新时代的经济优势。

2. 实现生态惠民的主要指导

从世界林业发展先进经验看，要顺应绿色发展，发展绿色经济，实现绿色增长。森林是最有价值的自然财富，这是一种根本的主张。木材利用和社会效益并重双赢。联合国《森林战略规划（2017～2030年）》提出增加森林的经济、社会及环境效益，改善以森林为生者的生计。消除所有以森林为生者的极端贫困。越来越多的人向往森林，森林旅游不仅成为一种时尚，而且开始成为一种生活方式。森林旅游是以森林、湿地、荒漠和野生动植物资源及其外部物质环境为依托，所开展的游览观光、休闲度假、健身养生、文化教育等旅游活动的统称。森林旅游的主要载体，则主要依靠森林公园、湿地公园和林业系统的自然保护区。一大批树木园、野生动物园、林业观光园等也被纳入了森林旅游的范畴。

3. 决胜全面小康社会的有效途径

绿色是生命的本色，是幸福的底色。绿色的最高境界是与生命长青相连，不仅仅是一种颜色，更重要的是一种理念，一种发展方式，追求的是高质量发展。清洁增长、循环、环保、低碳、可持续、健康等都是重要内涵。全面建成小康社会，要求林业建设把保护生态环境、提供优质生态产品、增加生态福祉作为出发点和落脚点，充分发挥强大生态功能，努力为人民群众营造天蓝、地绿、水净的美好家园。

4. 开启建设社会主义现代化国家的根本保障

在决胜全面建成小康社会后，党和国家事业发展的新目标，是分两步走全面建设社会主义现代化国家。相应地，新征程也分为接力奋进的两个阶段。第一个阶段，从2020年到2035年，在全面建成小康社会的基础上，再奋斗15年，基本实现社会主义现代化。我们建设的现代化是人与自然和谐共生的现代化，到2035年，生态环境根本好转，美丽中国目标基本实现。既要创造更多物质财富和精神财富以满足人民日益增长的美好生活需要，也要提供更多优质生态产品以满足人民日益增长的优美生态环境需要。

第二个阶段，从2035年到本世纪中叶，在基本实现现代化的基础上，再奋斗15年，把我国建成富强民主文明和谐美丽的社会主义现代化强国。到那时，我国物质文明、政治文明、精神文明、社会文明、生态文明将全面提升，实现国家治理体系和治理能力现代化，成为综合国力和国际影响力领先的国家，全体人民共同富裕基本实现，我国人民将享有更加幸福安康的生活，中华民族将以更加昂扬的姿态屹立于世界民族之林。

我国经济已由高速增长阶段转向高质量发展阶段，正处在转变发展方式、优化经济结构、转换增长动力的攻关期，建设现代化经济体系是跨越关口的迫切要求和我国发展的战略目标。必须坚持质量第一、效益优先，以供给侧结构性改革为主线，推动经济发展质量变革、效率变革、动力变革，提高全要素生产率，着力加快建设实体经济、科技创新、现代金融、人力资源协同发展的产业体系，着力构建市场机制有效、微观主体有活力、宏观调控有度的经济体制，不断增强我国经济创新力和竞争力。

第二章

生态文明评价

2018 年 12 月 18 日，习近平总书记在纪念改革开放 40 周年大会上提到，40 年来，我们始终坚持保护环境和节约资源，坚持推进生态文明建设。要实现美丽中国梦，生态文明建设至关重要，生态文明建设效果的评价随之成为生态文明建设的重要环节。生态文明的评价标准及评价方法一直是学术界研究的重点，由于生态文明涉及资源、环境、人口、经济、社会、制度、文化等方方面面，涵盖性很高，因此，评价生态文明也成为研究的难点。

评价是根据确定的目的来测定对象系统的属性，并将这种属性变为客观定量的价值或主观效用的行为，评价目的就是通过对评价对象属性的定量化测度，实现对评价对象整体水平或功能的量化描述，从而揭示事物的价值或发展规律（张建龙，2012）。对于生态文明的评价方法大体可以分为单指标评价法和指标体系评价法。

一、基于资源生产率的生态文明指标

基于资源生产率（Resource Productivity，RP）的生态文明指标评价属于单指标评价法，这类评价指标用一个综合的评价指数来反映生态文明的程度。经济学意义上的生产率概念是指资源（包括资本、劳动力、自然资源、人力资本）开发利用的效率，即生产过程中投入转变为实际产出的效率。从一个国家或地区的宏观经济角度来考虑，生产率等同于一定时间内国民经济总产出与各种资源要素总投入的比值。资源生产率的计算公式如下：

$$RP = GDP/EF$$

其中，GDP 代表国民经济总产出，EF（生态足迹）代表自然资源的总投入。

2009年以北京大学杨开忠教授为首席科学家的国家社科基金重大项目“新区域协调发展与政策研究”课题组提出生态文明水平即生态效率（Eco-efficiency，缩写为EEI，EEI =GDP/地方生态足迹），其评价生态文明水平的思路与资源生产率一致。EEI由普遍公认的GDP和生态足迹两个指标直接合成，原理简明、计算方便，易于应用。

杨开忠（2009）认为，生态文明是人类文明的一种，以尊重和维护自然为前提，以人、自然、社会和谐共生为宗旨，以建立可持续的生产方式和消费方式为内涵，引导人们走上可持续发展道路。按照生态文明水平的计算结果，首次对2007年中国各省份的生态文明水平进行排名，结果如下：北京、上海、广东、浙江、福建、江苏、天津、广西、山东、重庆、四川、江西、河南、湖南、（以下为全国平均水平线下）湖北、海南、安徽、陕西、黑龙江、吉林、青海、河北、辽宁、新疆、云南、甘肃、内蒙古、贵州、宁夏、山西。同时，还根据计算结果将所有的省份分为两级六组，即：生态文明水平较全国高的等级，包括最高水平组、高水平组和中高水平组的14个省份；生态文明水平较全国低的等级，包括分布于中低水平组、低水平组、最低水平组的16个省份，见表2-1。

表2-1　不同生态文明系数水平组别之省份的地区分布

	东部	中部	西部
最高水平组	北京		
高水平组	上海、广东、浙江、福建、江苏、天津		
中高水平组	广西、山东	江西、河南、湖南	重庆、四川
中低水平组	海南	湖北、安徽、陕西、黑龙江、吉林	
低水平组	河北、辽宁		青海、新疆、云南、甘肃
最低水平组		内蒙古、山西	贵州、宁夏

从广义来看，生态文明水平就是指生态资源用于满足人类需要的效率，其本质就是以更少的生态成本获得更大的经济产出。影响各地区生态文明水平高低差异的因素有GDP、人口规模、人均GDP、经济服务化、城市化水平、经济活动能耗、人均生态足迹等。

随后，该研究组在2014年，在以往的研究方法基础上加入了环境质量指数（EQI），将标准化后的EEI和EQI加权合并，得到修正后的生态文明指数（ECI），再次推出《2014年中国省市区生态文明水平报告》，将我国30个省份的生态文明水平进行排名，排名为福建、海南、上海、北京、广东、浙江、江苏、重庆、云南、贵州、山东、甘肃、湖南、广西、安徽、吉林、江西、天津、青海、湖北、黑龙江、四川、辽宁、内蒙古、宁夏、河南、新疆、陕西、山西和河北。

生态文明指数包括生态效率和环境质量两个要素。由于自然地理环境、经济发展程度、人口消费结构、科学技术水平等方面的差异，这两个要素对各省区市生态文明的贡献比重不尽相同。报告根据生态效率和环境质量对生态文明水平贡献比重的不同将30个省份分为三类：综合平衡型、环境主导型和效率主导型，见表2-2。

表2-2 中国省份生态文明类型统计描述

类型	省份个数	省 份	ECI平均排名
综合平衡型	10	福建、上海、广东、重庆、湖南、吉林、江西、青海、黑龙江、山西	13.20
环境主导型	9	海南、云南、贵州、甘肃、广西、安徽、内蒙古、宁夏、新疆	15.33
效率主导型	11	北京、浙江、江苏、山东、天津、湖北、四川、辽宁、河南、陕西、河北	17.73

从ECI的平均排名来看，三种生态文明类型存在一定的差距。相对来说，综合平衡型省份的生态文明平均水平最高。鉴于此，在今后的生态文明建设过程中，不仅要注重环境，生态效率也很重要，两者都要兼顾。

二、生态文明指标体系评价

对于生态文明的评价，较多学者和研究机构采用构建指标体系进行评价，这类评价体系通常是由众多的评价指标所构成的一个具有层次结构的评价体系，从社会、经济、生态、环境、资源、科技和人口等多个方面对国家或地区生态文明水平进行综合衡量。成金华等（2015）参照党的十八大报告对生态文明建设所提出的四方面具体要求，将国土空间优化布局、资源能源节约集约利用、生态环境保护与生态文明制度建设四个方面构建生态文明发展水平评价指标体系，应用2003～2012年我国各省份数据，对各地区的生态文明发展水平进行测度。除此之外，较有代表性的指标体系还有贵阳指数（中国生态文明发展指数）和绿色发展指标体系。

（一）贵阳指数（中国生态文明发展指数）

2015年由北京国际城市发展研究院和贵州大学贵阳创新驱动发展战略研究院采用我国首个以城市命名的生态文明“贵阳指数”，亦称“中国生态文明发展指数”，该指数是基于“经济发展、社会进步和环境保护是可持续发展三大支柱”的论断，构建了包含“生活观、生产力、生态美”的生态“金三角”模型，进而从“适度、紧凑、和谐、健康、节能、绿色、低碳、循环、天蓝、地绿、山青、水净”等12个方面，对各地生态文明建设方面的情况进行评估。2015年，中国35个大中城市“贵阳指数”的评价得分与排名情况公布，从城市排名情况看，位居前十位的分别是海口、广州、青岛、北京、沈阳、杭州、厦门、西安、贵阳和大连。

（二）绿色发展指标体系

2017年12月国家统计局、国家发展和改革委员会、环境保护部、中央组织部发布《2016年生态文明建设年度评价结果公报》，生态文明建设年度评价按照《绿色发展指标体系》实施，绿色发展指数采用综合指数法进行测算，绿色发展指标体系包括资源利用、环境治理、环境质量、生态保护、增长质量、绿色生活、公众满意程度等7个方面，共56项评价指标。其中，前6个方面的55项评价指标纳入绿色发展指数的计算；公众满意程度调查结果进行单独评价与分析。公报显示，生态文明建设年度评价排名前十的地区分别为：北京、福建、浙江、上海、重庆、海南、湖北、湖南、江苏和云南。

在生态文明的建设过程中，不同省份都有其优势。北京、福建、浙江是排名前三的省份，分析其在生态文明建设中所采取的措施和成效，得出以下六个共性特点，以供其他省份参考与借鉴。

一是技术创新和结构调整有效缓解经济发展与资源环境的矛盾，推动绿色产业发展和生产方式绿色化，有效提高经济绿色化的程度；二是节约资源是破解资源瓶颈约束、保护生态环境的首要之策，有利于深入推进全社会节能减排和各类资源的高效利用，从而使得生产、流通、消费各环节都实现循环经济发展；三是加大对自然生态系统和环境保护力度，切实改善生态环境质量，全面推进污染防治；四是完善的生态文明制度体系可以有效的引导、规范和约束各类开发、利用、保护自然资源的行为，用制度保护生态环境；五是坚持问题导向，针对薄弱环节，加强统计监测和执法监督，为推进生态文明建设提供有力保障；六是建设良好的生态文明社会风尚，充分调动人民群众的积极性、主动性、创造性，以实现生活方式的绿色化。

三、生态文明健商指数

生态文明的评价标准各有侧重，研究重点在于选取的指标不同。付伟等（2017）提出生态文明健商指数，应用健商理念来评价生态文明建设健康程度，拓展了生态文明的研究领域。

（一）健商概述

“健商”（Health Quotient，HQ）的概念是由哈佛大学医学专业博士谢华真教授在 1999 年首次提出，它是一个博取古今中外医学以及保健学等方面的精华知识，加之中医自然科学的相关理论，然后在总结健康与人类的情绪、心理、意识、环境以及社会等多方面因素的基础之上提出来的一个全新的理念（王利明，2012）。它不是对智商和情商的简单模仿，而是在对现代西方主流医学和保健思想的反思和批评的基础上，提出的一个崭新的保健理念。健商的应用主要在健康医疗等方面，至今为止还没有将其与生态文明建设结合的相关研究。

（二）生态文明健商指数的构建

健商包括五大要素：自我保健、健康知识、生活方式、精神健康和生活技能。借鉴健商五要素，生态文明健商指数的评价包括资源节约程度、生态文明认知程度、生态文明行为程度、生态文明制度建设程度和环境保护程度。资源节约程度包括：人均日生活用水量（升）、可再生能源占能源消费总量的比重（%）、单位 GDP 能耗（tce/万元）、人均耕地面积（平方千米/人）；生态文明认知程度包括：第三产业增加值（亿元）、第三产业贡献率（%）、R&D 经费支出与国内生产总值之比（%）；生态文明行为程度包括：私人汽车拥有量（万辆）、城市绿地面积（公顷）、湿地面积占辖区面积比重（%）；生态文明制度建设程度包括：突发环境事件次数（次）、环境污染治理投资总额（亿元）、工业污染治理完成投资（万元）；环境保护程度包括：废水排放总量（万吨）、二氧化硫排放量（万吨）、氮氧化物排放量（万吨）、固体废物综合利用量（万吨）、森林覆盖率（%）。

资源节约程度选取指标主要从水资源、可再生能源、资源的循环利用等方面进行具体指标的选取；生态文明认知程度指标主要从第三产业的实现程度及科学研究的比重等方面进行具体指标的选取；生态文明行为程度指标主要从环保实践等方面进行具体指标的选取；生态文明制度建设程度主要从制度执行和执行效果等方面进行具体指标的选取；环境保护程度指标主要从污物排放和污物治理等角度进行具体指标的选取。

生态文明健商指数的五个准则层部分犹如人的主要内脏器官，只有各个器官都正常运转，身体才会健康。通过面对面访问和电子邮件调查等方法，收集了相关在生态文明研究方法等方面有所研究和建树的专家对生态文明健商指数的相关意见，同时借鉴相关学者对生态文明体系构建方面的指标及相关指标的可得性等各个方面，构建生态文明健商指数为目标层，以资源节约程度、生态文明认知程度、生态文明行为程度、生态文明制度建设程度和环境保护程度五个指标为准则层，每个准则层指标的各下设指标（共 18 个）为指标层，如图 2-1。

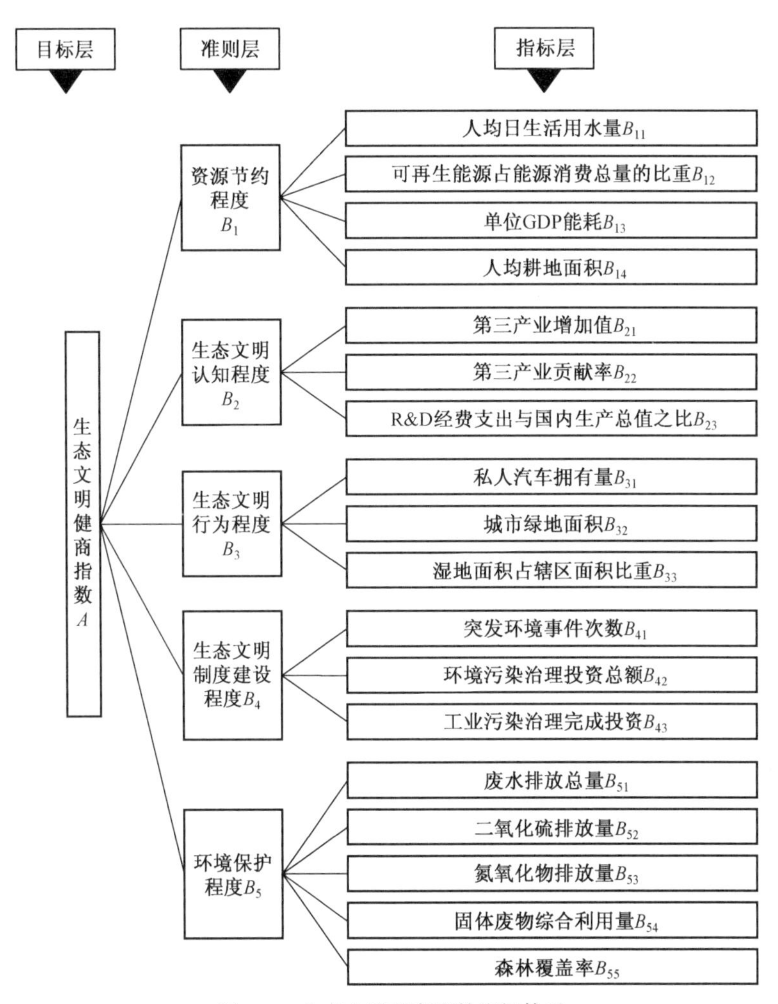

图 2-1 生态文明健商指数指标体系

(三) 中国生态文明健商指数的实证分析

1. 研究方法

借鉴高媛和马丁丑（2015）在分析评价兰州市生态文明建设水平的方法，将层次分析法（Analytic Hierarchy Process，AHP）和模糊综合评价法相结合，利用 AHP 分析方法对指标各层次进行权重决策，利用模糊综合评价法对中国的生态文明健商指数进行定量评价。

2. 研究范围及评价标准

以中国2009～2013年的数据进行分析计算，主要来源于2010～2014年《中国统计年鉴》，为消除计量单位的影响，对原始数据进行无量纲化处理。公式如下：

$$\text{标准值}(Y_i) = (\text{实际值} - \text{最小值}) / (\text{最大值} - \text{最小值}) \quad (1)$$

生态文明健商指数（ECH）= $\sum P_i Y_i$（$i = 1, 2, 3, \cdots, n$），P_i 为各评价指标的权重。根据生态文明健商指数的正负来评价生态文明的健康程度，见表2-3。

表2-3 生态文明健康程度评价标准

生态文明健商指数负值	生态文明健商指数正值	
	5个指标层不全为正	5个指标层全为正
不健康	亚健康	健康

3. 研究结果

通过采用AHP软件，判断出各准则层的权重，环境保护程度（0.4230）>资源节约程度（0.2527）>生态文明行为程度（0.1545）>生态文明制度建设程度（0.1137）>生态文明认知程度（0.0561）。

生态文明建设是逐渐将人对自然粗放式的开发利用向人与自然和谐发展的转变。习总书记曾指出建设生态文明是一场涉及生产方式、生活方式、思维方式和价值观念的革命性变革（张森年，2015），环境保护和资源节约对生态文明的推进起到直接的关键作用，同时对于生态文明的行为程度、制度建设和认知程度也逐渐发挥作用。

根据生态文明健商指数指标体系各准则层权重（表2-4）及2009～2013年中国的数据计算得出生态文明健商指数，见表2-5。

表2-4 生态文明健商指数指标体系各准则层权重

准则层	权重	指标层	单位	指标类别	权重
资源节约程度	0.2527	人均日生活用水量	升	负	0.0624
		可再生能源占能源消费总量的比重	%	正	0.0238
		单位GDP能耗	tce/万元	负	0.1266
		人均耕地面积	平方千米/人	负	0.0399
生态文明认知程度	0.0561	第三产业增加值	亿元	正	0.0134
		第三产业贡献率	%	正	0.0350
		R&D经费支出与国内生产总值之比	%	正	0.0077
生态文明行为程度	0.1545	私人汽车拥有量	万辆	负	0.0994
		城市绿地面积	公顷	正	0.0437
		湿地面积占辖区面积比重	%	正	0.0114

（续）

准则层	权重	指标层	单位	指标类别	权重
生态文明制度建设程度	0.1137	突发环境事件次数	次	负	0.0110
		环境污染治理投资总额	亿元	正	0.0704
		工业污染治理完成投资	万元	正	0.0323
环境保护程度	0.4230	废水排放总量	万吨	负	0.1046
		二氧化硫排放量	万吨	负	0.0405
		氮氧化物排放量	万吨	负	0.0257
		固体废物综合利用量	万吨	正	0.0587
		森林覆盖率	%	正	0.1935

表 2-5　中国生态文明健商指数

年　份	2009	2010	2011	2012	2013
资源节约程度	-0.130	-0.090	-0.063	-0.052	-0.059
生态文明认知程度	0.022	0.007	0.031	0.044	0.054
生态文明行为程度	0.001	-0.004	-0.011	-0.019	-0.026
生态文明制度建设程度	0.011	0.041	0.033	0.052	0.084
环境保护程度	-0.037	-0.025	-0.020	-0.004	0.137
生态文明健商指数	-0.133	-0.070	-0.030	0.020	0.191

4. 结论

中国的生态文明健商指数从2009～2013年逐渐从-0.133增长到0.191，逐渐由生态文明不健康到健康转变，资源节约程度一直呈现负值，但是有向好的方向转化的趋势，生态文明认知程度一直为正值，且有增长趋势；生态文明行为程度由正值变为负值，并有向坏的方向转化的趋势；生态文明制度建设一直为正值，且有增长趋势；环境保护程度由负值转为正值，且增长趋势较大（图2-2）。

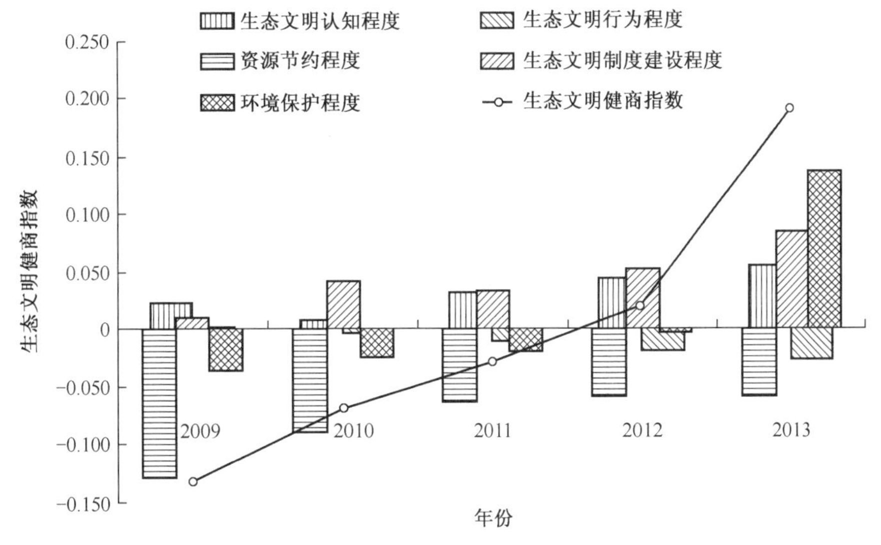

图2-2　中国生态文明健商指数

通过分析，可以看出中国生态文明健康程度有好转的趋势，但内部存在隐患。截至2013年，中国的生态文明健商指数虽然是正值，但其5个准则层中有2个（资源节约程度和生态文明行为程度）仍然是负值，所以目前中国的生态文明还处于亚健康状态，应着重从资源节约和生态文明行为方面进行改善。

四、生态足迹

世界人口迅速增长，人口对自然资源、环境的消耗已超出地球的承载力，牛文元（2015）主编的《2015世界可持续发展年度报告》中提出21世纪是救赎的世纪。生态足迹是足迹家族的一员，是评价可持续发展、资源持续利用及生态文明的指标之一。

（一）生态足迹概述

野生生物基金会（World Wildlife Fund，WWF）在京于2012年5月15日发布了被称为"地球体验报告"的《地球生命力报告2012》。据报告编写者之一、伦敦动物学学会环境保护主任乔纳森·贝利（Jonathan Baillie）介绍，诊断结果显示"地球现在很不健康"。

报告中的一个关键性指标——人类生态足迹，是反映人类对自然资源需求的重要指标。它通过对人类需求和地球可再生能力的比较，追踪人类对生物圈的竞争性需求。报告显示，"人类生态足迹"令人担忧，超过生态承载力的50%。地球需要用一年半的时间来生产人类一年内消耗的可再生资源。如不改变这一趋势，到2030年即使两个地球也不能满足人类需求。

生态足迹分析方法是通过比较人类对自然资源利用程度（对自然界的索取）和自然界为人类提供的生命支持服务（自然界的供给）来判断一国或地区范围的人类对自然界的利用程度是否在该国或该地区的生态承载范围内。具体的核算是通过自然资源的使用与地表的相关性，用人类生产生活所需要的生物生产性土地面积来表示人类对自然资源的使用，这是一种基于土地面积量化的可持续发展的指标。在具体的计算过程中涉及生态足迹和生态承载力，生态承载力和生态足迹的差值得到生态盈余，从而判断人类的生产生活对自然界的索取是否超出自然界的供给。

1. 生态足迹概念

"生态足迹"（Ecological Footprint，EF）是1992年由加拿大生态经济学家Rees（1992）提出并由其博士生Wackernagel等（1996，1999）完善，用来考察人类社会经济活动对自然资本的需求和自然生态系统的供给之间关系的一项指标。Wackernagel 和 Ress（1996）将其作为用生物生产性土地面积来衡量一定范围内一定量人口的资源消费和废物吸收水平的账户工具。生态足迹又称为生态占用、生态痕迹、生态脚印等，任何已知人口（某个人、一个城市或一个国家）的生态足迹是生产这些人口所消费的所有资源和吸纳这些人口所产生的所有废弃物所需要的生物生产面积（包括陆地和水域）（潘玉君和袁斌，2010）。

足迹从最直观的字面来看，我们可以马上想到的是脚印。Rees 曾将“生态足迹”形象地描述为：“一只负载着人类与人类所创造的城市和工程等的巨脚踏在地球上留下的脚印。”人类脚印的大小就是人类的生态足迹，而地球的生态承载力就是鞋。在生态足迹模型中，地球表面的生物生产性土地根据生产力大小的不同一般分为耕地、草地、林地、水域、化石能源用地和建筑用地 6 大类。

2. 生态足迹计算方法

生态足迹的计算方法主要有综合法（Compound Approach）、成分法（Component Approach）和投入-产出法（Input-Output Approach）（付伟，2016）。一般而言，生态足迹是基于以下两种基本的假设条件进行计算的：可以确定消费的绝大多数资源（包括能源）的数量和产生的废弃物的数量；消费的资源和产生的废弃物可以通过计算转换成对应的生物生产性土地面积（Wackernagel et al.，1998）。综合法计算公式可以表示如下：

$$\mathrm{EF} = \sum_{j=1}^{6} A_j \times EQ_j = \sum_{j=1}^{6}\left[\left(\sum_{i=1}^{n_j}\frac{C_{ij}}{EP_{ij}}\right)\times EQ_j\right] \quad (1)$$

由于 6 类生物生产性土地的生产力不同，所以在计算总的生态足迹时将计算得到的各级生物生产性土地面积乘以一个均衡因子。式中，EF 表示总量生态足迹；A_j表示第 j 类生物生产性土地的面积；EQ_j表示均衡因子；EP_{ij}表示全球平均的单位 j 类型土地生产第 i 种资源的量；C_{ij}表示与 j 类生物生产性土地对应的 i 种资源消费量；n_j表示与第 j 类生物生产性土地对应的资源种类。这样就得到了总的生态足迹，再除以人口即得到人均生态足迹（付伟等，2013）。Wackernagel 等（1999）采用的均衡因子，即耕地（2.8）、草地（1.1）、林地（0.5）、水域（0.2）、能源用地（1.1）和建筑用地（2.8）。

根据生态足迹的概念及内涵，将把消费项目划分为三类：生物资源的消费、能源的消费和建筑用地的消费，并分别对其进行计算，最后加总得到总的生态足迹。其中，能源足迹的计算采用碳汇法进行。

生物资源足迹（A）包括耕地足迹、草地足迹、林地足迹和水域足迹，记录农产品、畜产品、林产品和水产品的生物资源产品。其中，水产品包括淡水产品和海洋产品。能源足迹（B）的计算采用碳汇法，其计算公式（刘宇辉和彭希哲，2004b；陈璋，2008）为如图 2-3 中能源足迹 B 所示。碳汇法就是由化石能源的消费量、平均发热标准、世界上森林平均吸收碳的能力来计算能源生态足迹，其中，每吨标准煤平均发热 29.4 兆焦，煤炭的碳密度为 0.026 吨标准煤/兆焦，石油的碳密度为 0.020 吨标准煤/兆焦，天然气的碳密度为 0.015 吨标准煤/兆焦，森林吸收碳的比例为 69%，每公顷森林平均吸收碳的能力为 0.95 吨/公顷。

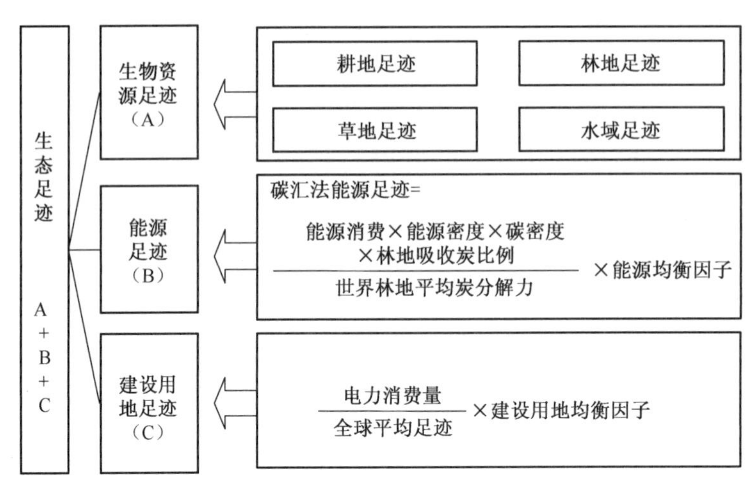

图 2-3 生态足迹计算方法与步骤

3. 生态承载力计算方法

生态足迹通过计算支持特定区域人类社会所有消费活动所需要的土地（生态足迹）与该区域可提供的生物生产性土地（生态承载力）相比较来判断区域发展的可持续性（刘宇辉和彭希哲，2004）。1991 年，Hardin 从生态系统本身的角度定义了生态承载力的概念（潘玉君和袁斌，2010）。生态承载力（Ecological Capacity，EC）是指在不损害有关生态系统的生产力和功能完整的前提下，人类社会可以持续使用的最大资源数量与排放的废物数量（钱易和唐孝炎，2010），其大小可以反映出区域资源和生态状况对社会经济发展水平的支撑强度。由于不同地区的土地生产力与全球平均生产力有所不同，所以为了得到以全球公顷度量的生态承载力，就需要加入与之相应的产量因子进行标准化。产量因子就是单位本地区某类土地的生产力与全球该类土地生产力的比率。计算公式如下：

$$\mathrm{EC} = \sum_{j=1}^{6} B_j \times EQ_j \times YF_j \qquad (2)$$

式中：EC 表示总量生态承载力；B_j 表示某类生物生产性土地的面积；EQ_j 表示相应类型土地的均衡因子；YF_j 表示相应类型土地的产量因子。总量生态承载力（EC）除以人口即可得到人均生态承载力（ec）。

《我们共同的未来》的报告中指出生物多样性对生态平衡起到重要的作用，建议留出 12%的生物生产性土地面积保护生物多样性。因此，本研究在计算总量生态承载力时减去了12%的生物生产性土地面积。

4. 生态盈余和生态赤字

得出一个国家或地区的生态足迹和生态承载力后，将其两者进行比较就会产生生态赤字或生态盈余，也就是生态盈亏（Ecological Deficit，ED）。其计算公式为：

$$ED=EC(\text{生态承载力})-EF(\text{生态足迹}) \tag{3}$$

当 EC > EF 时为生态盈余，说明人类发展的需求没有超过自然环境的供给，其大小等于两者差的余数；当 EC < EF 时为生态赤字，表明该地区的人类需求超过了其自然生态供给，生态环境处于负载状态，不利于生态文明的建设。

(二) 生态足迹应用

生态足迹分析方法提出后得到世界各国的广泛关注，尤其是在学术界引起了强烈的反响。《Ecological Economics》期刊在2000年以专刊的形式对生态足迹指标进行讨论，可谓是百家争鸣。Jarvis（2007）在《Nature》期刊中指出足迹的概念在生态和环境科学已经成为普遍认可的术语。虽然也有学者对生态足迹进行质疑，但它确实能够反映出生态健康水平而且是判断现在的消费和生产模式是否可持续的一个有效指标。全球生态足迹网站（http://www.footprintnetwork.org）在Wackernagel等人的倡导下建立，进一步分析研究生态足迹。生态足迹方法的详细描述和各种应用研究已遍及世界、国家、地区及各个产业等多个层次。

1999年，Wackernagel等（1999）应用生态足迹模型计算了全球1993年52个国家的生态足迹，计算得出，全球人均生态足迹为2.8公顷，人均生态赤字为0.7公顷，其中，美国的人均生态足迹最大，达到10.3公顷，人均生态赤字达到3.6公顷；其次是澳大利亚，人均生态足迹为9.0公顷；由于中国的人口数量较大，所以人均生态足迹只有1.2公顷，人均生态赤字达0.4公顷。从2000年开始世界野生生物基金会（WWF）基本上每两年公布一次《生命行星报告》(《Living Planet Report》)，用于定量测算世界可持续发展的进展情况，报告中就包括世界各国的生态足迹数值。

根据《2015世界可持续发展年度报告》得出，2011年全球生态足迹总量为185亿全球公顷，人均生态足迹为2.7全球公顷，2011年部分国家的人均生态足迹、人均生态承载力见表2-6。

表2-6 2011年部分国家的人均生态足迹和人均生态承载力

国家	美国	挪威	澳大利亚	巴西	中国	印度	南非
生态足迹总量(亿全球公顷)	21.29	0.24	1.89	5.61	34.84	11.11	1.28
生态承载力总量(亿全球公顷)	11.49	0.41	3.65	18.18	13.01	5.5	0.58

（续）

国家	美国	挪威	澳大利亚	巴西	中国	印度	南非
生态承载力总量—生态足迹总量(亿全球公顷)	-9.8	0.17	1.76	12.57	-21.83	-5.61	-0.7
人均生态足迹(全球公顷)	6.8	4.8	8.3	2.9	2.5	0.9	2.5
人均生态承载力(全球公顷)	3.7	8.4	16.1	9.2	0.9	0.5	1.1
人均生态承载力—人均生态足迹(全球公顷)	-3.1	3.6	7.8	6.3	-1.6	-0.4	-1.4
需要地球(个)	3.9	2.8	4.8	1.7	1.4	0.5	1.4

一个国家人均生态足迹的规模和组成，取决于该国人均使用的商品与服务以及提供这些商品与服务对各种资源的使用效率。发达国家一般人均生态足迹均高于全球人均水平，尤其是澳大利亚和美国，分别为全球水平的3.1倍和2.5倍。由于我国人口数量大，生态足迹总量居全球第一，但人均生态足迹却低于全球水平。而我国生态承载力不管是总量还是人均都小于生态足迹，处于生态赤字状态。

生态足迹的概念于1999年引入国内，由张志强等（2001）、徐中民等（2000）、谢高地等（2001）学者首次利用它开展实证研究。生态文明建设要以区域的资源环境承载力为基础，通过生态承载力与生态足迹的大小比较，可以从一定程度上评价生态文明建设效果。还有学者对生态足迹方法进行改进，用于评价生态文明。赵先贵等（2016）基于足迹家族原理，提出由生态压力指数（EPI）、GHG排放指数（CEI）、水资源压力指数（WPI）综合而成的生态文明指数（ECI），用于甘肃省的生态文明建设评价，结果得出1990～2013年甘肃省生态文明建设为中等水平。

综上所述，生态足迹分析方法是一种从生态系统角度对可持续发展的直观评判方法，很直观地从人类对自然资源利用程度进行研究，结合自然界为人类提供的生命支持服务可定量地表达自然系统的可持续发展情况，为生态文明建设效果提供参考。

第三章

云南生态文明建设成效与经验

习近平总书记指出：绿色发展是民族地区发展的“利器”。民族地区的绿色发展在全国发展格局中具有特殊重要的战略地位。云南具有良好的生态环境和自然禀赋，山水之秀美多姿，全国罕见，素有“植物王国”“动物王国”“生物多样性王国”的美誉。云南人依山傍水而居，食药同源，山茅野菜、湖鱼沟虾就地取材，食材丰富又健康。高原湖泊和森林形成的“天然温室”“天然氧吧”的气候特征，加之浓郁的民族风情和民族文化，养生养老的卫星健康城、宜人宜居的康养小镇、旅游度假区拔地而起，供不应求，生态文明建设具有得天独厚的条件和优势。

一、云南生态文明建设必要性分析

云南有奇山、异水、森林、湖泊，生态是云南的眉眼神韵、魅力所在，是云南最珍贵的品牌和资本。2015 年习近平总书记到云南调研时对云南提出了“生态文明建设排头兵”的发展定位，这显示出国家对云南省生态文明建设的关注及重视。云南有着较好的生态文明建设本土条件，肩负着我国重要的生态安全屏障任务，生态位势突出，成为生态文明建设的必要条件。

（一）生态系统服务价值较大

根据《云南生态年鉴 2016》得出，云南在全国划分的 50 个重要生态功能区中占 10%；根据国家林业局《中国森林生态服务功能评估》得出，2009 年云南森林生态系统服务功能总价值为 1.0257 万亿元，全国排名第二，仅次于四川省（1.0590 万亿元）。2011 年，省林业厅组织有关单位，按照国家的标准和方法测算得出，云南2010年森林生态系统服务功能价值增长为1.48万亿元，是我国重要的碳库。

（二）生物多样性居全国之首

云南是喜马拉雅、东亚植物区系和古热带生物区系交汇区，生物多样性十分丰富，居全国首位，素有“植物王国”“动物王国”等殊荣。云南省在全国率先编制并发布《云南省生物物种名录（2016版）》，有25434个物种被收录，153种国家重点保护野生植物。保存了如滇金丝猴、桫椤、白眉长臂猿等许多珍稀、特有或古老类群，是我国特有物种分布最多的地区之一，是我国乃至世界的生物多样性保护聚集区、关键区和物种遗传基因库（张纪华，2018）。

云南生态位势重要，但生态环境脆弱敏感，石漠化危害严重，生态环境保护任重道远。坚持绿色发展、争当生态文明建设排头兵对于云南省自身、国家的生态安全意义重大。

二、云南生态文明建设历史进程

云南的生态文明建设历史久远，梳理云南的生态文明建设历史进程及其关键事件有助于深入分析云南在生态文明建设中取得的成就与经验。周琼（2016）将云南生态文明建设的历史分为前生态文明建设阶段（明清时期、近代时期、20世纪以来）、当代生态文明建设阶段（2007～2009年的起步阶段、2010～2012年的过渡阶段、2013～2014年的全面启动阶段、2015年以来生态文明排头兵建设任务的确定及其全面展开阶段），本书将云南生态文明建设进程中的关键事件进行总结，见表3-1。

表3-1 云南生态文明建设进程表

年份	推动生态文明建设关键事件
2007	“七彩云南保护行动”全面实施
2008	“滇西北生物多样性保护行动”正式实施
2009	《中共云南省委云南省人民政府关于加强生态文明建设的决定》《七彩云南生态文明建设规划纲要（2009～2020年）》出台
2010	启动实施了生态文明建设十大重点工程
2011	《云南省环境保护十二五规划》颁布
2012	《云南省生物多样性保护西双版纳约定》发布
2013	《云南省湿地保护条例》出台
2014	《云南省生态文明先行示范区建设实施方案》编制

（续）

年份	推动生态文明建设关键事件
2015	《关于努力成为生态文明建设排头兵的实施意见》印发
2016	《关于贯彻落实生态文明体制改革总体方案的实施意见》《云南省生态文明建设排头兵规划(2016-2020年)》出台
2017	《云南省“十三五”节能减排综合工作方案》《关于贯彻落实湿地保护修复制度方案的实施意见》出台

云南生态文明建设在全国走在前列，2009年颁布的《七彩云南生态文明建设规划纲要（2009～2020）》是全国第一个生态文明建设的规划纲要，建设“森林云南”计划也相继实施。到目前为止，云南生态文明建设取得了一定的成果和经验。

三、云南生态文明建设成就及经验分析

生态文明建设的生产和消费模式的转型都涉及宏观、中观和微观三个层面，在此过程中需要政府职能部门的目标导向、政策引导、过程控制及行为调整。

（一）云南生态文明建设宏观层面分析

生态文明建设宏观上通过总量控制、功能区划等手段及其形成的倒逼机制，提高生态效率，调节社会经济系统资源消费和污染物的排放。云南省贯彻习近平总书记关于生态文明建设和林业改革发展的重大战略思想，践行“绿水青山就是金山银山”和“三库”（森林是水库、钱库、粮库）等理念，生态文明建设稳步推进。

一是加快生态安全屏障建设。中国五千多年的文明历史中圣贤把富饶的森林看作是国家兴旺发达的象征。云南一直遵循“山水林田湖草”生命共同体理念，持续推进“森林云南”建设，被誉为“地球之肺”的森林生态系统在加强生态安全屏障方面发挥重要作用。根据云南省林业厅2017年发布的云南省第四次森林资源调查公报得出，云南森林面积为2273万公顷，森林覆盖率达到59.30%；活立木总蓄积量为19.13亿立方米，森林蓄积为18.95亿立方米（吴松和许太琴，2017）。自然保护区建设加强，建立国家公园11个、国际重要湿地4处，不同层次的自然保护区161个，有效地保护了典型生态系统和重要物种。

二是逐步形成完善的空间开发格局。云南省编制并实施《云南省主体功能区规划》，在“十三五”规划纲要中确定了“一核、一圈、两廊、三带、六群”

的发展空间格局。强化国土空间管理，规定了7892万亩基本农田，初步完成《云南省环境功能区划研究》编制工作，生态保护红线划定工作逐步启动。

三是稳步推进环境治理工作。2015年被称为中国绿色产业元年，“水十条”“土十条”“气十条”出台，云南省也相继打响了水、土壤、大气污染防治三大战役。

云南重点综合治理水环境，省环保厅进行高原湖泊水质监测月报、地表水监测月报、饮用水预测月报、重点流域监测月报等水质实时监测工作。根据云南省生态环境厅刚刚发布的《2018云南省环境状况公报》得出，九大高原湖泊水质总体稳定，局部向好，地市级以上城市集中式饮用水水源水质全部达标。素有“高原明珠”之称的滇池，是省内最大的淡水湖，但由于经济社会的发展，滇池污染加重，随着昆明市地方性法规《滇池保护条例》和《云南省滇池保护条例》的出台，滇池的水质得到改善，由劣V类改善为V类，滇池外海北部的蓝藻水华逐年减轻，见表3-2。

表3-2 滇池外海北部的蓝藻水华情况表

年份	重度蓝藻水华发生天数	中度蓝藻水华发生天数	合计天数
2010	59	78	137
2011	52	64	116
2012	11	60	71
2013	14	49	63
2014	6	39	45
2015(截至7月8日)	4	9	13

《2018中国生态环境状况公报》显示，2018年，滇池处于轻度污染状态，主要污染指标为化学需氧量和总磷。监测的10个水质点位中，Ⅳ类占60.0%，Ⅴ类占40.0%，无Ⅰ类、Ⅱ类、Ⅲ类和劣Ⅴ类。与2017年相比，Ⅳ类水质点位比例上升60.0个百分点，劣Ⅴ类下降60.0个百分点，其他类均持平。全湖平均为轻度富营养状态。

《云南省土壤污染防治工作方案》在2016年组织编制，主要重金属污染物排放量明显减少。加强对危险废弃物的处理监管，严格审查其经营许可证，截至2016年年底，发放危险废弃物综合经营许可证72份。

实施《云南省大气污染治理行动实施方案》，城市空气质量持续改善。省环保厅进行空气质量预报、空气质量日报、环境空气预测月报等空气实时监测、预报工作。按照《环境空气质量标准》（GB3095—2012）对16个州市人民政府所在地城市开展监测和评价，根据空气质量指数（AQI），2018年全省地级以上城市空气质量优良天数所占比例为98.9%。

四是环境保护体系逐步完善。云南在生态文明建设过程中逐步探索有利于环境保护的制度体系，云南省环保厅在2016年出台了《关于构建环境保护工作“八大体系”的实施意见》，从目标、法规，到风险防控、监管治理等各个环节统筹考虑，其中“八大体系”为构建环境质量目标体系、构建环境法规制度体系、构建环境风险防控体系、构建自然生态保护体系、构建环境综合治理体系、构建环境监管执法体系、构建环境保护责任体系和构建能力建设保障体系，环境保护体系逐步完善。

（二）云南生态文明建设中观层面分析

在生态文明建设过程中，中观上通过严格行业准入标准、发展绿色产业、淘汰落后产能，提高行业生态效率，实现降低行业资源能源消耗和污染物的排放。云南加快产业绿色转型发展，着力推进生物医药和大健康、旅游文化、信息、现代物流、高原特色现代农业、新材料、先进装备制造、食品与消费品制造等八大重点产品的培育重点，通过生态文明建设示范区进行全方位地推动优化产业结构，发展绿色产业。

一是大力发展绿色产业。绿色发展观是一种以人为本，从生产、流通、消费各个环节注重资源的集约利用，是一种“生态兴则文明兴，生态衰则文明衰”的文明观（付伟等，2017a）。绿色产业可以有效地协调经济发展与资源保护的关系，促进绿色福利的产生，助推云南最美省份的建设。云南是世界上少有的“气候王国”，气候的多样性、地貌的多样性，造就了生物资源的多样性，为绿色产业的发展奠定了坚实的物质基础。在《云南省生态文明建设排头兵规划（2016～2020）》中明确提出加快产业绿色转型发展，大力发展绿色产业，提高资源利用效率，保护生态环境。

二是绿色产业的龙头企业已初步发挥作用。龙头企业不仅是绿色产业发展的主力军，更是引领者。云南省绿色产业主要分布在昆明、红河、大理、玉溪等地州，龙头企业已基本形成。云南亚太环境工程设计研究有限公司（简称亚太环保），位于昆明市高新区，是云南省重点培育的上市高新技术企业，是环保产业的龙头企业之一。位于昆明安宁的云南天朗节能环保集团有限公司（简称天朗集团），是我省国有企业中首屈一指的节能环保服务公司，环保服务的多元化发展格局已初步形成。同时分布在其他州市的云南傲远科技环保有限公司（玉溪），鑫联环保科技股份有限公司个旧分公司（红河），云南祥云飞龙再生科技股份有限公司（大理）等企业在我省生态文明建设排头兵建设中正发挥生力军的作用。

三是逐步构建绿色产业的“产学研”合作模式。云南省十分重视绿色环保产业的发展，设立省政府发展项目“云南环保产业发展研究”，由西南林业大学绿色发展研究院承担，全面调研全省各地州环保企业分布、发展情况，为云南创建绿色产业大省提供政策咨询。同时云南大学、昆明理工大学、云南农业大学等高等院校和科研机构“量身定做”适合云南省情的绿色环保产品、农村垃圾处理等设施，通过政府职能部门、龙头企业等进行推广，逐步形成政府职能部门、高校和科研机构、企业构成的产学研体系。

（三）云南生态文明建设微观层面分析

在生态文明建设过程中，微观上通过宣传、培训等手段，提高生产者和消费者的环保意识，引导对绿色产品的需求和供给。

一是因地制宜进行生态文明观的塑造。云南各少数民族长期与自然相依相存，形成了独特而又传统的生态文化，生态文明观的塑造也应因地制宜地开展。云南共16个州市，各自的生态文明建设在重点、措施等方面也不尽相同。云南在2013年以“美丽云南”的名义连续召开新闻发布会，各地州以不同的关键词展现多姿多彩的生态文明建设成果，依次为幸福昆明、活力曲靖、幸福玉溪、温润保山、奋进昭通、好梦丽江、妙曼普洱、绿色临沧、和谐楚雄、梦想红河、神奇文山、神奇西双版纳、宜居大理、魅力德宏、生态怒江、和谐迪庆。

二是自上而下地推动生态文明建设示范区。推进生态文明建设示范区，是云南加快推进生态文明建设排头兵的重要载体。2014年1月颁布《云南省森林城市、县城、城镇申报与评选考核办法》，素有“世界滇红之乡”的凤庆是云南首个省级森林县城，并在2016年9月6日通过验收。截至2016年年初，全省16个州（市）的110多个县（市、区）累计建成国家级生态示范区10个、国家级生态乡镇85个、国家级生态村3个（吴松和许太琴，2017）。

在省内开展“云南省生态文明州市”“云南省生态文明县市区”“云南省生态文明乡镇街道”的评选。目前，已评选出云南第一批“云南省生态文明州市”（西双版纳州），第二批“云南省生态文明县市区”和第十批“云南省生态文明乡镇街道”。各州市、县区都在积极构建生态文明示范区，为云南绿色发展、生态文明建设做出示范带头作用。

三是多途径宣传生态文明。从主流媒体、公益书画展览、创办电子杂志、出版相关书籍等进行生态文明的宣传，涵盖各个层面的消费者与生产者。云南省环保厅与省电视台、云南网等媒体合作拍摄制作了《云南省环保厅知识竞赛》《环保公益广告家园篇》等10多部环保公益广告并在云南主流媒体上进行推送；省环保厅官网有专门的环保宣传栏，举行环保开放日等活动宣传；开展“践行生态文明·畅想绿色生活”环保公益书画摄影展，参赛人数达到3000多人；在16个州市建设35个“绿色书屋”；创办网络期刊《绿色云之南》电子杂志；相继出版《云南常见湿地植物图鉴（第I卷）》（2015年）《云南湿地外来入侵植物图鉴（第I卷）》（2015年）和《中国湿地资源·云南卷》（2016年），对云南省湿地保护进行介绍。同时，绿色发展理念宣传进学校、进社区、进家庭，2018 年昆明已创立 640 个市级绿色单位。

四是逐步营造绿色生活方式。在全省范围内逐步推进共享单车，打造新能源汽车产业链，新能源汽车已进入消费者的日常生活。云南省 4 户企业具有新能源汽车生产资质，2015 年我省共销售新能源汽车 1233 辆。为进一步推动新能源汽车的发展，2017 年省政府印发《云南省新能源汽车产业发展规划（2016～2020 年）》，从发展目标、产业布局等多方面进行规划。

（四）世界一流的“三张牌”的打造

2018 年云南两会的《政府工作报告》发出震聋发聩的声音——云南将全力打造世界一流的“三张牌”，形成几个新的千亿元产业。云南要打造的这“三张牌”都与绿色生态息息相关，让绿色成为云南经济高质量发展的基本底色。“三张牌”涵盖了第一产业、第二产业、第三产业，彰显出创新、协调、绿色、开放、共享的新时代发展理念，它的特征是绿色发展、高质量发展，路径是加快构建“传统产业+支柱产业+新兴产业”迭代产业体系，打造的“三张牌”具体如下文所示：

1. 打造“绿色能源牌”

中国共产党十九大报告明确提出：壮大节能环保产业、清洁生产产业、清洁能源产业。云南是水电资源大省，能源产业一直都是云南的支柱、优势产业，不论是资源禀赋还是区位优势，能源产业都具备成为云南第一支柱产业的条件，绿色能源更是后劲十足。

“绿色能源牌”的打造要实现三个转化：由资源开发型向市场开拓型转变，由“建设红利”向“改革红利”转变，由单一型向综合型产业转变。近年来，云南省在包括太阳能光伏、太阳能光热、生物质能、风能、水能、节能环保等绿色能源领域发展势头迅猛。预计到 2025 年，全省电力总装机突破 1.1 亿千瓦，油气输送实现 2300 万吨的产能，绿色能源延伸的水电铝材、水电硅材和石化加工、新能源汽车等产业充分发展。

2. 打造“绿色食品牌”

“绿色食品牌”是把产业兴旺作为乡村振兴的重点方向，提高云南省农业产业组织化、规模化、市场化程度，推动云南高原特色现代农业高质量发展，突出绿色化、优质化、特色化、品牌化，打造具有云南特色、高品质、有口碑的农业“金字招牌”，加快形成品牌集群效应。

“绿色食品牌”的打造要以深化农业供给侧结构性改革为主线，以打造“开放型、创新型，高端化、信息化、绿色化”现代产业体系为目标，按照“大产业+新主体+新平台”发展模式，聚焦茶叶、花卉、水果、蔬菜、坚果、咖啡、中药材、肉牛8个优势产业，兼顾其他特色优势产业。

3. 打造“健康生活目的地牌”

“健康生活目的地牌”大力发展从“现代中药、疫苗、干细胞应用”到“医学科研、诊疗”，再到“康养、休闲”全产业链的“大健康产业”。云南旅游在经历了观光游、过路游的原初阶段后，正升级转向“一部手机游云南”的智慧旅游和“康养+旅游”的深度游模式，“健康生活目的地牌”正是高原绿色发展观的终极追求。

“健康生活目的地牌”是让想健康的人到云南来，让云南人更健康。让世界各地的人们从来云南旅游，变成到云南旅居、来云南养生，进而到云南修身养性，甚至定居在云南、养老在云南。云南以建造世界后花园的雄心，串起大健康产业板块，全面提升云南经济社会的软实力，让生活环境与蓝天白云、绿水青山相匹配，让云南人生活得更生态、更怡然、更康寿。

全力打造世界一流的“三张牌”，是云南践行习近平新时代中国特色社会主义思想、实现跨越式发展的主动作为，有利于云南发展潜力地进一步释放；有利于推动云南发展品牌经济，促进产业转型升级、加快实现高质量跨越式发展；有利于产业从“微笑曲线”的后端打造品牌环节发展；有利于树立云南绿色本底品牌和健康的云南形象；有利于云南生态文明建设的进一步推进。

（五）云南生态文明建设成效总结

从古到今，人类一直苦苦寻找人与自然的相处之道，“生态文明”之路正是解答此问题的最大公约数，是人类至高的精神指南。消费者是生态文明建设的直接践行者，政府是领导者与推动者，而市场这只“看不见”的手，将消费者与政府连接在一起，发挥信息传导的作用，同时也是政策效果的反馈途径，绿色技术是将生态文明理念落地生根的有效保障。

云南以其独特的生态环境惊艳世界，绿色是云南省最大的省情，向绿色要效益，让绿色成为美丽云南的主色调，实现“让云岭大地天更蓝、水更清、山更绿、空气更清新”的美丽云南的新目标。将云南建设成为我国最美丽省份是生态文明建设的一张响亮名片。打好“三张牌”，使“生态美”与“百姓富”有机统一，让绿色成为云南高质量发展的新动能，为各族群众创造更加美好的生产生活环境。云南在生态文明建设的过程中，将生态经济建设、生态环境建设、生态科技建设、生态制度建设、生态文化建设综合运用，将其建设理念、行动、过程和效果有机统一。

云南生态文明建设虽然成果显著，但仍任重道远。需要政府、企业、高校和科研机构、每一个消费者的共同努力，人人参与生态文明建设，人人共享生态文明建设成果，让云岭大地的天更蓝、水更清、山更绿、人民生活更加幸福。

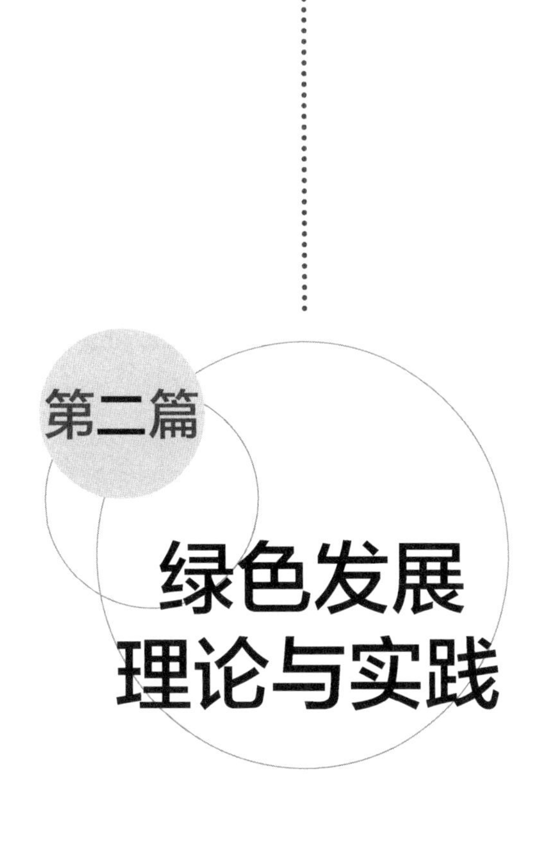

第二篇 绿色发展理论与实践

绿色发展是生态文明的根本属性与本质特征，绿色发展理论贯穿了人与自然、人与人关系这两大主线。习近平总书记指出，我们要坚持节约资源和保护环境的基本国策，像保护眼睛一样保护生态环境，像对待生命一样对待生态环境，推动形成绿色发展方式和生活方式，协同推进人民富裕、国家强盛、中国美丽。

2016 年 9 月习近平出席 G20 杭州峰会开幕式发表的主旨演讲中强调，我们将毫不动摇实施可持续发展战略，坚持绿色低碳循环发展，坚持节约资源和保护环境的基本国策，并提出推动绿色发展，是为了主动应对气候变化和产能过剩问题，今后 5 年，中国单位国内生产总值用水量、能耗、二氧化碳排放量将分别下降 23%、15%、18%。绿色发展是我国“十三五”规划和今后相当长一段时间的行动纲领，绿色发展理念正在逐步推向世界。人民群众过去“求温饱”，现在“盼环保”，希望生活的环境优美宜居，能喝上干净的水，呼吸上清新的空气，吃上安全放心的食品，绿色发展就是实现民之所望的有效路径。

第四章

绿色发展理论

胡鞍钢（2005）提出中国正以历史上最脆弱的生态环境承载着历史上最多的人口，担负着历史上最空前的资源消耗和经济活动，面临着历史上最为突出的生态环境挑战。过去的近50年，高能耗、高污染的“褐色经济”使世界物质财富迅速增长的同时，引发了一系列的资源环境问题和社会的严重分化。费孝通（2004）提出，人类对地球竭泽而渔导致的资源枯竭、生态破坏、环境污染、气候异常等问题在后工业时代必将引发人类对自己所创造的文明进行全面反思。为了有效地化解危机，“褐色经济”逐渐地退出世界舞台，而“绿色经济”悄然而生。绿色代表着生命、希望和发展，是今后世界发展的必然趋势。诸大建（2012）提出，褐色经济在2001～2010年是全面危机时期，2011～2020年是退出主导时期，2020～2050年是成为遗迹时期；而绿色经济在2001～2010年是理论萌芽时期，2011～2020年是走向主导时期，2020～2050年是开始收获时期。

一、绿色经济与绿色发展

联合国“里约+20”可持续发展峰会把在摆脱贫困和可持续发展框架下发展“绿色经济”作为主题，“绿色经济”源自英国环境经济学家皮尔斯（Pearce）出版的《绿色经济蓝皮书》，他认为社会应该建设自然环境和人类自身可以承受的经济。随后衍生出“绿色发展”。联合国等国际组织是绿色经济的倡导者，2008年10月，联合国环境规划署召开的全球环境部长会议提出了“发展绿色经济”的倡议，2011年2月21日，联合国环境规划署在第26届理事会暨全球部长级环境论坛上发布了《绿色经济报告》，阐明绿色经济是全球经济增长的新引擎。2012 年 6 月联合国在巴西召开的可持续发展大会，用来纪念可持续发展 20 周年，倡导绿色经济是其议题之一。

（一）绿色经济概念

对于绿色经济的概念到目前为止还没有形成统一的观点。绿色经济的提出者皮尔斯将其定义为从社会及其生态条件出发，建立一种“可承受的经济”，即经济发展必须是自然环境和人类自身能够承受的，不会因盲目追求生产增长而造成社会分裂。联合国环境规划署（UNEP）将绿色经济定义为一种促成提高人类福祉和社会公平，同时显著降低环境风险，降低生态稀缺性的环境经济（郑德凤等，2015）。谷树忠等（2016）认为绿色发展的核心是绿色经济，绿色经济是绿色发展的组成部分。我国对绿色经济的研究始于 20 世纪 80 年代。关于绿色经济的内涵，主要有几下几个方面。

1. 绿色经济的出发点是环境保护

曲格平（1992）将绿色发展定义为是围绕人的全面发展，以生态环境容量、资源承载能力为前提，以实现自然资源持续利用、生态环境的持续改善和生活质量持续提高、经济持续发展的一种经济发展形态。此种定义是基于绿色发展提出的背景，用于保护资源和改善环境，从而实现天蓝、水清、山绿的生态环境。

2. 绿色经济的结合点是科技创新

李向前和曾莺（2001）提出绿色经济是一种知识经济与生态经济相结合的经济，是充分利用现代科学技术，以实施生物资源开发创新工程为重点，大力开发具有比较优势的绿色资源，巩固提高有利于维护良好生态的少污染、无污染产业，在所有行业中加强环境保护，人口、资源和环境相互协调、相互促进，实现经济社会的可持续的经济模式。此种观点认为要实现绿色经济，科技创新不可缺少。

3. 绿色经济的本质点是新的经济发展模式

张春霞（2002）以为绿色经济是以经济可持续发展为出发点，以资源、环境、经济、社会的协调发展为目标，力求兼得经济效益、生态效益和社会效益，实现三个效益统一的经济发展模式；柯水发（2013）得出绿色经济是以市场为导向，以传统产业为基础、以经济与环境的和谐为目的而发展起来的一种新的经济形式和一种新的经济发展模式，是人类在对第二种发展模式积极思考和反思中产生和形成的。此种观点得出的绿色经济实质上是一种和谐经济。我国著名学者陈世清在《绿色经济丛书》中首次提出绿色发展模式就是绿色经济发展模式，由和谐经济发展模式、幸福经济发展模式、稳定经济发展模式、再生型经济发展模式共同组成。

4. 绿色经济的交叉点是循环经济与低碳经济

陈银娥等（2011）得出绿色经济是以可持续发展为原则，以稀缺性生态资源为基本要素，以知识经济为主导，以循环经济为主要发展方式，以低碳经济为主要内容，能够实现经济效益、生态和谐与社会公平的全新的经济形态与人类生存发展模式。其中，低碳经济强调的是以较低的碳排放来实现经济发展，是绿色经济发展的主要内容；循环经济强调的是坚持3R原则（减量化、再利用和再循环），从源头、到过程、到终端的全过程资源循环利用，是绿色经济的主要发展模式之一。此种观点是在分析绿色经济与循环经济和低碳经济关系的基础上得出的。

5. 绿色经济的研究点是应用性知识体系

张叶和张国云（2010）将绿色经济中的“绿色”作为经济的形容词，是说明经济运行的特点是与生态环境相协调的、有生命力的、可持续的，它不是一门独立的理论经济学，而是在相关学科指导下的应用性的知识与体系，这同“足球经济”“休闲经济”等所研究的内容有相似之处。此种观点强调绿色经济的应用性。

（二）绿色经济的定位

在绿色经济研究的过程中，其与可持续发展经济、生态经济、循环经济、低碳经济的关系成为不少学者的研究重点，综合不同学者的观点，深入剖析绿色经济的定位。

1. 绿色经济与可持续发展经济关系

可持续发展就是对传统发展观所出现问题的反思及环境保护运动的开展背景下产生的，自20世纪70年代以来指导人类社会、经济和生态的发展。孙显元（1999）认为可持续发展是由可持续性和发展所构成的一个整体概念，它所强调的既不是单纯的发展，也不是单纯的可持续性，如果强调发展是它的核心思想，就有可能重新回到传统的发展观上去；如果强调可持续是它的核心思想，也会有可能照搬“零增长”的模式，因此，我们在思考可持续发展的核心和重点的时候，必须从它是一个整体概念这个前提出发，形成发展与可持续性相互制约的机制。可持续发展观是人类全面持续发展的高度概括，不仅研究持续的自然资源、生态问题，还有研究持续的人文资源、人文环境。

刘思华（2001）提出绿色经济的本质是生态经济协调发展基础上的可持续发展经济；胡鞍钢和周绍杰（2014）认为从某种意义上讲，绿色发展观是第二代可持续发展观，绿色发展强调经济系统、社会系统与自然系统的系统性、整体性和协调性。

综上可以看出从提出的时间上来看，可持续发展更早提出，1962年卡逊的

《寂静的春天》是可持续发展思想的启蒙著作，可持续发展研究的广度和深度都更高，也相对更为系统。牛文元（2000）指出可持续发展理论的建立与完善，一直沿着三个主要的方向去揭示其内涵与实质，具体为经济学方向、社会学方向和生态学方向。系统学方向是除了上述三个方向外可持续发展的第四个方向，是由中国科学院可持续发展战略组针对中国的情况提出的。另外，还有学者从技术属性角度提出可持续发展的定义。鉴于此，本书认为绿色经济就是在可持续发展观的指导下出现的一种经济形态，是实现可持续发展的一种经济发展模式。

2. 绿色经济与生态经济、循环经济和低碳经济关系

孙鸿烈认为绿色经济包含了生态经济、循环经济和低碳经济。诸大建（2012）得出低碳经济可以看作是能源流意义上的绿色经济，循环经济是物质流意义上的绿色经济；严行（2007）强调生态经济的本质特征是以生态经济为基础、以知识经济为主导，强调可持续发展，是可持续发展经济和生态经济的实现形态和形象概况。

综上所述，绿色经济的范畴更广，包含循环经济和低碳经济，但是绿色经济与生态经济的关系还有待深入分析。生态经济充分吸收生态学、经济学等学科理论，实现生态系统与经济系统的协调，由美国经济学家肯尼斯·鲍尔丁完成的《一门科学——生态经济学》的论文于1966年发表，标志着生态经济学的诞生。另外，目前生态经济已经成为一门专业，生态经济的研究对象更为广泛。 因此本书认为绿色经济与生态经济各有侧重，两者是交叉融合的关系。

3. 各国绿色经济实践

"绿色经济"从理念诞生到实践，至今至少有五十年，全球世界各国对发展绿色经济十分关注，尤其是发达国家。美国以绿色新政来推动本国的经济发展，韩国公布《绿色增长国家战略及五年计划》，力争在2020年跻身全球"绿色大国"。2010年法国先后公布了《绿色法案》，试图构建"绿色而公平的经济"。2016年4月14日，环境保护部环境与经济政策研究中心、联合国环境规划署和东营市人民政府在山东省东营市正式启动了中国东营市绿色经济试点项目。

我国绿色经济的发展政策日益完善，同时，我国学者已制定中国绿色经济发展指数，向书坚和郑瑞坤（2013）认为绿色经济是建立在传统经济基础之上的一种以市场为导向，通过一定的技术水平与管理手段，促使现有社会再生产诸环节适应人类健康与生态健康并不断获得生态经济效益的新经济形式，基于此定义，提出绿色经济发展指数是综合反映生产、消费过程中节约资源、减少废物排放并提供绿色产品与服务、促使生态健康协调发展的变动趋势和程度的相对数。

向书坚和郑瑞坤（2013）给出中国绿色经济发展指数的具体结构如下：总体上分为四层，第一层是一级指数即中国绿色经济发展指数；第二层是二级指数，包括中国绿色生产指数、中国绿色消费指数及中国生态健康指数3个二级指数；第三层又分解为绿色投入、绿色产出、绿色消费水平、绿色消费结构、绿色消费效果、生态破坏、生态"疾病"以及生态修复八个三级指数；第四层为具体测评指标，根据上一层次指数特征进行选择，运用"十一五"时期的数据对指数进行验证，测算结果表明：中国绿色经济发展处于低水平发展阶段，目前的绿色经济发展不具有典型绿色经济的性质。

二、绿色发展的内涵与本质

绿色发展，是一个包罗万象、动态发展、不断演进、理解纷呈的概念。同时，绿色发展又是一个内涵清晰、层次分明、目标明确、要求具体的概念。绿色发展的核心思想是要保护我们人类赖以生存和发展的自然资源基础，努力实现自然资源的可持续利用；要保护好与我们息息相关的自然环境，包括大气环境、水环境、土壤环境等，努力实现自然环境的优美；要保护好与我们人类共同演进的生态系统，努力实现生态系统的持续稳定和服务功能增强。简言之，绿色发展就是以资源节约、环境友好、生态保育为主要特征的发展（理念、路径和模式）（谷树忠等，2016）。

绿色发展涉及"发展"和"绿色"两个概念，其中，发展是不变的主题。被称为国内研究绿色发展第一人的胡鞍钢指出，世界的第四次工业革命是绿色工业革命，中国要成为此次革命的"领先者"，甚至是"领导者"（胡鞍钢，2011）。《中华人民共和国国民经济和社会发展第十二个五年规划纲要》中明确提出绿色发展，专设"绿色发展建设资源节约型、环境友好型社会"篇章，绿色发展指标比重达到43%，是我国第一部绿色发展规划。《中共中央关于制定国民经济和社会发展第十三个五年规划的建议》指出，绿色是永续发展的必要条件和人民对美好生活追求的重要体现，今后5年的目标之一就是生态环境质量总体改善，生产方式和生活方式绿色、低碳水平上升。

（一）绿色发展的基本内涵

绿色发展理念是以实现人与自然和谐共存、和谐共生、和谐共荣为目的，旨在实现人与自然和谐共生、永续发展。胡鞍钢和门洪华（2005）认为绿色发展是第三代发展模式，由第一代和第二代的黑色发展转变而来，在此过程中发表目标、发展战略、参照模式、发展模式、对外关系和发展手段都产生了巨大的变化，具体见表4-1，此过程的变化为绿色发展的阐释奠定了基础。

表4-1 发展模式变化表

	第一代发展模式	第二代发展模式	第三代发展模式
发展目标	“赶英超美”“四化”	“奔小康”“翻两番”	增长、强国、富民、国家安全、提高国际竞争力、可持续发展
发展战略	国家工业化、排斥私人资本参与	国家工业化、允许私人资本参与	国家和私人共同推动工业化
参照模式	苏联模式	东亚模式(混和经济模式)	中国之路
发展模式	黑色发展	黑色发展	绿色发展
对外关系	“一边倒”“一条线”“一大片”，自给自足、进口替代	对外开放、出口导向、贸易自由化	全面对外开放、出口导向、贸易自由化
发展手段	均衡发展	不均衡发展	均衡发展、统筹兼顾

联合国开发计划署公布的《2002年中国人类发展报告：让绿色发展成为一种选择》首次明确提出绿色发展概念。马平川等（2011）认为绿色发展是指为应对国际金融危机、全球气候变化和解决国内资源环境问题的三重挑战，以绿色创新为桥梁，以绿色经济为核心，在追求资源环境绩效的同时，依靠科技进步，提高产业的资源效率和绿色竞争力，进而进行产业结构调整，以达到低碳的、高效的、可持续的发展；余海（2011）将绿色发展理解为“发展的绿色化”，顾名思义，即既要发展，又要保持良好的生态环境；胡鞍钢（2012）将绿色发展界定为经济、社会、生态三位一体的新型发展道路，以合理消费、低消耗、低排放、生态资本不断增加为主要特征，以绿色创新为基本途径，以积累绿色财富和增加人类绿色福利为根本目标，以实现人与人之间和谐、人与自然之间和谐为根本宗旨。绿色发展理念是以人与自然和谐为价值取向，以绿色低碳循环为主要原则，以生态文明建设为基本抓手；中国国际经济交流中心课题组（2013）认为绿色发展就是将绿色经济与经济发展相结合的经济发展模式，它涵盖了环境保护、可持续发展、生态经济、循环经济、低碳经济等概念，依靠发展绿色产业、增加绿色岗位、提供绿色产品，实施绿色消费，促进经济、社会、资源与环境相互协调的发展；赵华飞（2016）认为绿色发展的基本内涵包括科学发展观的具体体现、可持续发展理念的当代体现、生态文明理念的基本内容等。

由此可见，绿色发展观是一种以人为本，从生产、流通、消费各个环节注重资源的集约利用，是对“绿色”的生动阐释和极致的体现。绿色发展的内涵表述会有所出入，但其核心目的是为了谋求经济增长与资源环境消耗的统一，实现发展与环境的双赢。为了进一步深入分析绿色发展内涵，本书从时间、空间和系统论三个维度对绿色发展进行阐述。

从时间维度来看，绿色发展是长远发展的，具有战略性意义的发展理念，这就要求我们在发展过程中具有长远眼光，不能鼠目寸光，只顾及眼前利益；从空间维度来看，绿色发展要全国整体推进，同时也要因地制宜，做足空间布局的“功夫”，实现各地区协调发展；从系统论维度看，将绿色发展作为统一整体，而产业结构构成其要素，要实现各要素达到“1+1>2”的功能，就需要协调好各产业之间的关系，在产业结构上下功夫，化解过剩产能，实现一二三产业的绿色升级。

(二) 绿色发展的本质

绿色发展理论要处理的不是单独的问题，而是整个发展过程的系统性、总体性问题，所以在客观上要求绿色发展理论是一个复合的系统，要处理好社会、经济、自然这三大系统之间的关系。马世骏和王如松（1984）将人类社会定义为是一类以人的行为为主导、自然环境为依托、资源流动为命脉、社会文化为经络的“社会—经济—自然”复合生态系统，即“社会—经济—自然”复合生态系统。这也是中国学者最早在可持续发展领域对复合系统提出自己的观点，这为绿色发展系统提供了理论基础。

绿色发展系统基于经济系统、自然系统、社会系统三大系统，并强调这三大系统全面公平和谐可持续的发展，从高代价的黑色发展向“经济—自然—社会”系统为主体的绿色发展的全面转型，包括经济系统从黑色增长转向绿色增长、自然系统从生态赤字转向生态盈余、社会系统从不公平福利转向公平福利。胡鞍钢（2012）从经济系统、自然系统和社会系统的角度，提出绿色发展的本质是绿色增长、绿色福利、绿色财富的交集和并集，它们不断扩张的过程就是不断绿色发展的过程（图 4-1）。

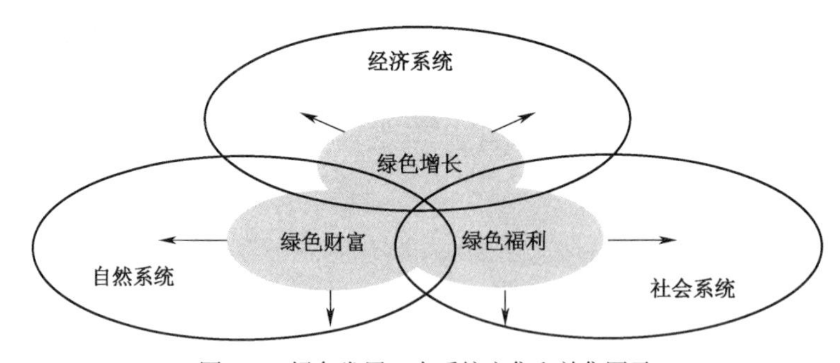

图 4-1 绿色发展三大系统交集和并集图示

绿色发展是一个整体性的系统，绿色增长、绿色福利和绿色财富是相互联系、相互制约和相互渗透的三块内容。同时，绿色发展也是一个充满活力的系统，包括经济系统的创造力、社会系统的活力和自然系统本身的生命力。绿色发展是一个开放系统，与外部世界物质、信息流动紧密联系，对于外部世界有着巨大的正外部性，同时也受到外部世界的巨大影响。绿色发展的最终目标就是三大系统中自然系统从生态赤字逐步转向生态盈余，经济系统从增长最大化逐步转向净福利最大化，社会系统逐步由不公平转向公平，由部分人群社会福利最大化转向全体人口社会福利最大化。

三、绿色发展与可持续发展关系

进入21世纪，世界发展的核心是人类发展，人类发展的主题是绿色发展。发展绿色经济已经成为全球普遍共识。人类的历史是一部发展的历史，发展是人类社会永恒的主题，在漫长的历史长河中，人类为了生存，以人与自然、人与人的关系为纽带，在实践中不断认识、不断发展、不断深化，持续发展（马子清，2004）。人类对自然环境与发展关系的认识经历了一个漫长而又复杂的过程。从古典经济学到新古典经济学，从哈罗德—多马的经济增长理论，再到索洛的经济增长理论和新增长理论，以至到新制度经济学，资源都不是经济增长的决定性因素，而总是可以被替代（中国21世纪议程管理中心可持续发展战略研究组，2004）。劳动、资本、技术因素被奉为经济发展的三大要素。在经济发展、人口激增和城市化的压力下，资源环境遭到破坏，“公害”加剧，能源匮乏，直到20世纪70年代，人们对这种以破坏自然环境为代价换取经济高速发展的社会经济发展模式进行反思。

(一) 可持续发展理论

持续（sustain）一词来自拉丁语 sustenere，意思是保持继续提高。“可持续性”一词最初应用于林业和渔业，主要指保持林业和渔业资源源源不断的一种管理战略。美国海洋生物学家 Carson（1962）在潜心研究美国使用杀虫剂所产生的种种危害之后，在1962年出版了著名科普读物《寂静的春天》(《Silent Spring》)一书，著作主要描述了滥用杀虫剂所造成的后果，书中详细描述了滥用化学农药造成的生态破坏：“从前，在美国中部有一个城镇，这里的一切生物看来与其周围环境相处得很和谐……。然而现在，鸟儿都到哪里去了？ 而现在一切声音都没有了，只有一片寂静覆盖着田野、树木和沼地。”此书的出版像是一声巨雷惊醒了整个世界，揭示了近代工业对自然生态的影响，使得大家认识了传统经济增长的环境影响，开始了20世纪70年代以来的日益庞大的环境运动，如1972年的联合国环境首脑会议，1992年的联合国环境与发展首脑会议，2002年的联合国可持续发展首脑会议等。所以，此书被称为“一本20世纪里程碑式的著作”，同时，此书首次提出保护地球的“另一条道路”，“我们正站在两条道路的交叉口上。这两条道路完全不一样，一条道路是我们长期以来一直行驶的使人容易错认为是一条舒适的、平坦的超级公路，我们可以在上面高速前进。实际上，这条路的终点却有灾难等待着；另一条人迹罕至的道路却为我们提供了最后唯一的机会让我们保住自己的地球。”

1. 可持续发展定义

1987 年，布伦特兰夫人提交联合国的《我们共同的未来》报告中对可持续发展的定义通常被认为是权威性定义，即可持续发展是既满足当代人发展的需要，又不对后代人满足其需要的能力构成危害的发展（Sustainable development is development that meets the needs of the present without compromising the ability of future generations to meet their own needs）。

这通常被作为可持续发展的权威性定义，并提出了实现可持续发展目标所应采取的行动，包括如下七个方面（戈峰，2002）:提高经济增长速度，解决贫困问题；改善增长的质量，改变以破坏环境与资源为代价的增长模式；尽量大可能地满足人民对就业、粮食、能源、住房、水、卫生保健等方面的需要；将人口增长控制在可持续发展的水平；保护与加强资源基础；技术发展要与环境保护相适应；将环境与发展问题落实到政策、法令和政府决策之中。

这个定义表达了三个基本观点：一是人类发展的需求，尤其是欠发达国家；二是发展要有限度，要考虑环境与资源的承载能力；三是平等，当代人与后代人之间的平等。

随着人们对可持续发展地深入研究和研究视角的不同，可持续发展的定义和内涵也得到了不同的解释。牛文元（2000）指出可持续发展理论的建立与完善，一直沿着三个主要的方向（经济学方向、社会学方向和生态学方向）去揭示其内涵与实质。除了以上的三个方向，可持续发展的第四个系统学方向是由中国科学院可持续发展战略组针对中国的情况提出的。除此之外，实施可持续发展，除了政策和管理之外，科技进步起着重大作用，所以，还有学者从技术属性角度提出可持续发展的定义。

（1）生态学方向。可持续发展的生态学方向是从生态学角度和自然属性角度对可持续发展进行定义，即由生态学家最早提出的“生态持续性”。1991 年国际生物科学联合会和国际生态学联合会从生态学角度将可持续发展定义为保护和加强环境系统的生产、更新能力，使其不超越环境系统的再生能力。世界自然保护联盟在其发表的《保护地球》中将可持续发展定义为“在生命支持系统的承载能力内，提高人类的生活质量”。美国著名生态经济学家赫尔曼 · E · 戴利于 1996 年在美国波士顿出版社出版了他的生态经济与可持续发展的集成之作:《超越增长—可持续发展的经济学》给可持续发展的定义是没有超越环境承载能力的发展，这里，发展意味着质量性改进，增长意味着数量增加，他进一步指出，可持续发展是经济规模增长没有超越生物环境承载能力的发展（盖志毅，2005）。1990 年，Forman 认为可持续发展是寻求一种最佳的生态系统，以支持生态系统的完整性和人类愿望的实现，使人类的生存环境得以持续。1994 年，Robert Goodland 等将其定义为不超过环境承载能力的发展。此方向着重研究资源与开发利用程度的平衡关系，使得生态系统既能保持自我的完整性又能满足人类的需求，实现人类资源环境的持续发展。

（2）经济学方向。可持续发展的经济学方向对可持续发展的定义是以经济发展为核心进行阐述的。1985 年，Edward B. Barbier 在《经济、自然资源：不足和发展》一书中，从经济属性提出可持续发展的定义为在保持自然资源的质量和所提供服务的前提下，使经济的净利益增加到最大限度。Costanza 认为，可持续发展可定义为能够无期限地持续下去而不会降低包括各种“自然资本”存量（质和量）在内的整个资本存量的消费。1989 年，英国经济学家皮尔斯（Pearce）将可持续发展表达为“在维持动态服务和自然质量的条件下的经济发展收益最大化”。1992 年，世界资源研究所把可持续发展定义为不降低环境质量和不破坏世界自然资源基础的经济发展。可持续发展中的经济发展是在不破坏自然资源，不以牺牲环境为代价的经济可持续发展。该方向的研究以世界自然基金会（WWF）的研究为代表。

（3）社会学方向。可持续发展的社会学方向是以人类社会发展为落脚点，以生活质量、社会平等等为基本内容进行研究。1981 年，Lester R. Brown 提出可持续发展是人口趋于平稳、经济稳定、政治安定、社会秩序井然的一种社会发展。1991 年由世界自然保护联盟、世界野生生物基金会和联合国环境规划署共同发表的《保护地球—可持续生存战略》（Caring For the Earth：A strategy For Sustainable Living）（简称《生存战略》），提出可持续发展是在生存于不超出维系生态系统涵容能力情况下，改善人类的生活品质（钱易和唐孝炎，2010），并且提出可持续生存的九条基本原则和人类可持续发展的价值观和 130 个行动方案。1994 年，Takashi Onish 认为可持续发展是在环境允许的范围内，现在和将来给社会上所有的人提供充足的生活保障。此方向强调的可持续发展目的在于改善人类生活水平，提高人类生活质量和健康水平，努力实现和谐、自由和平等的社会环境。该方向的研究以 UNDP 的《人类发展报告》及其衡量指标 HDI（人类发展指数）为代表。

（4）系统学方向。马世骏和王如松指出可持续发展问题的实质是以人为主体的生命与其栖息劳作环境、物质生产环境及社会文化环境间关系的协调发展，它们在一起构成社会—经济—自然复合生态系统（马世骏和王如松，1984）。可持续发展的系统学方向是中国在吸收上述三个主要方向的基础上开创的，将可持续发展作为“自然—经济—社会”的三位一体的复杂巨系统去探索“人口、资源、环境、发展”演化规律，充分地体现出可持续发展的发展性原则、公平性原则和持续性原则。从1999年开始每年发布一次的“中国可持续发展战略报告”(1999～2015年度)，就是在可持续发展系统学方向理论思想延续下的代表。

该方向将可持续发展作为“自然、经济、社会”复合巨系统，以综合协同的观点，整体探索可持续发展的本源和演化规律，有序地演绎可持续发展的时空耦合与相互作用、相互制约的关系，建立了人与自然的关系、人与人关系解释的统一基础和系统层级结构。牛文元等（2007）提出可持续发展的系统学本质，具有三个明显的特征：其一，它必须能衡量一个国家或区域的“发展度”(通常亦称之为“数量维”)；其二，它是衡量一个国家或区域的“协调度”(通常亦称之为“质量维”)；其三，它是衡量一个国家或区域的“持续度”(通常亦称之为“时间维”)，总括而言，识别可持续发展系统所提炼的三大特征，即数量维（发展度)、质量维（协调度)、时间维（持续度)，并力图实现“三维交集”的最大化，表达了科学度量可持续发展的完满追求。

(5）技术属性角度。没有科学技术的支持，人类的可持续发展便无从谈起。有的学者从技术的角度认为可持续发展就是转向更清洁、更有效的技术，尽可能接近“零排放”或“循环”工艺方法，尽可能减少能源和其他自然资源的消耗。还有的学者提出，“建立极少产生废料和污染物的工艺或技术系统”。他们认为，污染并不是工业活动不可避免的结果，而是技术差、效益低的表现。

综上所述，可以看出可持续发展是既不同于“零增长模式”又不同于“传统式增长模式”的基本发展战略。可持续发展以人与自然的关系、人与人的关系为研究的两大基础，从而探讨人类活动的时空耦合、人类活动的理性控制，人类活动的效益准则、人与自然的演化动态、人对于环境的调控与改造、人与人之间关系的伦理道德规范，最终达到人与自然之间的高度统一，同时达到人与人之间的高度和谐。

2. 弱可持续性与强可持续性

可持续发展的一个关键问题是未来的需求如何满足，而满足需求，资本是必须的，资本是用来生产有价值的物品和服务所需的物质，包括自然资本和人造资本。要实现经济的可持续发展，资本总量不能随时间改变。保持资本总量不变的方法有两种：一是总资本存量不变，即自然资本和人造资本总和保持不变，在世代之间保持总量不减少，而每个组成部分可以增减；二是每个组成部分保持自己的资本量不变，自然资本存量不随时间而改变，在世代之间保持自然资本存量。

“弱可持续性”(weak sustainability）就是指第一种方法，即自然资本与人造资本可以相互替代，自然资本的损耗可以通过投资创造等价值的人造资本来弥补，实现总量不变。可以看出，实现弱可持续性的条件是资本存量的不同要素之间可以互相替代，由于自然资本的不断减少，要保持资本总量不变，人造资本必须可以替代日益减少的自然资本，生态系统利益的减小可以来自同等量级的人类利益的增加来弥补，如一个伐木场（人造资本）可以取代一片森林（自然资本）。因此，可以说弱可持续性并不关心局部，而是只关心整体。在弱可持续性的条件下，自然资本的稀缺性成为制约可持续发展的约束条件，要实现人造资本替代自然资本，转变增长方式、推进技术进步是解决资源对经济发展制约的关键。

"强可持续性"（strong sustainability）指第二种方法，即自然资本与人造资本是互补性的关系，不能相互替代，自然资本总量必须保持不变，如果一个国家的自然资本不随时间而减少，就可以实现可持续发展。在"强可持续性"条件下，人造资本与自然资本的基本关系是互补性的，而非替代性的。例如，在一个地方造成的森林滥伐，只能由在其他地方建造同类森林来弥补；消耗化石能源所得的收益只能用于可再生能源的生产。强可持续发展要求一个国家的关键自然资本存量不随时间而减少。因而，持这种观点的人认为由于要素间是互补关系，那么供给最短缺的要素便是可持续发展的制约因素，不认为技术进步是可持续发展的保证。

可持续发展的"弱"与"强"之争的关键是自然资本与人造资本之间的关系，是互补性还是替代性。如果物品是互补的，它们之间具有协同作用，那么它们在一起比它们分开更具有价值；而替代性使得它们可以互相替代而不损失价值在大多数情况下这似乎是可能的。"弱可持续性"与"强可持续性"在现实中并非完全对立，多数情况下，自然资本与人造资本以及它们的不同形式之间的关系是部分替代与部分互补的结合，而非完全替代或完全互补。

3. 实现可持续发展时间

可持续发展不仅是一种思想，一种行动，而且已经发展成为一门科学—可持续发展科学。国际科学理事会（ICSU）、国际地圈生物圈计划（IGBP）、国际人文发展计划（IHDP）和世界气候研究计划（WCRP）共同于21世纪开始之年（2001年）在阿姆斯特丹举行的"应对变化中地球的挑战2001"世界大会上，首倡并发布关于"可持续发展科学"（sustainable science）诞生（牛文元等，2015）。2006年由国际知名出版商Springer主持发行的《可持续发展科学》（Sustainable Science）杂志创刊发行，每年出版2期。

《世界可持续发展年度报告》根据可持续发展科学的层次系统结构，拟定进入可持续发展基本门槛的6条定量标准，选取了具有代表性的35个国家（发达国家14个，新兴经济体国家3个，发展中国家18个）进行了实现可持续发展时间的计算，本书介绍了部分国家实现可持续发展的时间表，见表4-2。

表4-2 部分国家实现可持续发展时间表

排序	国家	人均GDP	单位水资源所产生的GDP	人均二氧化碳排放量	人类发展指数HDI	出生时预期寿命	国家贫困人口比例	实现可持续发展年份
可持续发展基本门槛定量标准		大于5万美元/人（现价）	大于100美元/立方米（现价）	小于2吨/人	大于0.9	大于80岁	小于1%	
1	挪威	2013	2013	2040	2015	2013	2025	2040
9	美国	2013	2052	2068	2013	2020	2027	2068
10	韩国	2024	2022	2069	2018	2013	2031	2069
18	中国	2027	2032	2076	2079	2050	2036	2079
30	南非	2041	2032	2076	2089	2100	2036	2089
	世界	2121	2118	2088	2141	2100	2052	2141

从表4-2中可以看出，最早实现可持续发展的国家是挪威，实现可持续发展的年份是2040年，中国在35个国家中排名18位，实现可持续发展的时间是2079年，至今还有60年的时间，而世界实现可持续发展的时间是2141年。

从可持续发展的6条定量标准来看，人均二氧化碳排放量小于2吨/人和人类发展指数HDI大于0.9是实现可持续发展的较高门槛，低碳减排和提高人类发展指数要走绿色救赎之路。

4. 2030年世界可持续发展目标

2015年在美国纽约召开联合国可持续发展峰会，联合国首脑会议批准2030年可持续发展议程所列的17项目标和其中包含的169个子项，这是在千年发展目标到期之后继续指导2015～2030年的全球发展工作，其中17项目标见表4-3。

表4-3 2030年世界可持续发展目标

序号	目 标
1	在全世界消除一切形式的贫穷
2	消除饥饿，实现粮食安全，改善营养和促进可持续农业

（续）

序号	目　标
3	让不同年龄的所有人都过上健康的生活，促进他们的福祉
4	提供包容和公平的优质教育，让全民终身享有学习机会
5	实现性别平等，增强所有妇女和女童的权能
6	为所有人提供水和环境卫生并对其进行可持续管理
7	每个人都能获得廉价、可靠和可持续的现代化管理
8	促进持久、包容性的可持续经济增长，促进充分的生产性就业，促进人人有体面工作的机会
9	建设有韧性的基础设施，促进包容性的可持续工业化，推动创新
10	减少国家内部和国家之间的不平等
11	建设包容、安全、有韧性的可持续城市和人类住区
12	采用可持续的消费和生产模式
13	采取紧急行动应对气候变化及其影响
14	养护和可持续利用海洋和海洋资源以促进可持续发展
15	保护、修复和促进可持续利用陆地生态系统，可持续地管理森林，防治荒漠化，制止和扭转土地退化，阻止生物多样性的丧失
16	创建和平、包容的社会以促进可持续发展，让所有人都能诉讼司法，在各级建立有效、可问责和包容的机构
17	加强执行手段，恢复可持续发展全球伙伴关系的活力

可持续发展目标旨在从 2015 年到 2030 年间以综合方式彻底解决社会、经济和环境三个维度的发展问题，转向可持续发展道路。

（二）绿色发展与可持续发展关系

绿色发展的经济增长模式是把环境因素作为增长的内在要素，通过将环境引入发展的模式体系，促进发展来解决经济、社会和生态之间的可持续关系，推动人类文明模式的绿色转向。绿色发展的经济模式要求的是发展的可持续性，其内在增长结构和价值判断的精神内涵就是可持续发展的公平性、发展性和持续性，因此，绿色发展的发展精髓就是可持续发展，就是推进人类发展模式和结果的绿色化，绿色发展是可持续发展得以实现的路径。柯水发（2013）将绿色发展与可持续发展进行了比较，见表 4-4。由此可见，绿色发展观是一种以人为本，从生产、流通、消费各个环节注重资源的集约利用，是对“绿色”的生动阐释和极致的体现。

表 4-4 绿色发展与可持续发展的比较

异同点	类别	可持续发展	绿色发展
相同点	原则	公平性原则、持续性原则、共同性原则	
	核心	环境资源作为经济发展的内在要素,在不降低环境质量和不破坏自然的前提下发展经济	
不同点	目标	建立节约资源的经济体系	经济、社会、环境的可持续发展
	内容与途径	传统发展模式的转变,由粗放向集约型的转变	经济活动过程的"绿色化""生态化"

绿色发展不是否定经济发展，而是倡导将人类经济发展的模式从非持续的发展转化为可持续的发展，将发展的高能耗、高污染与环境破坏的形态转变为低能耗、低污染和生态环保的形态，实现人类文明的根本性的转型。

四、绿色发展与循环发展、低碳发展关系

生态文明的生产方式是对传统的工业文明的线性非循环经济的否定，是建立在新的科学技术范式的整体性要求之上的，它追求的价值目标是人类和生物圈的和谐发展，绿色经济、循环经济和低碳经济正是现代工业生产的生态化转型，是支撑生态文明下的生产方式的基础。

绿色发展、循环发展和低碳发展是建设生态文明的战略要求，生态文明的内核在于其系统的和谐性，追求的是人与自然、生产和消费、物质和精神的平衡，是以人的全面发展作为发展要义的。绿色发展、循环发展和低碳发展都致力于发展的可持续性，本质上完全相同，同时，绿色发展模式通过循环、低碳的发展模式具体化，循环、低碳的发展模式是绿色发展的基本形态，三者在根本上是一致的。

(一) 循环经济与循环发展

循环经济思想最初来源于 20 世纪 60 年代美国经济学家鲍尔丁提出的“宇宙飞船理论”，宇宙飞船是一个孤立无援、与世隔绝的独立系统，靠不断消耗自身资源存在，最终将耗尽而毁灭。地球经济系统，有如一艘宇宙飞船如不借助太空帮助，尽管地球资源系统大得多，地球寿命也长得多，但是也只有实现对资源循环利用的循环经济才能得以长存，它是一种以“从摇篮到摇篮”的产

品生产模式取代“从摇篮到坟墓”的模式。1966年，美国经济学家肯尼斯·鲍尔丁（Kenneth Ewert Boulding）在其《宇宙飞船经济学》一文中，主张建立“循环式经济”。随后，鲍尔丁在《一门科学—生态经济学》中提出了“循环经济”的概念。循环经济一般遵循“3R”原则：减量化（Reduce）、再利用（Reuse）和再循环（Recycle）。

减量化原则：减量化是循环经济的源头控制或是输入端控制，其目的是减少进入生产和消费过程的物质量，从源头节约资源使用和减少污染物的排放。减量化的实施水平可用于衡量一个国家或地区循环经济的发展程度，可以运用物质利用强度公式进行评价。

再利用原则：再利用主要针对过程控制，提高产品使用次数和频率，减少一次性污染。再利用不仅要求生产者在设计生产产品时，选择可以再利用的原料，延期产品寿命等，同时要求消费者减少一次性商品的购买和使用，拒绝使用一次性筷子，购物时自带购物袋等，提供产品的利用效率。

再循环原则：再循环主要针对终端控制或输出控制，是一种末端治理方式。要求物品完成使用的功能后重新变成再生资源。循环经济的理念是世界上没有真正的垃圾，只有放错了地方的资源。废弃物的循环利用不仅可以是循环经济过程实行闭合，而且可极大的节约资源。

吴季松等（2006）对“3R”原则的拓展进行了有益的探讨，提出了“5R”的循环经济新思想，在“3R”基础上增加了再思考（Rethink）与再修复（Repair）的新理念。再思考原则是以科学发展观为指导，创新经济理论。再修复原则是建立修复生态系统的新发展观。此外，还有的学者提出了再组织、再制造等内容，形成了不同内容的“4R”“5R”到“nR”原则，使循环经济的原则愈发丰富。

循环发展衍生自循环经济。循环经济改变了由“资源—产品—污染排放”单项流动的线性经济（从摇篮到坟墓的经济），找到了“自然资源—产品—再生资源”的反馈式流程（从摇篮到摇篮的经济），从而实现可持续发展所要求的环境与经济双赢，即在资源环境不退化甚至改善的情况下促进经济的增长。循环发展就是以各种资源的减量化、再使用、再循环为基本特征的发展模式。

我国一直致力于绿色经济的发展，2009年正式实施《循环经济促进法》，2017年国家发展和改革委员会发布《循环发展引领行动》，给出了“十三五”时期循环发展的主要指标要求（表4-5），确立了构建循环型产业体系、完善城市循环发展体系、壮大资源循环利用产业、强化制度供给、激发循环发展新动能、实施重大专项行动等重点任务。

表 4-5 “十三五”时期循环发展主要指标要求

分类	指标	单位	2015 年	2020 年	2020 年比 2015 年提高(%)
综合指标	主要资源产生率	元/吨	5 994	6 893	15
	主要废弃物循环利用率	%	47.6	54.6	7
专项指标	能源产出率	元/吨标煤	14 028	16 511	17.7
	水资源产出率	元/立方米	97.6	126.8	29.9
	建设用地产出率	万元/公顷	154.6	200.4	29.6
	农作物秸秆综合利用率	%	80.1	85	4.9 个百分点
专项指标	一般工业固体废物综合利用率	%	65	73	8 个百分点
	规模以上工业企业重复用水率	%	89	91	2 个百分点
	主要再生资源回收率	%	78	82	4 个百分点
	城市餐厨废弃物资源化处理率	%	10	20	10 个百分点
	城市再生水利用率	%	—	20	—
	资源循环利用产业总产值	亿元	1.8 万	3 万	67

(二) 低碳经济与低碳发展

2003 年，英国发表能源白皮书《我们能源的未来：创建低碳经济》，低碳经济率先被英国政府肯定，这是低碳经济最早出现于政府文件中。这一事件预示着工业文明的创造者正在抛弃“旧我”，寻找一种新的发展模式。

低碳经济（LCE，Low-Carbon Economy）是基于碳密集能源生产方式和能源消费方式的“高碳经济”而言的，是以低能耗、低污染、低排放为基础的经济发展新模式，尤其是指以温室气体排放最小化为目标的经济发展模式。低碳经济涵盖了整个国民经济和社会发展的方方面面所涉及的“碳”，狭义上的“碳”指造成当前全球气候变暖的 CO_2 气体，特别是由于化石能源燃烧所产生的 CO_2，广义上包括《京都议定书》中所提出的 6 种温室气体，包括二氧化碳（CO_2）、甲烷（CH_4）、氧化亚氮（N_2O）、氢氟碳化物（HFC_S）、全氟化碳（FPC_S）、六氟化硫（SF_6）。

对于低碳经济的理解，很多学者从不同的视角进行分析，本书追踪溯源，从对经济的剖析入手解析低碳经济。经济（economy）这个词来源于希腊语 *oikonomos*，它是含义是“管理一个家庭的人”。一个家庭随时面临着决策，不仅要考虑到每个成员的能力、努力和愿望，还要在各个成员中分配稀缺资源。所以家庭的管理与经济有相似处，将家庭事务处理好了，那么经济学的原理就得到了充分的应用。19 世纪著名经济学家阿尔弗雷德 · 马歇尔（Alfred

Marshall）在他的教科书《经济学原理》中这样写道：“经济学是一门研究人类一般生活事务的学问。”基于经济的理解，低碳经济可以理解为以低能耗、低排放的理念管理一个家庭，处理生活事务。

从低碳经济到低碳发展是对低碳研究的一次飞跃。2009 年，时任国家主席的胡锦涛同志在联合国气候变化峰会上的讲话中指出：大力发展绿色经济，积极发展低碳经济和循环经济，研发和推广气候友好技术；2012 年，胡锦涛同志在党的十八大报告中指出：“着力推进绿色发展、循环发展和低碳发展”（沈满洪，2016）。

发展最初由经济学家定义为“经济增长”，在《辞海》中定义为事物由小到大，由简到繁，由低级到高级，由旧质到新质的运动变化过程（付伟，2016）。斯蒂格利茨（Joseph E. Stiglitz）认为：“发展代表着社会的变革，它是使各种传统关系、传统思维方式、教育卫生问题的处理以及生产方式等变得更‘现代’的一种变革，发展带来的变化能够使个人和社会更好地掌握自己的命运，发展能使个人拓宽视野、减少闭塞，从而使人生更丰富，发展能减少疾病、贫困带来的痛苦，从而不仅延长寿命，而且使生命更加充满活力。”（胡鞍钢和王绍光，2000）基于发展的内涵，低碳发展是将“低碳”理念贯彻在发展之中，基于人与自然的生命共同体角度，摒弃以满足人的需要为中心的价值观，在设计、生产、消费、交通、运输等各个层面减少碳排放，从制度、理念、科技等多维度贯彻实行，最终实现人类赖以生存的生物圈不再因为气温升高而丧失原有的生态系统服务功能，人类得以持续发展。

综上所述，低碳发展具有更加宽泛的内涵，是一个长期动态的发展过程。低碳经济主要针对产业低碳化、消费低碳化；而低碳发展涉及低碳制度、低碳理念、低碳科技、低碳设计、低碳生产、低碳消费、低碳交通、低碳运输等方方面面。

（三）绿色发展与循环发展、低碳发展的关系

绿色发展与循环发展、低碳发展是三个既相近又各具有特定含义的概念。严格地说，从含义广狭的角度看，它们彼此之间具有包容关系，绿色发展的含义最广，循环发展其次，低碳发展最窄；从特指的含义看，它们彼此之间存在并列关系，绿色发展针对环境危机，是全面发展的转型主线；循环发展针对资源危机，是提高资源效率的有效途径；低碳发展针对气候危机，是调整能源的战略部署。它们彼此之间的关系为：

1. 绿色发展与循环发展的区别

绿色发展的内涵包括了以人为本、以科技手段来实现绿色生产、绿色流通、绿色分配的内容，即兼顾效率最大化和社会公正，并以科技手段实现资源

替代，在动态中实现人与自然的平衡，虽然循环发展也强调“以人为本”，但是，循环发展的“以人为本”最主要是体现在对资源和环境的关注上，即对人文的关怀是通过对资源和环境的关怀来表现的，是通过人类生存环境的改善来实现的。而绿色发展则在强调社会公平方面比循环发展的内容要丰富得多。

2. 绿色发展与低碳发展的区别

低碳发展是对低碳产业、低碳技术、低碳生活等一系列以低碳为特征的人类行为活动的总称，低碳发展以低能耗、低排放、低污染为基本特征，以应对能源对气候变暖影响为基本要求，以实现经济社会的可续发展为基本目的，是从高碳能源时代向低碳能源时代演化的一种经济发展模式。

与低碳发展相比，绿色发展的内涵要丰富得多，既包含低碳发展的内容，又包含节能减排、资源循环利用、固液体废弃物治理等做法。简言之，绿色发展是含义最广的概念，包含了循环发展、低碳发展，其中循环发展主要着眼于解决环境污染问题，低碳发展主要着眼于能源结构优化和温室气体减排。

3. 绿色发展的综合定位

2009 年，我国在联合国气候变化峰会上的提出：大力发展绿色经济，积极发展低碳经济和循环经济，研发和推广气候友好技术。2012 年，党的十八大报告中指出：“着力推进绿色发展、循环发展和低碳发展”。2017 年，党的十九大报告中提出：“推进绿色发展，建立健全绿色低碳循环发展的经济体系”。不难看出，三大发展中，绿色发展是其新内核，在三大发展体系中处于统领的地位。而绿色发展、低碳发展和循环发展作为生态文明建设的基本途径，既有联系也有区别，深入学习、领悟绿色发展、低碳发展和循环发展的联系与区别，利于更好理解绿色发展的综合定位。

党的十八届五中全会中首次系统提出了创新发展、协调发展、绿色发展、开放发展、共享发展的“五大发展”理念。如同古人所讲的金、木、水、火、土“五行”，“五大发展理念”是一个整体，一个不能少，一个不能游离，其中，创新是引领发展的第一动力，协调是持续健康发展的内在要求，绿色是永续发展的必要条件，开放是国家繁荣发展的必由之路，共享是中国特色社会主义的本质要求（易昌良，2016）。

虽然绿色发展、循环发展和低碳发展侧重各有不同，但它们是相辅相成、相互促进的，构成一个有机整体，三者目标都是形成节约资源能源和保护生态环境的产业结构、生产方式和消费模式，促进生态文明建设。

综上所述，本书将绿色发展定位为广义的绿色发展，即以绿色理念为指导，以绿色科技和绿色制度为驱动，以产业生态化、消费绿色化、资源节约化、生态经济化为重点的可持续发展模式。我国绿色发展的追求目标是建成环境友好型、资源节约型、气候舒适型的“美丽中国”。

五、绿色发展研究领域

绿色发展的研究领域非常丰富，不仅包括绿色发展理念层面研究，还包括绿色发展效率、绿色发展产业、绿色发展动力机制及绿色发展政策体系、绿色发展评价等方面。

一是绿色发展理论层面。宁智斌（2015）结合生态伦理思想，对绿色发展进行理论层面的探析；王永芹（2014）着重分析绿色发展观，认为绿色发展观以人与自然共生共荣为发展理念，以绿色发展、循环发展、低碳发展为发展方式，以降低消耗、成果共享为主要目标。

二是绿色发展效率层面。陈静（2015）提出绿色发展效率为考虑经济、资源、环境的综合发展效率，并对2005～2010年中国29个省域的绿色发展效率进行测算，剖析了绿色发展效率的省际差异。

三是绿色发展动力机制方面。赵建军等（2014）对绿色发展的动力进行研究，主要包括技术支撑机制、制度推动机制、创新驱动力机制和文化推广机制。

四是绿色发展政策体系方面。中国国际经济交流中心课题组（2013）构建绿色发展政策体系总体框架，从“一横一纵”两个维度进行分析，横向维度体现了中国绿色发展政策体系的领域结果；纵向维度与中国现行政治制度和行政管理体制相关。

绿色发展评价方面是绿色发展研究的重要内容之一，下一章着重针对绿色发展的评价进行论述。

六、产业结构绿色转型

习近平总书记指出，要加快建立健全“以产业生态化和生态产业化为主体的生态经济体系”，绿色产业转型是绿色发展的重要环节，要深化供给侧结构性改革，坚持传统制造业改造升级与新兴产业培育并重，抓好生态工业、生态农业、生态旅游，促进一二三产业融合发展，让生态优势变成绿色经济优势。本书着重从生态农业、农业绿色发展、生态旅游等方面进行详细地论述。

（一）生态农业

农业是人类通过对土地的合理经营与管理，生产出符合人类需要的产品的社会生产部门，与自然生态系统关系最为紧密。根据自然环境对农业经济活动的影响，农业可分为山地（山区）农业、平原农业和水域农业三大类。

"生态农业"一词最初是由美国土壤学家 Albrecht 于 1970 年首次提出。1981 年英国农学家 Kiley Worthington（1981）在《生态农业及其有关技术》一书中将生态农业定义为：建立和维护一种生态上能自我支持、低投入；经济上有活力的小农经营系统，在不引起大规模和长期性环境变化，或者在不引起道德及人文社会方面不可接受问题前提下，最大限度地增加净生产。马世骏（1991）提出生态农业是农业生态工程的简称，它以社会、经济、生态三大效益为指标，应用生态系统的整体、协调、循环、再生原理，结合系统工程方面设计综合农业生态体系。生态农业专家孙鸿良（1993）认为，生态农业是运用生态学、生态经济学原理和系统科学的方法，把现代科学技术成就与传统农业技术的精华有机结合，把农业生产、农村经济发展和生态环境治理与保护、资源的培育与高效利用融为一体的具有生态合理性、功能良性循环的新型综合农业体系。

由此可见，生态农业聚焦点是"生态"，即遵循生态系统的客观规律，在良好的生态条件下，用生态循环方式从事高产量、高质量、高效益的农业，旨在追求经济效益、生态效益和社会效益的统一，使整个农业生产步入可持续发展的良性循环轨道。其中稻田种养模式或稻田动、植物共生模式是其典型代表，具体包括鸭稻共作模式、稻–鸭–鱼共生模式、稻–草–鹅（鱼）模式、稻–蔗（和桑）–鱼–猪禽模式等。以上稻田动、植物共生模式是运用了生态学上共生互利原理，激发多生物种群间的互利共生关系，加强物质内循环作用，减少外部能量和物质的投入，不仅降低成本，而且具有很高的生态效益。

（二）农业绿色发展

农业绿色发展是绿色发展的重要组成部分，生态农业发展的最终目标是实现农业的绿色发展，所以在生态农业研究的基础上进一步分析农业绿色发展的政策及目标，来指导生态农业的发展。

1. 农业绿色发展概念

农业绿色发展也被不少学者称之为农业生态化，两者在本质上是一致的，目的都是提高农业的生态效率。王宝义（2018）认为农业生态化是产业生态化在农业领域的集中体现，是石油农业模式向生态化发展的改进，按照生态学原理和生态经济规律，依托资源高效清洁使用和生态循环理念，将传统农业精华与现代科技有效结合，促进农业化学制品的减量使用，生产环节生态要素的增加，追求生态效率的提高，从而实现经济效益、生态效益和社会效益的统一，以保证农业的可持续发展。

2. 相关政策

近年来，农业绿色发展多次出现在中央发布的相关政策文件中，从 2016 年开始中央“一号文件”里就有农业绿色发展的相关指导意见，本书对促进农业绿色发展的相关文件进行归纳，见表4-6。

表4-6　农业绿色发展相关政策

时间	发布部门	文　件	内　容
2015/05/28	农业部、国家发展改革委、科技部、财政部、国土资源部、环境保护部、水利部、国家林业局	关于印发《全国农业可持续发展规划（2015~2030年）》的通知	大力推动农业可持续发展，计划到2020年，农业可持续发展取得初步成效，经济、社会、生态效益明显，到2030年，农业可持续发展取得显著成效
2016/8/19	农业部、国家发展改革委、科技部、财政部、国土资源部、环境保护部、水利部、国家林业局	《关于印发国家农业可持续发展试验示范区建设方案的通知》（农计发〔2016〕88号）	实现农业产业可持续、资源环境可持续、农村社会可持续、种植业突出保护资源、调整结构、绿色生产
2016/1/29	中共中央、国务院	《关于落实发展新理念加快农业现代化实现全面小康目标的若干意见》，简称《2016年中央一号文件》	加强资源保护和生态修复，推动农业绿色发展
2017/2/5	中共中央、国务院	《关于深入推进农业供给侧结构性改革加快培育农业农村发展新动能的若干意见》，简称《2017年中央一号文件》	推行绿色生产方式，增强农业可持续发展能力
2017/2/28	农业部	《2017年农业面源污染防治攻坚战重点工作安排》	推进化肥农药使用量零增长行动；推进养殖粪污综合治理行动；推进果菜茶有机肥替代化肥行动；推进秸秆综合利用行动等
2017/4/24	农业部	《关于实施农业绿色发展五大行动的通知》	畜禽粪污资源化利用行动；果菜茶有机肥替代化肥行动；东北地区秸秆处理行动；农膜回收行动；以长江为重点的水生生物保护行动
2017/9/30	中共中央办公厅、国务院办公厅	《关于创新体制机制推进农业绿色发展的意见》	把农业绿色发展摆在生态文明建设全局的突出位置，全面建立以绿色生态为导向的制度体系，构建支撑农业绿色发展的科技创新体系
2018/1/2	中共中央、国务院	《中共中央 国务院关于实施乡村振兴战略的意见》，简称《2018年中央一号文件》	加强农业面源污染防治，开展农业绿色发展行动
2018/9/26	中共中央、国务院	《乡村振兴战略规划（2018~2022年）》	推进农业绿色发展：强化资源保护与节约利用；推进农业清洁生产；集中治理农业环境突出问题

其中，2017年4月24日，农业部发布的《关于实施农业绿色发展五大行动

的通知》，对于农业的绿色发展行动给出了具体的目标，见表 4-7。

表 4-7 实施农业绿色发展五大行动目标

行动内容	目标
畜禽粪污资源化利用行动	力争到 2020 年基本解决大规模畜禽养殖场粪污处理和资源化问题
果菜茶有机肥替代化肥行动	力争到 2020 年，果菜茶优势产区化肥用量减少 20%以上，果菜茶核心产区和知名品牌生产基地(园区)化肥用量减少 50%以上
东北地区秸秆处理行动	力争到 2020 年，东北地区秸秆综合利用率达到 80%以上，基本杜绝露天焚烧现象
农膜回收行动	力争到 2020 年，农膜回收率达 80%以上，农田“白色污染”得到有效控制
以长江为重点的水生生物保护行动	力争到 2020 年，长江流域水生生物资源衰退、水域生态环境恶化和水生生物多样性下降的趋势得到有效遏制，水生生物资源得到恢复性增长，实现海洋捕捞总产量与海洋渔业资源总承载能力相协调

由上表可见，农业部对于农业绿色发展的重点行动是全方位的，主要是农业生产过程中化肥的施用、生产过程后的农膜回收、畜禽粪污的处理、秸秆的处理及水生生物的保护措施等。这从一定程度上减少了农业的面源污染，有利于水土环境的保持。

3. 发展阶段

在农业绿色发展过程中，根据其发展动力、发展核心及发展理念等将其发展过程划分为两个阶段。

第一阶段：政策推动阶段。农业绿色发展的政策推动阶段主要是党的十九大会议之前，从 2016 年中央“一号文件”将农业绿色发展正式提出以来，国家陆续出台了一系列政策文件（表 4-6），通过顶层设计将农业绿色发展的重点行动、目标等内容具体呈现。在此期间，农业绿色发展的主要动力是政策推动，其发展理念是绿色、低碳、环保，低能耗、低污染。

通过表 4-7，我们得出农业绿色发展的重点在农业生产过程中的水、土、气的保护方面，有机肥料的使用，农膜的回收利用及畜禽粪污的处理等。于法稳（2018）也提出类似的观点，他认为农业绿色发展的核心及关键是水土资源的保护，特别是水土资源质量的保护。所以本书认为在该阶段农业绿色发展的核心主要在农业生产的各要素的保护上。

第二阶段：乡村振兴推动阶段。此阶段是从党的十九大之后，特别是 2017 年底召开的中央农村工作会议以来，农业绿色发展进入到乡村振兴推动阶段。2017 年 12 月 28 日至 29 日召开的中央农村工作会议，提出了实施乡村振兴战略的目标任务：产业兴旺、生态宜居、乡风文明、治理有效、生活富裕，坚持绿色生态导向，推动农业农村可持续发展。2018 年 1 月《中共中央 国务院关于实施乡村振兴战略的意见》发布，提出要制定和实施国家质量兴农战略规划，建立健全质量兴农评价体系、政策体系、工作体系和考核体系。通过乡村振兴深入推进农业绿色化、优质化、特色化和品牌化发展。《国家乡村振兴战略规划（2018～2022年）》正在酝酿完善之中，2018年2月5日初稿已基本形成。

黄少安（2018）在《改革开放40年中国农村发展战略的阶段性演变及其理论总结》中指出，“乡村振兴”的主体是农民、主业是农业。围绕党的十九大报告提出的实施乡村振兴战略，以乡村振兴推动农业绿色发展，深化农业供给侧结构性改革，走质量兴农之路。此阶段农业绿色发展的理念主要是高质量绿色发展。此阶段的核心是加快农业供给侧改革，提高农产品质量，做强农业大产业，实现一二三产业的融合发展。

（三）生态旅游

生态旅游（ecotourism）是由国际自然保护联盟（IUCN）特别顾问谢贝洛斯·拉斯喀瑞（Ceballas-Lascurain）于1983年首次提出，1986年在墨西哥召开的一次国际环境会议上正式确认。1988年他进一步给出生态旅游的定义：生态旅游是常规旅游的一种特殊形式，游客在欣赏和游览文化遗产的同时，置身于相对古朴、原始的自然环境中，尽情观察和享受旖旎的自然风光和野生动物。1991年，国际生态旅游协会对生态旅游下了一个简要的定义：“生态旅游是一种到自然地区的责任旅游，它可以促进环境保护，并维护当地人民的生活福祉”（侯沛芸等，2005）。1992年，第一届旅游与环境世界大会把生态旅游定义为促进保护的旅游，即以欣赏和研究自然景观、野生动物以及相应的文化特色为目标，通过为保护区筹集资金，为当地居民创造就业机会，为社会公众提供环境教育等而有助于自然、文化保护和可持续发展的旅游方式。

几十年来，生态旅游的发展理念无疑是成功的，生态旅游不仅仅是一句口号，更是一种生态文明的理念在旅游业中的践行，发现绿水青山的价值，同时去欣赏它、保护它、维护它，实现人与自然的有机融合，是绿水青山与金山银山有效的转化路径。近十几年来，我国一直推行生态旅游的发展，打造国家生态旅游示范区。2007年，国家旅游局、国家环境保护总局共同授予广东省深圳市东部华侨城“国家生态旅游示范区”的荣誉称号，到2015年在全国各省市陆续建立不同的生态旅游示范区，具体见表4-8。2008年11月国家旅游局制定的《全国生态旅游示范区标准》发布了征求意见稿。

表4-8 国家生态旅游示范区

	2007年	2013年	2014年	2015年
北京	—	南宫国家生态旅游示范区、野鸭湖国家生态旅游示范区	—	平谷金海湖风景区
天津	—	盘山国家生态旅游示范区	黄崖关长城风景名胜区	东丽湖景区

（续）

	2007年	2013年	2014年	2015年
上海	—	明珠湖·西沙湿地国家生态旅游示范区、东滩湿地国家生态旅游示范区	海湾国家森林公园	东方绿舟旅游景区
重庆	—	天生三桥·仙女山国家生态旅游示范区	四面山旅游区	金佛山生态旅游区、巫山小三峡-小小三峡生态旅游区
内蒙古	—	兴安盟阿尔山国家生态旅游示范区	呼伦贝尔市根河源国家湿地公园	鄂尔多斯市恩格贝沙漠景区
辽宁	—	大连市西郊森林公园国家生态旅游示范区	盘锦市红海滩湿地旅游度假区	大连市金石滩旅游景区、丹东市天桥沟景区
吉林	—	长春市莲花山国家生态旅游示范区	吉林市松花湖国家风景名胜区	通化市高句丽文物古迹景区
黑龙江	—	伊春市汤旺河林海奇石国家生态旅游示范区、哈尔滨市松花江避暑城国家生态旅游示范区	黑河市五大连池风景区、五常市凤凰山国家森林公园	哈尔滨市呼兰河口湿地公园
江苏	—	泰州市溱湖湿地国家生态旅游示范区、常州市天目湖国家生态旅游示范区	苏州市镇湖生态旅游区、无锡市蠡湖风景区	常熟市虞山尚湖旅游区、徐州市潘安湖湿地
浙江	—	衢州市钱江源国家生态旅游示范区、宁波市滕头国家生态旅游示范区	杭州市西溪国家湿地公园、台州市神仙居景区	台州市天台山景区
安徽	—	黄山市黄山国家生态旅游示范区	池州市九华天池风景区	—
福建	—	南平市武夷山国家生态旅游示范区、龙岩市梅花山国家生态旅游示范区	厦门市天竺山旅游风景区、龙岩市冠豸山生态旅游区	福州市鼓岭生态旅游区、永泰云顶旅游区
江西	—	上饶市婺源国家生态旅游示范区、吉安市井冈山国家生态旅游示范区	上饶市鄱阳湖国家湿地公园	吉安市青原山风景名胜区
山东	—	烟台市昆嵛山国家生态旅游示范区	济宁市微山湖国家湿地公园	青岛市百果山生态旅游区
河北	—	—	保定市野三坡景区	衡水市衡水湖景区
河南	—	焦作市云台山国家生态旅游示范区、平顶山市尧山·大佛国家生态旅游示范区	驻马店市嵖岈山旅游景区、鹤壁市淇河生态旅游区	洛阳市重渡沟风景区
湖北	—	十堰市神农架国家生态旅游示范区	黄冈市龟峰山风景区	武汉市东湖生态旅游风景区、襄阳市尧治河生态旅游景区
湖南	—	长沙市大围山国家生态旅游示范区、郴州市东江湖国家生态旅游示范区	株洲市神农谷国家森林公园、永州市阳明山国家森林公园	邵阳市黄桑生态旅游区
广东	深圳市东部华侨城	韶关市丹霞山国家生态旅游示范区	梅州市雁南飞茶田景区	惠州市南昆山生态旅游区

（续）

	2007 年	2013 年	2014 年	2015 年
广西	—	贺州市姑婆山国家生态旅游示范区	柳州市大龙潭景区	崇左市大德天景区
四川	—	西昌市邛海国家生态旅游示范区、巴中市南江光雾山国家生态旅游示范区	广元市唐家河生态旅游区、甘孜州海螺沟景区	阿坝州毕棚沟景区、雅安市神木垒生态旅游区
贵州	—	黔南州樟江国家生态旅游示范区、毕节市百里杜鹃国家生态旅游示范区	铜仁市梵净山旅游景区	遵义市赤水景区
云南	—	西双版纳自治州野象谷国家生态旅游示范区、玉溪市玉溪庄园国家生态旅游示范区	昆明市石林景区	七彩云南·古滇文化旅游名城
青海	—	—	青海湖景区、西宁市大通老爷山-鹞子沟旅游区	海北州祁连县牛心山-卓尔山景区
陕西	—	西安市世博园国家生态旅游示范区	商洛市金丝峡景区	西安市临潼生态旅游区
甘肃	—	甘南州当周草原国家生态旅游示范区、兰州市兴隆山国家生态旅游示范区园	平凉市崆峒山生态文化旅游区	甘肃省酒泉市鸣沙山月牙泉景区、甘南州黄河首曲生态旅游区
海南	—	—	呀诺达雨林文化旅游区	三亚市亚龙湾热带天堂森林公园
宁夏	—	中卫市沙坡头国家生态旅游示范区	石嘴山市沙湖旅游区	
新疆	—	—	伊犁州那拉提旅游风景区	新疆自治区塔城地区裕民巴尔鲁克旅游风景区
新疆建设兵团	—	五家渠青湖国家生态旅游示范区	八五团白沙湖边境生态旅游区	第六师一万泉旅游景区

第五章

绿色发展评价

绿色发展水平的衡量一直是全球关注的焦点问题，根据绿色产业平台中国办公室的研究得出目前主要采用 2 种测度方式，一是绿色 GDP 核算，二是综合指标评价，具体见表 5-1。

表 5-1　绿色发展评价方法

类型	年份	单位/机构	实　践
“绿色 GDP”核算	1993	联合国	建立了环境经济账户(SEEA)
	1995	世界银行	发布《扩展衡量财富的手段:环境可持续发展的指标》
	2002	中国国家环境保护总局和统计局	发布《中国绿色国民经济核算体系框架》
绿色发展指标体系研究和测度	1990	联合国环境规划署	提出人类发展指数(HDI)
	2000	耶鲁大学和哥伦比亚大学	开发环境可持续指数(ESI)
	2011	OECD	发布《迈向绿色增长》报告
	2012	联合国环境规划署	公布绿色经济进展测度体系

在综合指标评价方面，目前比较知名的是 UNEP 的人类发展指数，人类绿色发展指数是在人类发展指数的基础上，更加具有针对性的研究，后面会进行详细的分析。

一、绿色 GDP 核算

国内生产总值（Gross Domestic Product，简称 GDP）是衡量传统发展的最主要指标，反映了一国经济活动的总水平。但随着社会的发展，GDP 指标备受挑战，因为经济发展并不等同于经济增长。对于热衷于物质财富的增长的传统发展观也越来越受到人们的质疑，传统 GDP 的缺陷主要体现在指标不能反映环境污染带来的经济损失，没有考虑自然资源的枯竭和资源质量下降等问题对未来经济发展的影响，没有反映自然资源的折旧，没有体现环境退化的损失费用，没有反映社会福利状况等。在此情况下，绿色 GDP 被提出。

(一) 绿色 GDP 的概念

绿色 GDP 是指在进行 GDP 核算时将环境变化纳入核算内容中，加强了环境和经济发展间的联系，可以更好地反映国家经济社会发展的状况，也能为国家环境保护和发展规划提供依据。1989 年，美国经济学家戴利首次提出“绿色 GDP”概念，它是扣除经济活动中投入的环境成本后的国内生产总值，1997 年，世界银行正式推出“绿色 GDP 国民经济核算体系”。

牛文元（2004）将绿色 GDP 视作一种新型国民经济核算体系。冯之浚（2013）提出通常使用的绿色 GDP 概念是指狭义的绿色 GDP，它是指在不减少现有资本资产水平的前提下，一国或一个地区所有常住单位在一定时期所生产的全部最终产品和劳务的价值总额，或者说是在不减少现有资本资产水平的前提下，所有常住单位的增加值之和。傅国华和许能锐（2015）提出绿色 GDP 是指一个国家或地区范围内所有常住单位，在一定时期内生产最终产品和提供劳务的价值总和，在扣除了原始资源消耗价值与环境破坏损失成本后得到的剩余价值量，代表了一个国家或地区更加综合的经济福利水平。综上所述，绿色 GDP，是在传统 GDP 核算的基础上，增加了“绿”元素，将人类对自然界的有形和无形影响体现出来，更加客观地描述经济发展水平。

在可持续发展的框架内，从经济学意义上将经济活动作为人类赖以生存的自然环境的一个子系统之后，人类所生产的净产品，在这里环境成本包括两种基本形式：一种是有形消耗，也称资源耗减；另一种是无形消耗，也称环境退化（贾小爱，2007）。据此得出，绿色 GDP 的核算公式如下：

绿色 GDP＝国内生产总值－资源耗减价值－环境退化价值

绿色 GDP 一经提出就得到了社会的广泛关注及应用，胡鞍钢（2005）以绿色 GDP 核算为考量，分析了我国 1970～2001 年真实国民储蓄和自然资产损失之间的定量关系，反映出我国真实国民财富的损失，认为绿色发展是我国发展的必须之路。

(二) 绿色 GDP 的应用

挪威 1978 年就开始了资源环境的核算，是世界上最早进行自然资源核算的国家。1987 年《挪威自然资源核算》报告公布，建立了较为详尽的资源环境统计制度，为绿色 GDP 的核算体系奠定了基础。联合国统计署于 1989 年和 1993 年先后发布了《综合环境与经济核算体系（SEEA）》，日本从 1993 年对本国的环境经济综合核算体系进行了研究，给出了 1985 ~ 1990 年的绿色 GDP。

我国政府也一直致力于绿色 GDP 的核算工作，2006 年 9 月 7 日，国家环保总局和国家统计局联合推出了《中国绿色 GDP 核算报告》，同时开展绿色国民经济核算的地方试点。随后对于绿色 GDP 核算的研究逐渐完善，2018 年 12 月，由华中科技大学国家治理研究院和绿色 GDP 绩效评估研究课题组共同完成的《中国绿色 GDP 绩效评估报告（2018 年全国卷）》出版，通过采集国家统计局、国家发展和改革委员会等权威部门公开发布的 653325 个统计数据，利用具有自主知识产权的“绿色发展大数据分析平台”，客观呈现了我国 31 个省市自治区从 2014 至 2016 年间 GDP、人均 GDP、绿色 GDP、人均绿色 GDP、绿色发展绩效指数的年度变化情况，并对其未来发展提出了合理可行的对策性建议。

报告认为，中国的绿色发展已经取得显著成就，中国的绿色 GDP 增长速度已经开始超越同期 GDP 增长速度。2016 年，绿色 GDP 经济总量平均增幅达到 7.58%，超越同期 GDP 总量增幅 0.08%。全国 31 个省市自治区人均绿色 GDP 平均增幅已经达到 6.79%，绿色发展绩效指数平均值已经达到 88.69（参考值为 100），绿色发展绩效指数排序为上海、浙江、北京、重庆、江苏、广东、福建、海南、湖北、天津、西藏、山东、四川、江西、河北、安徽、广西、贵州、吉林、湖南、云南、河南、青海、陕西、宁夏、黑龙江、内蒙古、辽宁、山西、甘肃、新疆。

二、人类绿色发展指数

随着可持续发展思想的深入人心，人们绿色救赎的行动效果如何，如何来评价，人类绿色发展指数就是其定量评价指标之一。

（一）人类发展指数（HDI）

人类发展指数（Human Development Index，HDI）是联合国开发计划署（United Nations Development Programme，UNDP）于 1990 年创立的，衡量各国的人类发展水平。人类发展指数是一个整合了人类发展以下三个基本维度的综合指数：以出生时预期寿命来衡量的过上健康长寿生活的能力；以平均受教育年限和预期受教育年限来衡量的获取知识的能力；以人均国民总收入来衡量的过上体面生活的能力。HDI 的指标看似简单，但却是建立在公平、实质自由的正义论和福利经济学基础上的，建立在以“可行能力”为人类发展主要概念的深刻理解上。HDI 的提出还可以追溯到亚里士多德、康德等早期哲学家的理念，以及亚当·斯密、李嘉图、马歇尔以及马克思等人的贡献（UNDP，1990）。

联合国开发计划署从 1990 年开始公布各国的 HDI 数值，而且它的计算方法在不断改进（图 5-1）。一直被受质疑的三个维度算术平均数的计算方法在 2010 年改进为几何平均数公式，HDI 的计算进一步完善。

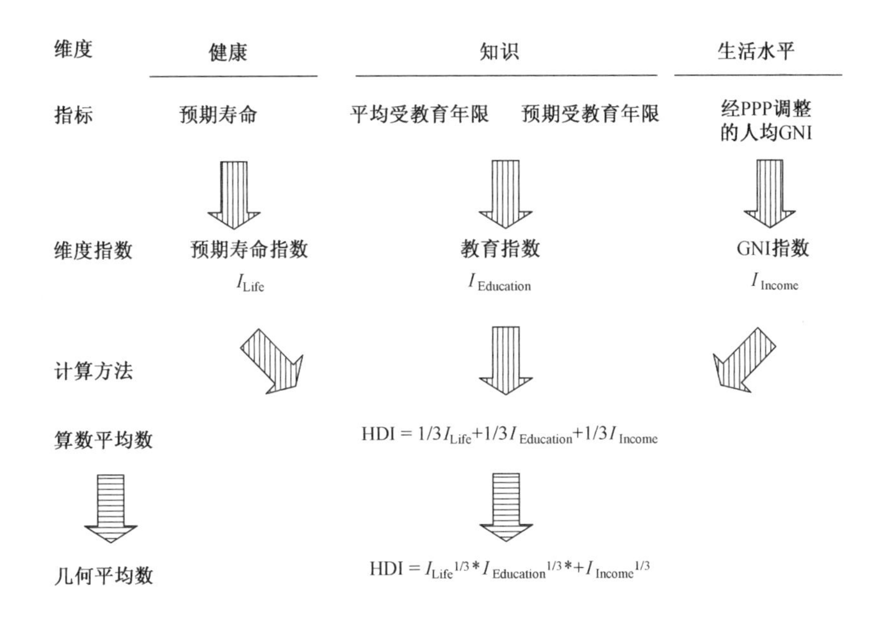

图 5-1　HDI 计算方法及其改进图

注：维度、指标和维度指数来源于《人类发展指数 2010》，其中，PPP 指购买力平价，GNI 指国民总收入。

根据人类发展指数的高低，联合国开发计划署将世界各国依次分为极高人类发展水平（Very High Human Development，HDI≥0.8）、高人类发展水平（High Human Development，0.7≤HDI<0.8）、中等人类发展水平（Medium Human Development，0.55≤HDI<0.7）和低人类发展水平（Low Human Development，HDI<0.55）四个组别。《Human Development Report 2016》（《人类发展报告 2016》）计算了 188 个国家 1990～2015 年的 HDI 的数值变化，《Human Development Indices and Indicators 2018 Statistical Update》（《人类发展指数与指标 2018 年统计更新》）计算了 189 个国家 2016～2017 年的 HDI 数值，世界部分国家 1990～2017 年的 HDI 的变化，见表 5-2。

表 5-2 世界部分国家 1990~2017 年 HDI 数值

HDI	排名	国家	1990	2000	2010	2011	2012	2013	2014	2015	2016	2017
极高水平	1	挪威	0.849	0.917	0.939	0.941	0.942	0.945	0.948	0.949	0.951	0.953
	2	瑞士	0.831	0.888	0.932	0.932	0.934	0.936	0.938	0.939	0.943	0.944
	3	澳大利亚	0.866	0.899	0.927	0.930	0.933	0.936	0.937	0.939	0.938	0.939
	5	德国	0.801	0.860	0.912	0.916	0.919	0.920	0.924	0.926	0.934	0.936
高水平	73	古巴	0.676	0.686	0.780	0.778	0.773	0.772	0.772	0.775	0.774	0.777
	74	墨西哥	0.648	0.700	0.745	0.748	0.753	0.754	0.758	0.762	0.772	0.774
	86	中国	0.499	0.592	0.700	0.703	0.713	0.723	0.734	0.738	0.748	0.752
	95	哥伦比亚	0.592	0.653	0.700	0.707	0.712	0.720	0.724	0.727	0.747	0.747
中等水平	115	埃及	0.547	0.612	0.671	0.673	0.681	0.686	0.688	0.691	0.694	0.696
	116	越南	0.477	0.576	0.655	0.662	0.668	0.675	0.678	0.683	0.689	0.694
	149	尼泊尔	0.378	0.446	0.529	0.538	0.545	0.551	0.555	0.558	0.569	0.574
低水平	156	津巴布韦	0.499	0.427	0.452	0.464	0.488	0.498	0.507	0.516	0.532	0.535
	162	乌干达	0.309	0.396	0.477	0.477	0.478	0.483	0.488	0.493	0.508	0.516
	188	中非	0.320	0.314	0.361	0.366	0.370	0.345	0.347	0.352	0.362	0.367

由此可以看出，世界各国地区的人类发展指数基本都是在增长的，但增速放缓的现象已经显现。中国的 HDI 由 1990 年的 0.499 增加到 2017 年的 0.752，处于高人类发展水平。

（二）人类绿色发展指数

人类绿色发展指数（Human Green Development Index，HGDI）是近年来随着可持续发展思想的深入，绿色发展的延伸，在人类发展指数（Human Development Index，HDI）的基础上，增加了一个绿色（Green）元素建立起来的，强调人与环境的关系的指标。相比 HDI，HGDI 的理论基础是整个人类与自然的永久性的共存、发展与演进，强调人类发展权利不能突破地球供给能力的极限（李晓西等，2014）。

由北京师范大学经济与资源管理研究院和西南财经大学发展研究院联合编著的《2014 人类绿色发展报告》（北京师范大学经济与资源管理研究院等，2014）对 HGDI 与 HDI 进行比较，如果说 HDI 体现了从“物为中心”到“人为中心”的变化，那 HGDI 则强调了从“人为中心”到“地球人为中心”的新变化；如果 HDI 强调了人类需求的不断扩大，那 HGDI 则强调了人类需求本身也到了受限制的时候，报告将人类绿色发展概括为：“吃饱喝净、健康卫生、教育脱贫、天蓝气爽、地绿河清、生物共存”，并以此来选择确定社会经济的可持续发展和资源环境的可持续发展两大维度的 12 个人类绿色发展的指标，见表5-3。

表 5-3　人类绿色发展指标体系

	人类绿色发展两个方面	人类绿色发展 12 个领域	指标名称	指标属性	指标权重(%)
人类绿色发展指数	社会经济的可持续发展	极端贫困	低于最低食物能量摄取标准的人口比例	逆	8.33
		收入	不平等调整后收入指数	正	8.33
		健康	不平等调整后预期寿命指数	正	8.33
		教育	不平等调整后教育指数	正	8.33
		卫生	获得改善卫生设施的人口占一国总人口的比例	正	8.33
		水	获得改善饮用水源的人口占一国总人口的比例	正	8.33
	资源环境的可持续发展	能源	一次能源强度	逆	8.33
		气候变化	人均二氧化碳排放量	逆	8.33
		空气污染	PM_{10}	逆	8.33
		土地	陆地保护区面积占土地面积的比例	正	8.33
		森林	森林面积占土地面积的百分比	正	8.33
		生态	受威胁动物占总物种的百分比	逆	8.33

根据以上指标体系对 123 个国家（欧洲 37 个，北美洲 12 个，南美洲 11 个，亚洲 36 个，非洲 25 个，大洋洲 2 个）的 HGDI 进行了测评，部分国家的人类绿色发展指数的数据见表 5-4。

表 5-4　部分国家人类绿色发展指数

排名	国家	大洲	指数值
深绿色发展水平国家			
1	瑞典	欧洲	0.830
6	日本	亚洲	0.781
40	加拿大	北美洲	0.682
中绿色发展水平国家			
56	泰国	亚洲	0.635
61	美国	北美洲	0.620
68	新加坡	亚洲	0.602
浅绿色发展水平国家			
86	中国	亚洲	0.544
93	南非	亚洲	0.509

在 123 个国家中，中国 HGDI 排名第 86 位，目前还处于浅绿色发展水平，人类绿色发展指数仅为 0. 544，绿色发展之路任重道远。

三、中国绿色发展指数

中国除了发布《中国绿色国民经济核算体系框架》外，还编制了《中国绿色发展指数报告》，提出绿色发展指数，用来评价绿色发展的水平。《中国绿色发展指数报告》从 2010 年开始编制，截止目前，共出版中文版 8 部，英文版 2 部。

中国绿色发展指数包括中国省际绿色发展指数和中国城市绿色发展指数两套体系，用来全面评估中国各省份和主要城市绿色发展情况。中国省际绿色发展指标体系于 2010 年建立，2011 年进行调整，2012 年开始测算，中国城市绿色发展指数体系于 2011 年建立（北京师范大学经济与资源管理研究院等，2015）。

本书着重介绍 2015、2016、2017/2018 中国绿色发展报告的研究方法及结果，以期为今后绿色发展评价方面的研究提供借鉴和参考。北京师范大学经济与资源管理研究院、西南财经大学发展研究院和国家统计局中国经济景气监测中心三家单位联合编著了《2015 中国绿色发展指数报告—区域比较》，2015 年中国省际绿色发展指数由经济增长绿化度、资源环境承载潜力和政府支持度 3 个一级指标及 9 个二级指标、60 个三级指标构成，见表 5-5。

表 5-5 中国省际绿色发展指数指标体系

一级指标	二级指标	三级指标
经济增长绿化度	绿色增长效率指标	1. 人均地区生产总值 2. 单位地区生产总值能耗 3. 非化石能源消费量占能源消费量的比重 4. 单位地区生产总值二氧化碳排放量 5. 单位地区生产总值二氧化硫排放量 6. 单位地区生产总值化学需氧量排放量 7. 单位地区生产总值氮氧化物排放量 8. 单位地区生产总值氨氮排放量 9. 人均城镇生活消费用电
	第一产业指标	10. 第一产业劳动生产率 11. 土地产出率 12. 节灌率 13. 有效灌溉面积占耕地面积比重
	第二产业指标	14. 第二产业劳动生产率 15. 单位工业增加值水耗 16. 规模以上工业增加值能耗 17. 工业固体废物综合利用率 18. 工业用水重复利用率 19. 六大高载能行业产值占工业总产值比重
	第三产业指标	20. 第三产业劳动生产率 21. 第三产业增加值比重 22. 第三产业从业人员比重

（续）

一级指标	二级指标	三级指标
资源环境承载潜力	资源丰裕与生态保护指标	23. 人均水资源量　24. 人均森林面积　25. 森林覆盖率　26. 自然保护区面积占辖区面积比重　27. 湿地面积占国土面积比重　28. 人均活立木总蓄积量
	环境压力与气候变化指标	29. 单位土地面积二氧化碳排放量　30. 人均二氧化碳排放量　31. 单位土地面积二氧化硫排放量　32. 人均二氧化硫排放量　33. 单位土地面积化学需氧量排放量　34. 人均化学需氧量排放量　35. 单位土地面积氮氧化物排放量　36. 人均氮氧化物排放量　37. 单位土地面积氨氮排放量　38. 人均氨氮排放量　39. 单位耕地面积化肥施用量　40. 单位耕地面积农药使用量　41. 人均公路交通氨氮氧化物排放量
政府政策支持度	绿色投资指标	42. 环境保护支出占财政支出比重　43. 环境污染治理投资占地区生产总值比重　44. 农村人均改水、改厕的政府投资　45. 单位耕地面积退耕还林投资完成额　46. 科教文卫支出占财政支出比重
	基础设施指标	47. 城市人均绿地面积　48. 城市用水普及率　49. 城市污水处理率　50. 城市生活垃圾无害化处理率　51. 城市每万人拥有公交车辆　52. 人均城市公共交通运营线路网长度　53. 农村累计已改水受益人口占农村总人口比重　54. 建成区绿化覆盖率
	环境治理指标	55. 人均当年新增造林面积　56. 工业二氧化硫去除率　57. 工业废水化学需氧量去除率　58. 工业氮氧化物去除率　59. 工业废水氨氮去除率　60. 突发环境事件次数

中国城市绿色发展指数由经济增长绿化度、资源环境承载潜力和政府支持度 3 个一级指标及 9 个二级指标、44 个三级指标构成，全面分析和测度了我国 30 个省份和 100 个城市的绿色发展水平。随着我国环境监测制度的完善，报告将可吸入细颗粒物浓度（PM2.5）年均值指标纳入其中，见表 5-6。

表 5-6　中国城市绿色发展指数指标体系

一级指标	二级指标	三级指标
经济增长绿化度	绿色增长效率指标	1. 人均地区生产总值　2. 单位地区生产总值能耗　3. 人均城镇生活消费用电　4. 单位地区生产总值二氧化碳排放量　5. 单位地区生产总值二氧化硫排放量　6. 单位地区生产总值化学需氧量排放量　7. 单位地区生产总值氮氧化物排放量　8. 单位地区生产总值氨氮排放量
	第一产业指标	9. 第一产业劳动生产率
	第二产业指标	10. 第二产业劳动生产率　11. 单位工业增加值水耗　12. 单位工业增加值能耗　13. 工业固体废物综合利用率　14. 工业用水重复利用率
	第三产业指标	15. 第三产业劳动生产率　16. 第三产业增加值比重　17. 第三产业就业人员比重

（续）

一级指标	二级指标	三级指标
资源环境承载潜力	资源丰裕与生态保护指标	18. 人均水资源量
	环境压力与气候变化指标	19. 单位土地面积二氧化碳排放量 20. 人均二氧化碳排放量 21. 单位土地面积二氧化硫排放量 22. 人均二氧化硫排放量 23. 单位土地面积化学需氧量排放量 24. 人均化学需氧量排放量 25. 单位土地面积氮氧化物排放量 26. 人均氮氧化物排放量 27. 单位土地面积氨氮排放量 28. 人均氨氮排放量 29. 空气质量达到二级以上天数占全年比重 30. 首要污染物可吸入颗粒物天数占全年比重 31. 可吸入细颗粒物浓度（PM2.5）年均值
政府政策支持度	绿色投资指标	32. 环境保护支出占财政支出比重 33. 城市环境基础设施建设投资占全市固定资产投资比重 34. 科教文卫支出占财政支出比重
	基础设施指标	35. 人均绿地面积 36. 建成区绿化覆盖率 37. 用水普及率 38. 城市生活污水处理率 39. 生活垃圾无害化处理率 40. 每万人拥有公交车
	环境治理指标	41. 工业二氧化硫去除率 42. 工业废水化学需氧量去除率 43. 工业氮氧化物去除率 44. 工业废水氨氮去除率

《2015 中国绿色发展指数报告—区域比较》以 2013 年数据计算了除西藏外的 30 个省（市、区）的结果，报告得出，中国绿色发展排名前 10 的是北京、上海、浙江、天津、青海、福建、江苏、内蒙古、广东和海南；宁夏、甘肃和河南排名后 3 位。同时中国省际绿色发展水平呈现较明显的地区差异：东部地区绿色发展水平相对较高；西部地区处于中游，青海、内蒙古、陕西相对较好；中部和东北地区的绿色发展水平相对较弱。

《2015 中国绿色发展指数报告—区域比较》以 2013 年数据测算得出 2013 年 100 个城市的绿色发展指数，排名前 10 的是海口、深圳、克拉玛依、青岛、无锡、北京、昆明、赤峰、湛江和烟台；鞍山、西宁和金昌排名后 3 位。同时中国城市绿色发展指数呈现几个特点：东部城市绿色发展优势明显；西部城市绿色发展水平稳步提高；中部和东北地区城市绿色发展水平相对较弱。

在《2015 中国绿色发展指数报告—区域比较》报告之后，2016 年 12 月《2016 中国绿色发展指数报告——区域比较》出版，2016 中国省际绿色发展指数测算结果显示，30 个省（区、市）中，绿色发展水平排名前 10 位的是：北京、上海、浙江、天津、内蒙古、福建、江苏、广东、黑龙江和海南；山西、甘肃和河南排名最后 3 位；从区域分布来看，东部省份绿色发展优势依旧明显，尤其是经济增长绿化度明显优于其他三个地区；西部省份资源环境潜力有一定优势；东北三省进步明显，中部地区绿色发展水平仍有待提高。

2016 城市绿色发展指数测算结果显示，100 个测评城市中，绿色发展水平排名前 10 位的是：海口、深圳、克拉玛依、长沙、青岛、北海、广州、湛江、北京和苏州；位于后3位的城市是：西宁、荆州和鞍山。从区域分布来看，东部城市绿色发展优势依旧明显；西部城市资源环境承载潜力优势进一步凸显，绿色发展水平稳步提高；中部和东北地区城市绿色发展水平相对较低，未来仍有较大提升空间。

《2017/2018中国绿色发展指数报告——区域比较》于2019年3月出版，对30个省（区、市）2017和2018年度的绿色发展进行了测度、分析和专题研究，得出中国绿色发展水平呈现出明显的空间异质性：省际绿色发展水平具有发散特征，但部分区域之间呈现收敛；不同区域绿色发展驱动力存在差异，总体而言，资源禀赋对绿色发展的贡献弱于经济社会绿色转型带来的高质量增长。

四、基于“两山”理论的绿色发展模式

目前对于绿色发展的评价体系构建逐步完善，但以生态学模型为手段进行评价绿色发展程度还有待进一步研究，鉴于此，付伟等（2017a）从“两山”理论的角度，结合生态学的Lotka-Volterra共生模型来构建绿色发展的评价体系，并以云南省为例进行实证分析。

（一）“两山”理论模型

2013年，习近平总书记在谈到环境保护问题时明确指出：“我们既要绿水青山，也要金山银山。宁要绿水青山，不要金山银山，而且绿水青山就是金山银山。”这就是“两山”理论的生动阐释。“绿水青山”代表我们赖以生存的良好生态环境，将其称为“生态山”。绿水青山中蕴藏宝贵的自然资源，人类的生存发展离不开山水林田湖的呵护和庇佑，要想“生态山”长远发展，必须保护好自然资源。

“金山银山”代表我们得以发展的社会经济效益，将其称为“经济山”，要想“经济山”长远发展，必须开发利用好自然资源。“两山”理论就是对“生态山”与“经济山”互利共生关系的生动阐述。“两山”理论是生态文明建设的重要组成部分，2015年9月21日，中共中央、国务院印发了《生态文明体制改革总体方案》，明确提出要“树立绿水青山就是金山银山的理念”。

1.“生态山”与“经济山”关系演化概述

“生态山”与“经济山”的总和就是人类赖以生存的自然资源与环境，借鉴生态学中的种间关系来阐释“生态山”与“经济山”的相互作用类型，见表5-7，其中“+”表示有利，“-”表示有害，“0”表示不受影响。生态学种间关系分为正相互作用、中性作用和负相互作用。正相互作用分为偏利共生和互

利共生。偏利共生对一方有利，另一方无影响；互利共生双方都有利。中性作用两者彼此不受影响。负相互作用包括竞争、偏害和单害单利。竞争双方两者都受到不利影响；偏害对一方有利，另一方无影响；单害单利对一方有利，另一方有害。

表 5-7 “生态山”与“经济山”的相互作用类型

作用类型		“生态山”	“经济山”	特　征
正相互作用(共生)	偏利共生	+	0	“生态山”受益,“经济山”无影响
		0	+	“经济山”受益,“生态山”无影响
	互利共生	+	+	相互作用对两者都有利
中性作用		0	0	两者彼此不受影响
负相互作用（共生）	竞争	–	–	两者都受到不利影响
	偏害	–	0	“生态山”受损,“经济山”无影响
		0	–	“生态山”无影响,“经济山”受损
	单害,单利	+	–	“生态山”受益,“经济山”受损
		–	+	“生态山”受损,“经济山”受益

2. 人类文明演化过程中“两山”关系变化

人类社会经历了原始文明→农业文明→工业文明→生态文明的过程。在这四个人类文明演化的过程中,“生态山”与“经济山”的关系也发生着变化。

原始文明时期，生产力水平极其低下，人类活动简单，主要是狩猎与采集，崇拜和依赖自然界，称为“无色文明”。“生态山”与“经济山”的关系极为微弱，我们认为“两山”之间关系为中性,“生态山”与“经济山”关系记为（0，0）。

农业文明时期种植业、畜牧业得到了发展，人类开始认识自然，利用自然，经济得到一定的发展，人类开发利用一定的资源，产生的废弃物自然界基本可以分解消耗，此阶段对自然界的利用基本在生态系统稳定状态下，生态基本平衡，结构相对稳定，受到的外界干扰没有超出生态系统的恢复能力。所以将“两山”之间的关系界定为“经济山”偏利的共生关系,“生态山”与“经济山”关系记为（0，+）。

工业文明时期科技取得了一定的发展，人类不仅是利用自然，更多的是征服自然，大量使用化肥农药和物理工具，排放大量的垃圾废弃物，导致生态系统的严重退化，将“两山”之间的关系界定为“经济山”单利“生态山”单害关系,“生态山”与“经济山”关系记为（–，+）。

随着经济发展和资源环境之间的矛盾开始凸显,《寂静的春天》《增长的极限》等著作的出版推动着人类思想的转变，生态环境问题不仅是一个发展问题，已逐渐变为民生问题。人类逐渐意识到自然环境是人类长远发展的基础，但过度强调对生态环境的绝对保护，将此阶段称之为浅绿色文明阶段，此阶段“两山”之间的关系界定为“生态山”偏利的共生关系，“生态山”与“经济山”关系记为（+，0）。

随着可持续发展的推进，“两山”关系得到了根本性的变化，人类逐渐意识到“生态山”就是“经济山”，生态优势与经济优势可以相互转化，两者是互利共生，相互促进，共同发展的关系，此阶段我们称之为深绿色文明阶段。此阶段“两山”之间的关系界定为“经济山”与“生态山”互利共生关系，“生态山”与“经济山”关系记为（+，+）。

(二)“生态山”与“经济山”的 Lotka-Volterra 共生模型

“生态山”与“经济山”两者存在着竞争资源的关系，要定量测度两者的共生关系程度，本书借鉴生态学中的 Lotka-Volterra（洛特卡—沃尔泰勒）模型来解析“生态山”与“经济山”的共生模型。Lotka-Volterra 模型是由 Lotka 于 1925 年在美国和 Volterra 于 1926 年在意大利分别独立提出的，在单种群逻辑斯蒂增长基础上发展起来的描述种间竞争的模型。种间竞争是指两种或更多种生物共同利用同一资源而产生的相互妨碍作用（孙儒泳，2001）。公式如下：

$$\frac{dN_1}{dt} = r_1N_1(1 - N_1/K_1 - \alpha N_2/K_1) \tag{1}$$

$$\frac{dN_2}{dt} = r_2N_2(1 - N_2/K_2 - \beta N_1/K_2) \tag{2}$$

其中：公式（1）是在竞争中物种甲的种群增长方程；公式（2）是在竞争中物种乙的种群增长方程，N_1 和 N_2 分别为物种 1 和物种 2 的种群数量；dN_1/dt 和 dN_2/dt 分别为单位时间内物种 1 和物种 2 的数量变化；K_1 和 K_2 分别为两个物种种群的环境容纳量；r_1 和 r_2 分别为两个物种种群的增长率；α 和 β 为竞争系数，表示物种 2（物种 1）对于物种 1（物种 2）的竞争抑制效应。

从理论上讲，两物种竞争会产生 3 种结果：①物种甲被排挤，物种乙生存；②物种乙被排挤，物种甲生存；③物种甲乙共存。

两个物种共存，即两个物种处于平衡状态，也就是说在 N_1 和 N_2 都是正值的条件下，dN_1/dt 和 dN_2/dt 两者都等于零。从图 5-1 中可以看出，当 $K_1 < K_2/\beta$，$K_2 < K_1/\alpha$ 时，两条对角线相交于其平衡点 E。从生态学意义上讲，当两物种都是种内竞争强度大于种间竞争强度时，彼此都不能将对方排挤掉，从而出现稳定的共存局面，如图 5-2。

类似的，设定“生态山”与“经济山”的总容量为 T，“生态山”的容量用 E_1 表示，“经济山”的容量用 E_2 表示，dE_1/dt 和 dE_2/dt 分别为单位时间内“生

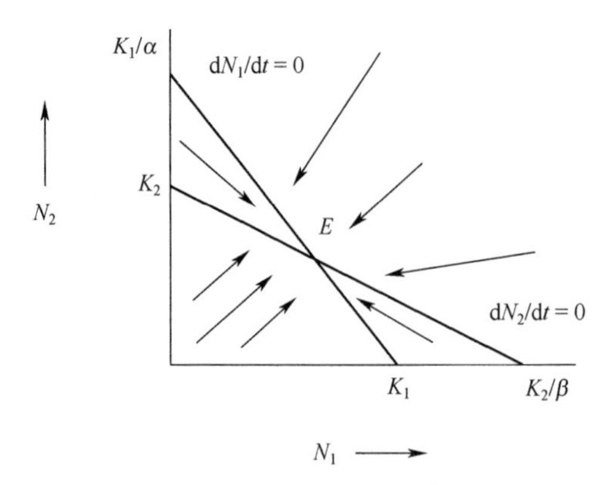

图 5-2 两个物种稳定共存图

态山”和“经济山”的容量变化。α 为“经济山”对“生态山”的竞争抑制系数，β 为“生态山”对“经济山”的竞争抑制系数。

$$\frac{dE_1}{dt} = r_1E_1(1 - E_1/T - \alpha E_2/T) \tag{3}$$

$$\frac{dE_2}{dt} = r_2E_2(1 - E_2/T - \beta E_1/T) \tag{4}$$

若两者处于平衡状态，也就是说在 E_1 和 E_2 都是正值的条件下，dE_1/dt 和 dE_2/dt 两者都等于零。

$$r_1E_1(1 - E_1/T - \alpha E_2/T) = 0 \tag{5}$$

$$r_2E_2(1 - E_2/T - \beta E_1/T) = 0 \tag{6}$$

得到：

$$E_1 = \frac{T(1 - \alpha)}{(1 - \alpha\beta)} \tag{7}$$

$$E_2 = \frac{T(1 - \beta)}{(1 - \alpha\beta)} \tag{8}$$

由推导得出的公式（7）、(8）得出，“生态山”与“经济山”处于共生状态时，两者的容量大小主要取决于竞争系数 α 与 β 的大小。

若 $\alpha > \beta$，则 $E_1 < E_2$；

若 $\alpha < \beta$，则 $E_1 > E_2$；

若 $\alpha = \beta$，则 $E_1 = E_2$；

即如果“经济山”对“生态山”的竞争系数大于“生态山”对“经济山”的竞争系数，则“生态山”的容量小于“经济山”的容量；

如果“经济山”对“生态山”的竞争系数小于“生态山”对“经济山”的竞争系数，则“生态山”的容量大于“经济山”的容量；

如果“经济山”对“生态山”的竞争系数等于“生态山”对“经济山”的

竞争系数，则“生态山”的容量等于“经济山”的容量。

（三）基于“两山”理论的绿色发展模式

绿色发展涉及“发展”和“绿色”两个概念，其中，发展是不变的主题。随着社会的进步，发展观经历着一个变化的过程。对待发展的态度，即发展观，决定着社会的发展道路、发展模式和发展战略。绿色发展同样也根据对生态环境保护认识程度的不同，发展模式也有所不同。

根据“生态山”与“经济山”的 Lotka-Volterra 共生模型中竞争系数 α 与 β 的大小，将绿色发展模式划分为三类：灰度绿色发展模式、浅度绿色发展模式和深度绿色发展模式。

灰度绿色发展模式：注重“经济山”，轻视“生态山”，即 $\alpha > \beta$。灰度绿色发展模式起源于传统的发展观，传统发展观的核心是物质财富的增长。为了追求经济高速增长，人们对自然资源进行掠夺式开放利用，在这种发展观的引导下，加重了环境破坏的广度与深度。把发展问题单纯看作一个经济问题，同时把资源、环境问题看作是经济发展的外生变量。

浅度绿色发展模式：注重“生态山”轻视“经济山”，即 $\alpha < \beta$。“浅绿色”思想是指浅绿色的环境观念及其指导下的一系列的社会运动和制度改革，浅绿色的观念建立在环境与发展分裂的思想基础上，强调的是对生态环境的绝对保护（郝栋，2013）。浅度绿色发展模式是对绿色发展的一种极端认识，是将环境保护与经济发展对立起来，是一种极端保护主义。

深度绿色发展模式：“生态山”与“经济山”协同发展，即 $\alpha = \beta$。“深绿色”的发展思想是 20 世纪 90 年代第二次环境保护运动的指导思想，它将环境和发展作为一个系统中的要素来考虑它们之间的关系。“深绿色”的环境观念通过构建整体性和系统性的发展体系，追求环境保护和生态发展的双赢模式，达到人类社会与自然之间的和谐共生（郝栋，2013）。

诸大建（2011a）对浅绿色思想和深绿色思想从驱动机制、问题状态及对策反应几个方面进行解析，见表 5-8。可以看出，绿色发展的深浅的区别在于对于生态环境与经济发展之间关系的反思深度不同。深绿色思想是以预防为主，真正体现可持续发展的理念。

表 5-8 浅绿色思想与深绿色思想的区别

	浅绿色思想	深绿色思想
驱动机制	关注资源环境问题的描述和渲染它们的严重影响	探讨资源环境问题产生的经济社会原因
问题状态	游走在经济增长与环境退化的两极对立之间，甚至演变成为反发展的消极意识	弘扬可持续发展的积极态度，并努力寻找环境与发展如何实现双赢的路径

（续）

	浅绿色思想	深绿色思想
对策反应	从技术层面讨论问题，并聚焦在针对问题症状的治标性控制对策	更多地提出针对问题本原的预防性解决方法，强调从技术到体制和文化的全方位透视和多学科研究

1. α 指标体系

在“生态山”与“经济山”的 Lotka-Volterra 共生模型中，α 表示“经济山”对“生态山”的竞争抑制效应。本书建立 α 指标体系目标层、准则层和指标层，准则层包括产业发展、投资收入和人民生活 3 个方面，如图 5-3。产业发展是“经济山”的主要支撑，包括地区生产总值（亿元）、第一产业增加值（亿元）、第二产业增加值（亿元）、第三产业增加值（亿元）；投资收入主要包括固定资产投资（亿元）和非公经济增加值（亿元）；人民生活是“经济山”的主要反映，包括城镇常住居民人均可支配收入（元）和农村常住居民人均可支配收入（元）。

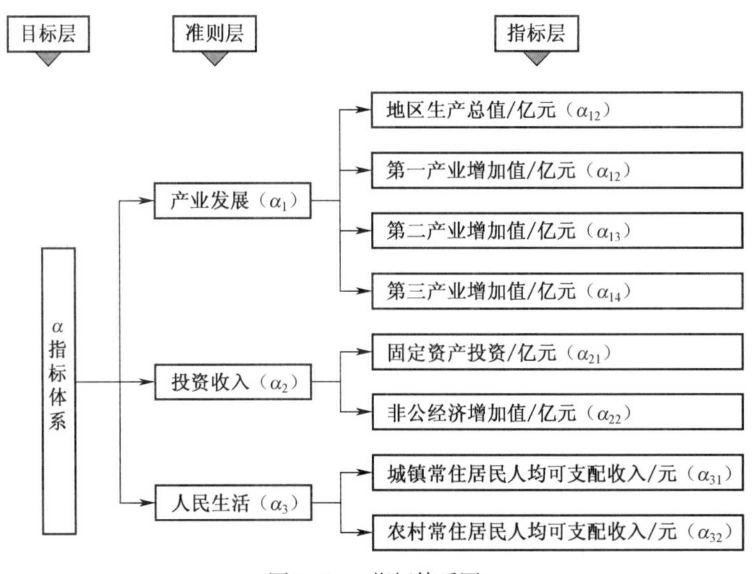

图 5-3　α 指标体系图

2. β 指标体系

在“生态山”与“经济山”的 Lotka-Volterra 共生模型中，β 表示“生态山”对“经济山”的竞争抑制效应。本书建立 β 指标体系目标层、准则层和指标层，准则层包括生态保护、资源禀赋和环境治理 3 个方面，如图 5-4。生态保护是维护“生态山”的重要途径之一，是对绿色的体现程度，主要包括建成区绿化覆盖率（%）、人均公园绿地面积（平方米）；资源禀赋是“生态山”现有存量的重要体现，包括主要的自然资源，具体为水资源总量（亿立方米）、农用地（万公顷）、天然湿地面积（万公顷）、造林总面积（万公顷）；环境治理是末端治理程序，指标主要包括工业固体废物处置率（%）和城市污水处理率（%）。

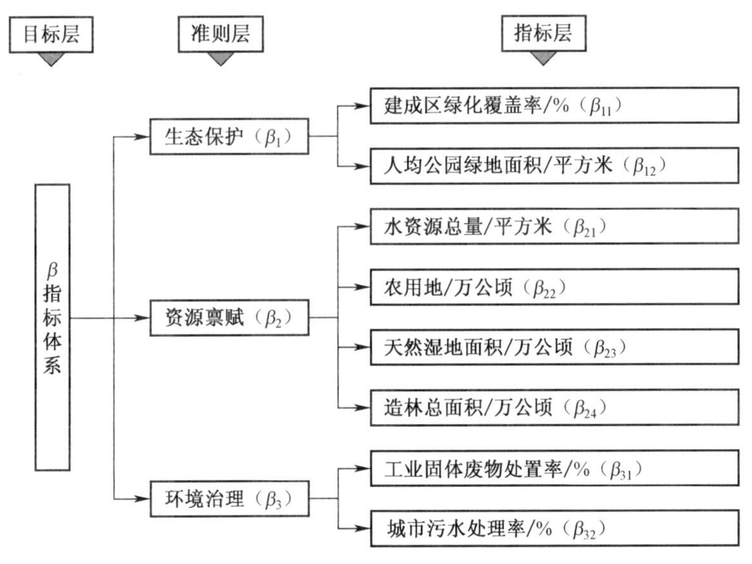

图 5-4　β 指标体系图

3. 评价指标权重确定方法

对于指标权重的评价方法常用的有专家估测法、模糊综合评价法、层次分析法等。层次分析法由美国运筹学家 A. L. Saaty 在 1977 年提出，是根据因素间的相互关联影响以及隶属关系把因素按不同层次聚集组合，形成一个多层次的分析结构模型方法，相对于最高层（总目标）的重要性权值来确定问题因素的重要性排序，被普遍应用于指标体系的构建研究。由于 α、β 指标体系有多层次性和多因素性，所以应用 AHP 方法可以较好地对评价因子进行权重的计算，因此本书选用 AHP 法进行权重的计算，计算结果见表 5-9。

表 5-9　指标权重表

	权　重				权　重		
α 指标体系	产业发展 α_1	地区生产总值/亿元(α_{11})	0.215 6	β 指标体系	生态保护 β_1	建成区绿化覆盖率/%(β_{11})	0.222 2
		第一产业增加值/亿元(α_{12})	0.107 8			人均公园绿地面积/平方米(β_{12})	0.111 1
		第二产业增加值/亿元(α_{13})	0.107 8		资源禀赋 β_2	水资源总量/亿立方米(β_{21})	0.141 3
		第三产业增加值/亿元(α_{14})	0.107 8			农用地/万公顷(β_{22})	0.084 1
	投资收入 α_2	固定资产投资/亿元(α_{21})	0.198 2			天然湿地面积/万公顷(β_{23})	0.054
		非公经济增加值/亿元(α_{22})	0.099 1			造林总面积/万公顷(β_{24})	0.054
	人民生活 α_3	城镇常住居民人均可支配收入/元(α_{31})	0.081 9		环境治理 β_3	工业固体废物处置率/%(β_{31})	0.166 7
		农村常住居民人均可支配收入/元(α_{32})	0.163 8			城市污水处理率/%(β_{32})	0.166 7

(四) 基于“两山”理论的绿色发展模式实证分析

付伟等（2013）以云南省16个州市进行实证分析，对云南省各州市2015年的数据进行计算分析。云南天蓝、水清、山绿、空气优良，环境优美，生物多样性丰富，是生态文明建设的排头兵，具有绿色发展的条件和优势。

1. α 指标值的计算

为消除计量单位的影响，对原始数据进行无量纲化处理。将16个州市2015年的单项实际值的平均值作为参考值，则该指标的评价指数为单指标的实际值/参考值，单项指数大于1.0的，均取值1为其指数。各统计指数就是将各系统的单项指数与各自权重相乘后求和。云南省16个州市的 α 指标值结果见表5-10。通过表5-10可以看出，昆明（1.08）、红河（1.08）、大理（1.04）、楚雄（1.02）、曲靖（1.01）的 α 指标值较大，怒江（0.30）、迪庆（0.41）、德宏（0.49）的 α 指标值较小，且差距较大。最大值与最小值间相差0.78，说明云南省的州市间“经济山”差距很大。

表5-10 云南省各州市 α 指标值

地区	产业发展				投资收入		人民生活		α 指标值
	地区生产总值	第一产业增加值	第二产业增加值	第三产业增加值	固定资产投资额	非公经济增加值	城镇常住居民人均可支配收入	农村常住居民人均可支配收入	
昆明	0.22	0.11	0.11	0.11	0.20	0.10	0.08	0.16	1.08
曲靖	0.22	0.11	0.04	0.11	0.20	0.10	0.08	0.16	1.01
玉溪	0.22	0.09	-0.02	0.11	0.17	0.10	0.08	0.16	0.91
保山	0.14	0.11	0.11	0.07	0.12	0.07	0.08	0.16	0.86
昭通	0.18	0.09	0.07	0.07	0.15	0.08	0.07	0.14	0.85
丽江	0.07	0.03	0.06	0.03	0.08	0.04	0.08	0.15	0.55
普洱	0.13	0.10	0.09	0.06	0.11	0.06	0.07	0.15	0.77
临沧	0.12	0.10	0.10	0.05	0.18	0.06	0.07	0.16	0.84
楚雄	0.19	0.10	0.11	0.10	0.19	0.09	0.08	0.16	1.02
红河	0.22	0.11	0.11	0.11	0.20	0.10	0.08	0.16	1.08
文山	0.17	0.09	0.11	0.09	0.13	0.09	0.08	0.15	0.90
西双版纳	0.08	0.11	0.07	0.04	0.09	0.04	0.08	0.16	0.67
大理	0.22	0.11	0.10	0.11	0.16	0.10	0.08	0.16	1.04
德宏	0.07	0.05	0.00	0.04	0.06	0.04	0.07	0.15	0.49
怒江	0.03	0.04	0.01	0.02	0.02	0.01	0.06	0.09	0.30
迪庆	0.04	0.01	0.04	0.02	0.07	0.02	0.08	0.13	0.41

2. β 指标值的计算

云南省 16 个州市β 指标值的结果见表 5-11。可以看出，普洱（0.96）、临沧（0.91）、西双版纳（0.90）、昆明（0.90）的β 指标值较大，β 指标值最小的是怒江，为 0.65，与最大值相比，相差 0.31，同样说明云南省的州市间“生态山”间存在一定的距离。

表 5-11 云南省各州市β 指标值

地区	生态保护		资源禀赋				环境治理		β 指标值
	建成区绿化覆盖率	人均公园绿地面积	水资源总量	农用地	天然湿地面积	造林总面积	工业固体废物处置率	城市污水处理率	
昆明	0.22	0.11	0.08	0.07	0.05	0.03	0.17	0.17	0.90
曲靖	0.22	0.11	0.14	0.08	0.04	0.05	0.02	0.17	0.84
玉溪	0.22	0.11	0.05	0.05	0.05	0.05	0.17	0.17	0.88
保山	0.22	0.09	0.14	0.07	0.04	0.03	0.07	0.17	0.82
昭通	0.14	0.05	0.14	0.08	0.05	0.05	0.17	0.16	0.85
丽江	0.22	0.11	0.07	0.07	0.05	0.05	0.01	0.17	0.75
普洱	0.21	0.10	0.14	0.08	0.05	0.04	0.17	0.17	0.96
临沧	0.22	0.11	0.14	0.08	0.03	0.05	0.13	0.14	0.91
楚雄	0.22	0.11	0.06	0.08	0.05	0.05	0.13	0.17	0.87
红河	0.22	0.11	0.14	0.08	0.05	0.05	0.04	0.17	0.86
文山	0.12	0.08	0.14	0.08	0.04	0.05	0.11	0.17	0.80
西双版纳	0.22	0.11	0.12	0.07	0.03	0.01	0.17	0.17	0.90
大理	0.22	0.09	0.09	0.08	0.05	0.03	0.11	0.17	0.84
德宏	0.22	0.11	0.14	0.04	0.03	0.02	0.07	0.14	0.78
怒江	0.17	0.10	0.14	0.05	0.03	0.04	0.01	0.11	0.65
迪庆	0.06	0.08	0.10	0.07	0.05	0.05	0.17	0.14	0.72

3. 云南省各州市绿色发展模式分类

根据计算得出的 16 个州市的α 指标值和β 指标值的大小进行比较，根据绿色发展评价标准得出，云南省各州市的绿色发展模式可分为三种：昆明、曲靖、玉溪、保山、楚雄、红河、文山、大理处于灰度绿色发展模式；丽江、普洱、临沧、西双版纳、德宏、怒江、迪庆处于浅度绿色发展模式；昭通处于深度绿色发展模式。具体见表 5-12 和图 5-5。

表 5-12 云南省各州市绿色发展模式分类

发展模式	地 区
灰度绿色发展模式：$\alpha>\beta$	昆明、曲靖、玉溪、保山、楚雄、红河、文山、大理
浅度绿色发展模式：$\alpha<\beta$	丽江、普洱、临沧、西双版纳、德宏、怒江、迪庆
深度绿色发展模式：$\alpha=\beta$	昭通

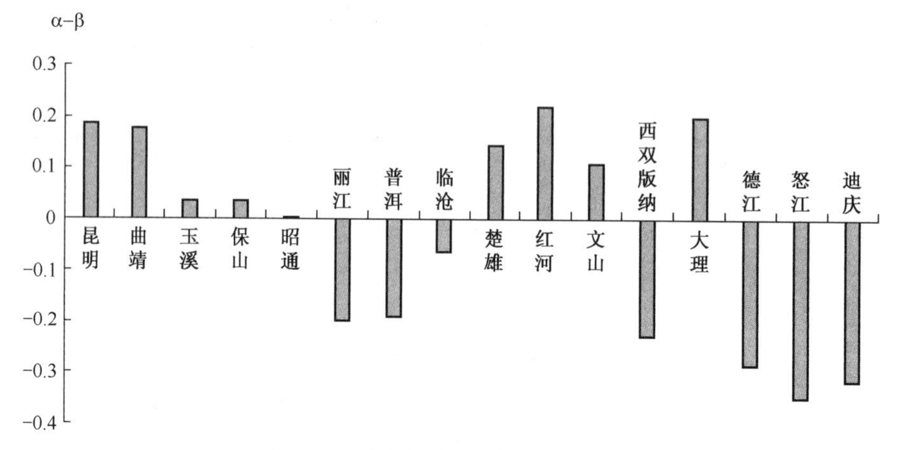

图 5-5 云南省各州市绿色发展模式分类

在同类型发展模型中，α 与 β 之间差距越小的绿色发展程度越强，由此得出云南 16 州市绿色发展程度由强到弱的排序，见表 5-13。

表 5-13 云南省 16 州市绿色发展程度排序

排序		州市	$\alpha-\beta$
深度绿色发展	1	昭通	0.00
浅度绿色发展	2	临沧	-0.06
	3	普洱	-0.19
	4	丽江	-0.20
	5	西双版纳	-0.23
	6	德宏	-0.29
	7	迪庆	-0.31
	8	怒江	-0.35
灰度绿色发展	9	玉溪	0.03
	10	保山	0.04
	11	文山	0.11
	12	楚雄	0.14
	13	曲靖	0.18
	14	昆明	0.19
	15	大理	0.20
	16	红河	0.22

基于“两山”理论的绿色发展模式是对衡量“生态山”与“经济山”的关系产生的，既不侧重经济发展，也不侧重生态保护，是从经济与生态的整体表达构建，体现出人类社会在保护生态环境的同时，人民的生活水平、社会福利有所提高，真正地反映人与自然的和谐发展。

以云南省为例进行实证分析，从计算结果中可以看出，云南省各州市经济发展差距较大，同时生态环境也有一定的差距。处于深度绿色发展的昭通市，α 与 β 各自的指数都处于 16 个州市的中间位置，但 α 与 β 的数值是一致的，绿色发展的程度就是最好的。而昆明、红河与大理的 α 值偏大，但 β 值明显偏小，两者之间的差距就很明显，绿色发展的程度就是较差的。

五、绿色发展评价领域

绿色发展的评价领域较为宽泛，下面主要归纳不同的学者在绿色发展评价方面应用的领域。

（一）区域层面绿色发展评价

李琳和楚紫穗（2015）构建了区域产业绿色发展指数评价指标，从产业绿色增长度、资源环境承载力和政府政策支撑力三个维度来构建，采用主成分分析法对我国 31 省份 2007～2012 年的产业绿色发展指数进行评估和比较。刘纪远等（2013）构建中国西部地区的绿色发展概念框架，此框架涵盖了自然资本、经济资本、社会资本与人力资本四个方面。

（二）省级层面绿色发展评价

韩美丽等（2014）以山东省 17 地市为研究对象构建绿色发展水平评价指标体系，包括经济增长绿化度、资源环境承载潜力和政府政策支持度 3 个一级指标，9 个二级指标和 38 个三级指标。戴鹏（2015）突出青海的特殊性，构建青海绿色发展水平评价指标体系，具体包含 5 个一级指标、10 个二级指标和 58 个三级指标，其中，一级指标主要为支撑青海绿色发展的绿色生产、绿色消费、绿色环境、绿色民生和绿色政策五大体系。

（三）城市层面绿色发展评价

欧阳志云等（2009）构建我国城市绿色发展评价体系，指标包括环境治理投资、废弃物综合利用、城市绿化、废水处理、生活垃圾处理、高效用水和空气质量。张攀攀（2016）选取熵权系数法作为评价方法对武汉市的绿色发展进行评价，从经济增长绿化效率、生态资源节约利用和绿色发展制度建设三个一级指标进行综合评价。

（四）产业层面绿色发展评价

卢银桃等（2010）应用 PSR 模型，构建了工业绿色发展程度分析模型，提出工业绿色发展评价指标体系。胡书芳（2016）对浙江省制造业进行绿色发展评价，选取 2 个一级指标，5 个二级指标和 15 个三级指标来构建。石超刚（2007）构建绿色建筑评价体系，建立了我国绿色建筑评价体系。

第六章

低碳发展的财税政策

资源环境问题伴随着世界人口的迅速增长而凸显，人口增长的压力加上人们对生活日益改善的需求，自然资源的消耗急剧增长，尤其是能源的消耗。政府间气候变化专门委员会（IPCC）于2007年发布的第四次评估报告指出，近百年来（1906～2005）全球地表年平均温度上升了0.74℃，预计未来100年仍将上升1.1～6.4℃。根据《2015世界可持续发展年度报告》（牛文元等，2015）得出，2013年，全球大气中二氧化碳、甲烷和氧化亚氮的浓度分别为工业革命前（1750年前）的1.42倍、2.53倍和1.21倍；2005～2013年，全球大气中二氧化碳、甲烷和氧化亚氮浓度持续增加，且其平均增速分别约为0.54%，0.29%和0.22%。根据世界银行数据库的报告，全球主要温室气体的排放情况见表6-1。

表6-1　全球主要温室气体的总排放量和人均排放量

类　别	1990	1995	2000	2005	2010	平均增速(%)
二氧化碳(千吨)	22 222 874	23 202 117	24 807 255	29 677 031	33 615 389	2.11
人均二氧化碳(吨)	4.21	4.07	4.07	4.57	4.88	0.76
甲烷(千吨二氧化碳当量)	6 426 562	—	6 292 291	7 019 386	7 515 150	1.21
人均甲烷(吨二氧化碳当量)	1.22	—	1.03	1.08	1.09	-0.05

2016年，全球性的气候新协议《巴黎协定》签署，确立了2020年后全球应对气候变化的制度框架，成为继《京都议定书》后全球应对气候变化又一新的起点和里程碑。积极应对气候变化，绿色低碳发展是主要途径之一。在低碳发展的过程中市场失灵现象屡见不鲜，主要是因为节能减排，良好的生态环境存

在明显的外部经济，所以政府宏观调控手段是实现外部经济内部化的必要措施，而财税政策是政府宏观调控和合理配置资源的重要手段，在引导低碳生产、低碳消费等方面具有其他经济手段难以替代的功能。

一、中国应对气候变化，实现低碳发展意义重大

中国正以历史上最脆弱的生态环境承载着历史上最多的人口，担负着历史上最空前的资源消耗和经济活动，面临着历史上最为突出的生态环境挑战。其中，气候变化就是最主要的生态环境挑战之一。我国是目前温室气体全球第一排放大国，2012 年的排放量接近欧盟和美国之和（丁丁等，2015）。其中，城市能源使用是全球气候变化的主要来源。2013～2018 中国生态环境状况公报显示，全国平均气温大体呈升高趋势，见表 6-2。

根据政府间气候专门委员会（IPCC）第五次评估报告，城市地区能源消费约占全球能源消费的 67%～76%，产生了 3/4 的全球碳排放（Creutzig，et al.，2013）。中国的比重更高，中国约 85%的 CO_2 排放量在城市经济活动中产生。随着中国城市人口预计在未来 35 年间增加 2.4 亿，该比重将会继续扩大。

表 6-2 2013~2018 年全国平均气温

年份	全国平均气温(℃)	较常年(9.55℃)偏高度数(℃)
2013	10.20	0.6
2014	10.10	0.5
2015	10.50	0.95
2016	10.36	0.81
2017	10.39	0.84
2018	10.09	0.54

我国一直在低碳环保方面做出贡献，1998 年 5 月，中国签订了《京都议定书》；2009 年，哥本哈根会议前夕，中国提出到 2020 年，单位 GDP 碳排放相对于 2005 年下降 40%～45%；2014 年北京 APEC 会议期间，中国宣布在 2030 年前后达到 CO_2 排放峰值；2015 年，我国向联合国气候变化框架公约秘书处提交了《强化应对气候变化行动——中国国家自主贡献》，文件确定我国 2030 年的自主行动目标；2016 年，中国在杭州 G20 国峰会上率先签署了气候变化问题《巴黎协定》，承诺与其他国家将全球气温升高幅度控制在 2℃范围之内，并努力控制在 1.5℃以下的目标，到 21 世纪下半叶要实现温室气体净零排放（钱小军等，2017）。2017 年 10 月 18 日中国共产党第十九次全国代表大会开幕，习近平

总书记代表十八届中央委员会向大会作报告，其中报告指出加快生态文明体制改革，建设美丽中国，人与自然是生命共同体，人类必须尊重自然、顺应自然、保护自然。首先要推进绿色发展，推进能源生产和消费革命，构建清洁低碳、安全高效的能源体系。2018 年 5 月 18 日，习近平总书记在全国生态环境保护大会上明确指出我国率先发布《中国落实 2030 年可持续发展议程国别方案》，实施《国家应对气候变化规划（2014～2020 年）》，向联合国交存《巴黎协定》批准文书，我国消耗臭氧层物质的淘汰量占发展中国家总量的 50%以上，成为对全球臭氧层保护贡献最大的国家。

二、低碳发展的财税政策理论基础

低碳发展的财税政策实施是基于低碳发展的实施过程具有较强的外部经济，导致“市场失灵”，按照生态补偿的“谁破坏，谁补偿；谁受益，谁补偿”的原则，以政府为主导，以低碳发展为导向，集中社会力量，通过直接的资金支持、贷款贴息、以奖代补、低碳税收等手段将外部经济内部化。

（一）公共产品理论

2013 年，习近平总书记在海南考察时强调：“良好生态环境是最公平的公共产品，是最普惠的民生福祉。”公共产品的质量高低，惠及程度直接影响着人们的生活福利水平。

在经济学中，产品可以分为公共产品（public goods）和私人产品（private goods）两大类。公共产品的研究始于萨缪尔森，他认为将物品或服务满足不同的对象来区分是否为公共产品，满足私人个别需要的是私人物品或服务，满足社会公共需要的是公共物品或服务。因此，与私人产品相比，公共产品主要具有以下 2 个基本特征：非竞争性和非排他性。非竞争性，主要是指消费的非竞争性，是公共物品在消费上不具有竞争的特征，即每增加一个消费者的边际生产成本为零；非排他性，主要是指受益的非排他性，任何人都不能阻止其他人从中获益。同时具备这两个特征的是纯公共产品，只具备其中之一的是准公共产品或混合公共产品。另外，公共物品还具有效用的不可分割性。

低碳发展实现碳排放总量及碳排放强度的控制，可以有效地应对气候异常变化，优质的气候条件具有非竞争性和非排他性，同时效益是不可分割的，所以低碳发展的过程中创造了普惠人民生活的公共产品。公共产品通常都具有外部经济，从而涉及外部性理论。

（二）外部性理论

斯密的“看不见的手”理论适用于不存在外部性的理想市场，在这种市场条件下，个体的利己行为最终会产生社会有效的结果。但是外部性会导致资源的配置被扭曲。例如，私人企业或个体进行生产时，其行为会带来自身利益的最大化，而不会考虑对其他企业或环境的影响，从而使社会资源无法有效配置。

外部性理论的研究起源于19世纪末20世纪初，外部性概念是新古典学派的创始人马歇尔（Marshall）在1890年出版的《经济学原理》一书中提出。一般来说，公共产品会产生外部性，外部性可以分为外部经济性（正外部性）（external economy）和外部不经济性（负外部性）（external diseconomy）。外部经济指在市场经济中，一个市场主体（消费者或者生产者）的行为致使他人受益，而受益者却无须为此支付费用的现象；外部不经济指一个市场主体（消费者或者生产者）的行为使他人受损而经济行为个体却没有为此承担成本的现象（付伟等，2017b）。

进行低碳生产、技术研发的企业购买节能减排设备，技术投入高，投资风险大，其行为使社会其他人受益，但受益者没有对此进行支付，具有明显的外部经济，导致企业的积极性及主动性不足，是低碳发展的无形阻力。基于此，政府要发挥宏观调控职能，利用各种政策工具弥补市场不足，解决外部经济，使外部性内部化的有效手段之一就是庇古税。

（三）外部性内部化手段——庇古税

庇古（Pigou）在《福利经济学》中提出了“边际社会净产值”与“边际私人净产值”两个概念，当外部不经济时，边际社会成本大于边际私人成本。同时，庇古首次将污染作为外部性进行分析，提出“外部效应内部化”，并在此基础上提出征收“庇古税”。对于排污量大的企业，以征税或收费的形式将污染造成的成本加到产品的价格上，这样企业会主动提升自身的技术创新能力来减少碳的排放。

国际社会上的环境税就是其主要的体现之一，1975年，德国开始对润滑油征收环境税。次年，德国制定了世界上第一部征收排污税的法律《向水源排放废水征税法》。而后，美国、法国等国家纷纷效仿，其开征的税种也越来越多，燃料税、噪音税、垃圾税、石油产品税、消费税，可谓应有尽有（傅国华和许能锐，2015）。

可见，庇古税是向高碳排放企业、高碳消费者等征收的各种税，通过价格调整，利用市场力量约束私人的排污水平，也是一种“准市场”手段，体现了外部效应内部化的另外一个相关理论—生态补偿理论的基本原则“谁污染，谁治理，谁污染，谁付费”。另外，对于践行低碳发展的企业，生态补偿政策同样发挥着重要作用。

（四）生态补偿

生态补偿(ecological compensation)最早源于德国1976年实施的Engriffs regelung政策，在国际上通常把它称为“生态服务费”（PES）或“生态服务补偿”（CES），是改善生态环境和维护生态系统服务的重要手段。在中国最早的生态补偿概念在1987年由张诚谦提出的，生态补偿就是从利用资源所得到的经济收益中提取一部分资金，以物质和能力的方式归还生态系统，以维持生态系统的物质、能量，输入、输出的动态平衡，这主要是从生态意义的角度出发阐述的（张诚谦，1987）。

随后对生态补偿概念的认识进入到社会经济意义的层面。中国生态补偿机制与政策研究课题组认为，生态补偿（eco-compensation）是以保护和可持续利用生态系统服务为目的，以经济手段为主要方式，调节相关者利益关系的制度安排。并对生态补偿进行了广义和狭义的区分。广义的生态补偿既包括对保护生态系统和自然资源所获得效益的奖励或破坏生态系统和自然资源所造成损失的赔偿，也包括对造成环境污染者的收费。狭义的生态补偿主要是指前者（中国生态补偿机制与政策研究课题组，2007）。

通过国内外的研究分析可以看出，生态补偿是一种通过外部效应内部化，调整生态环境利用、保护和建设中相关方的利益关系，实现生态资源可持续利用的一种手段或制度安排。生态补偿分为三个层次：第一，生态补偿是生态环境的外部性内部化的一种手段，通过生态补偿控制由于资源开发造成生态环境破坏的外部成本，体现了生态环境保护的外部效应；第二，生态补偿是一种促进生态环境保护的经济手段，优化社会经济活动和资源配置；第三，生态补偿是一种区域协调发展制度，依据生态环境的外部性和区域性特征建立区域生态补偿机制，提高生态环境的保护效率，促进区域的协调发展。

依据“破坏者付费、使用者付费、受益者付费、保护者得到补偿”的原则，生态补偿的主体根据利益相关者在特定保护生态事件中的责任和地位加以确定。按照生态补偿资金筹集方式来划分，常见的生态补偿资金筹集方式有财政专项资金、财政转移支付、生态建设专项基金、社会捐赠、征收资源使用费、引入市场融资等（林凌，2011）。按照生态补偿内容来划分，生态补偿方式可分为政策补偿、实物补偿、资金补偿、智力补偿、项目补偿和生态移民安置等。

对于低碳发展的生态补偿，政府通过设立国家低碳发展专项资金，对企业和金融机构的低碳投融资给予鼓励和扶持，对节能改造财政奖励资金以奖代补类的政策、建筑节能补助资金等都是对其有效生动地阐释。

三、国外促进低碳发展的经验

欧盟、美国、日本等发达国家，都根据本国国情制定了相关减排财税政策，并取得了一定的成效，对于我国具有一定的借鉴和参考价值，何平均（2010）将主要的财税政策归纳，见表 6-3。

表 6-3 国外国家或地区低碳发展财税政策表

国家或地区	促进低碳发展的财政政策	具体事例
欧盟	财政直接投资	2009 年，投资 1050 亿欧元建设低碳领域，并加大对节能、环保汽车及可再生能源的投入
	税收优惠政策	瑞典、荷兰和丹麦等国导入"地球变暖对策税"；德国、英国、意大利等采用碳税、气候变化税等
	政策引导	率先实行二氧化碳排放总量管制与排放权交易制度（ETS）；英国的《气候变化法》，确定了 5 年期的"碳预算"体制
美国	财政直接投资	2009 年开始的 10 年，每年向可再生能源、清洁煤技术、二氧化碳回收储藏技术、环保车等低碳技术投资 150 亿美元
	财政补助	对节能项目补助、可再生能源研发补助、购买节能家电商品补助
	税收优惠	可再生能源的税收优惠、替代能源开发利用优惠等
	政策引导	制定"政府节能采购指南"等
日本	财政直接投资	投资低碳型基础设施建设、节能改造、节能技术研发等
	财政补助	对节能家电消费补贴、对低碳汽车研发补贴等
	税收优惠	世界上最庞杂的运输税收体系，国税层次有石油消耗税、道路使用税、液化气税、机动车辆吨位税、车辆产品税以及二氧化碳税
	政策引导	推进"碳足迹制度"和"碳抵消制度"

由此可见，国外的低碳发展财税政策涉及面广，以设计、生产、销售、运输和服务全过程"低碳化"为核心，采用正面激励和负面约束的双向手段，使社会的低碳意识和实践逐步完善。

四、我国的低碳发展及财税政策现状

我国在低碳发展中取得了一定的成绩，清洁生产、清洁能源广泛使用，并在财政收入政策、财政支出政策等方面进一步推进低碳发展。

(一) 低碳发展现状

据加拿大能源研究机构“Clean Energy Canada”发布的最新报告，2015年，全球清洁能源投资累计达到3670亿美元，其中排在前五位的国家包括中国（1105亿美元）、美国（560亿美元）、日本（460亿美元）、英国（234亿美元）和印度（109亿美元）（刘德海，2016）。由此可见，我国作为世界第二大经济体，对低碳发展高度重视，在新一轮的国际竞争中独占鳌头。

1. 碳排放交易市场

在国际减排承诺和国内资源环境双重压力之下，我国一直在探索构建碳交易市场，2008年，北京环境交易所、上海能源环境交易所及天津碳排放交易所相继建立。2011年10月，国家发展改革委下发《关于开展碳排放权交易试点工作的通知》，批准湖北、广东、北京、上海、深圳、天津和重庆七个省市开展碳排放权交易试点工作。这七个省市碳市场试点于2013年6月至2014年6月间陆续开市，截至2016年12月31日，已累计完成了8670万吨的配额交易量，达成交易额逾20亿元。2015年9月，习近平在《中美元首气候变化联合声明》中正式宣布，将于2017年启动全国碳排放交易体系，全国碳市场的建立将有助于全国绿色低碳的进一步发展。

根据北京理工大学能源与环境政策研究中心发布的《2017年我国碳市场预测与展望》报告得出，当前全国碳市场的建设计划分为三个阶段进行：2015～2016年为前期准备阶段，完成碳市场基础建设工作；2017～2020年为全国碳市场试运行和完善阶段，实施全国碳排放权交易，调整和完善交易制度，实现市场稳定运行；2020年之后为稳定深化阶段，进一步扩大全国碳市场的覆盖范围，进一步完善规则体系，同时探索和研究与国际碳市场的衔接，报告给出现阶段我国在碳市场建设中取得的相关进展见表6-4。

表6-4 我国碳市场建设主要内容

	主要内容	信息来源
控排目标	碳排放强度2015年比2010年下降17%；2020年比2005年降低40%～45%；碳排放2030年左右达到峰值并争取尽早达峰，2030年碳排放强度比2005年下降60%～65%	“十二五”控制温室气体排放工作方案；国家应对气候变化规划（2014～2020年）；中国国家自主贡献
控制气体	CO_2、CH_4、N_2O、HFCs、PFCs、SF_6	关于组织开展重点企（事）业单位温室气体排放报告工作的通知
交易启动时间	2017年	中美元首气候变化联合声明
交易平台	CCER在国家自愿减排交易注册登记系统及9个试点市场碳交易平台	中国自愿减排交易信息平台、各试点地区碳交易管理办法

（续）

	主要内容	信息来源
交易产品	初期的交易产品为排放配额和国家核证自愿减排量，适时增加其他交易产品	碳排放权交易管理暂行办法
交易参与者	重点排放单位及符合交易规则规定的机构和个人，均可参与碳排放权交易	碳排放权交易管理暂行办法
控排范围	石化、化工、建材、钢铁、有色、造纸、电力、航空等八个行业	国家发展改革委办公厅关于切实做好全国碳排放权交易市场启动重点工作的通知
温室气体排放报告范围	2010 年温室气体排放达到 13000 吨 CO_2e，或 2010 年综合能源消费总量达到 5000 吨标准煤的法人企（事）业单位	关于组织开展重点企（事）业单位温室气体排放报告工作的通知
配额分配	排放配额分配在初期以免费分配为主，适时引入有偿分配，并逐步提高有偿分配的比例	碳排放权交易管理暂行办法
配额分配标准	以基准线法为主，仅一些特殊的行业（热电联产），将阶段性地实施碳强度法，最终目标还是要统一实行基准线法	国家发改委应对气候变化司副司长
配额储备	配额总量中预留一定数量，用于有偿分配、市场调节、重大建设项目等，有偿分配所取得的收益，用于促进国家减碳以及相关的能力建设	碳排放权交易管理暂行办法
补充机制	重点排放单位可按照有关规定，使用国家核证自愿减排量抵消其部分经确认的碳排放量	碳排放权交易管理暂行办法
MRV	24 个重点行业温室气体排放核算方法与报告要求	国家发改委办公厅
激励约束和处罚	重点排放单位，视违法行为责令限期改正或行政处罚，未按时履约的责令履行义务或行政处罚	碳排放权交易管理暂行办法
CO_2排放报告期	每年 3 月 30 日前（报送省级主管部门）	关于组织开展重点企（事）业单位温室气体排放报告工作的通知
配额总量	40 亿~50 亿吨	中国碳排放交易高层论坛
控排企业数量	约涵盖 7000 多家企业	联合国气候变化大会中国角边会——中国碳市场建设路径

注：来源于《2017 年我国碳市场预测与展望》

2. 低碳发展相关政策

2009 年，我国政府在哥本哈根气候大会前正式提出了“2020 年单位 GDP 碳排放较 2005 年降低 40% ~45%”的战略性目标，绿色低碳可持续成为我国经济社会发展的核心，并制定了低碳发展的一系列相关政策（表 6-5），从新能源的利用到低碳省区、城市的多次试点，到低碳交通、节能减排，低碳社区，集中政府各个部门的力量，从财政部、科技部、国家发展改革委、住建部、交通运输部等，十指合力，重拳出击将低碳落实到衣食住行，落实到每位民众的身边，落实到实处。

表 6-5 低碳发展试点政策

颁布年份	相关示范试点政策	主管部门
2010	新能源汽车试点城市	财政部、科技部、工信部、国家发展改革委
2010	低碳省区和低碳城市试点	国家发展改革委
2011	低碳生态试点城市	住建部
2011	绿色低碳重点小城镇	财政部、住建部、国家发展改革委
2011	低碳交通运输体系试点城市	交通运输部
2011	节能减排财政政策综合示范城市	财政部经建司、国家发展改革委环资司
2012	第二批国家低碳省区和低碳城市试点工作	国家发展改革委
2013	循环经济示范城市	国家发展改革委
2014	新能源示范城市	国家能源局
2014	低碳社区试点	国家发展改革委
2017	第三批低碳城市试点	国家发展改革委

从 2010 年到 2017 年，我国对低碳城市试点工作贯彻始终，对多个城市进行低碳发展的实践和探索。2010 年国家发展改革委确定在广东、辽宁、湖北、陕西、云南 5 省和天津、重庆、深圳、厦门、杭州、南昌、贵阳、保定 8 市开展第一批低碳试点；2012 年，国家发展改革委再次下发确定在北京、上海、海南、石家庄、秦皇岛、晋城、呼伦贝尔、吉林、大兴安岭、苏州、淮安、镇江、宁波、温州、池州、南平、景德镇、赣州、青岛、济源、武汉、广州、桂林、广元、遵义、昆明、延安、金昌和乌鲁木齐等 29 个省市开展第二批国家低碳省区和低碳城市试点工作；2017 年国家发展改革委又一次通过内蒙古乌海、沈阳市等 45 个城市（区、县）开展第三批低碳城市试点。

（二）低碳发展相关财税政策

我国取得的低碳发展的成绩与其试点政策及财税政策密不可分，促进低碳发展的财税政策主要有两个方面内容：财政收入政策、财政支出政策，具体见表 6-6。

财政收入政策主要是税收政策，目前政府支持低碳发展采取的税收主要包括资源税、增值税、企业所得税、消费税、车辆购置税等。其中，资源税属于对自然资源占用征收的税种，征收对象主要包括在我国境内进行应税矿产品开采和盐生产的单位或个人。而消费税是在对一般货物征收增值税基础上，选择特殊消费品再征收的一种税，具有较强的引导消费方向的功能。如对木制一次性筷子、实木地板、小汽车等征收消费税，对高排放、高污染的消费征收高额税收，引导低碳发展。尤其是最新的消费税改革中，对不同排量的小汽车，征收 3%～20%的差别税率，引导消费者购买和使用小排量汽车。

表 6-6 低碳发展的财税政策及建议调整方案

<table>
<tr><th colspan="3">低碳发展的财税政策</th><th>促进低碳发展的调整方案</th></tr>
<tr><td rowspan="6">收入政策</td><td rowspan="6">税收</td><td>资源税</td><td>提高高碳排放资源的税收标准，扩大征收范围</td></tr>
<tr><td>增值税</td><td>对关键性的、节能效益显著的产品，可有一定程度的减免政策</td></tr>
<tr><td>企业所得税</td><td>减免或降低生产环保产品、节能减排项目的企业所得税，对实施 CDM 项目的企业实行优惠政策等</td></tr>
<tr><td>消费税</td><td>差别税率，扩大级差，对高耗能产品、大排量汽车收取高额消费税，对环保汽车、节耗汽车降低税率</td></tr>
<tr><td>车辆购置税</td><td>购买清洁能源及新能源汽车，给予适当的税收优惠</td></tr>
<tr><td>碳税（还没有征收）</td><td>增加碳税</td></tr>
<tr><td rowspan="9">支出政策</td><td rowspan="6">资金支持</td><td>清洁发展机制基金</td><td rowspan="9">综合运用财政预算投入、设立基金、补贴、奖励、贴息、担保等多种形式资金支持，加强对低碳交通的制度构建，完善政府低碳采购机制，完善生态补偿手段</td></tr>
<tr><td>可再生能源发展相关专项资金</td></tr>
<tr><td>节能技术改造财政奖励资金</td></tr>
<tr><td>低碳专项资金</td></tr>
<tr><td>新兴产业发展专项资金</td></tr>
<tr><td>育林基金</td></tr>
<tr><td rowspan="2">政策引导</td><td>节能产品政府采购</td></tr>
<tr><td>低碳科研与教育投资</td></tr>
<tr><td>生态补偿</td><td>森林、草原、湿地、水资源等重点生态功能区的补偿</td></tr>
</table>

财政支出政策主要包括直接的资金支持、政策引导及生态补偿措施等。政府以直接或间接的形式进行资金支持，目前相关的财政支持性资金名目繁多，有低碳试点前的清洁生产、节能减排、新能源和产业调整等支持资金，也有试点后尤其是试点省市的低碳发展专项资金。资金的补助方式，有的是项目投资补助，有的是基于结果的资金奖励，也有政府关于低碳管理的公共投资。既有中央政府的，也有地方政府的，也有通过其他渠道筹集的（丁丁等，2015）。总体来看，我国的低碳发展财税政策是将激励低碳环保产业与约束高碳污染产业相结合，在促进低碳发展方面起到了积极的作用。但是仍然存在不足，主要体现在以下几个方面：

（1）低碳税种有待完善。我国目前对环境保护十分重视，借鉴 OECD 多数国家利用税收手段抑制污染物和二氧化碳排放，我国财政部从 2007 年开始研究开征环境保护税的问题，经过财政部、环境保护部、国家税务总局等部门近 10 年的努力，《中华人民共和国环境保护税法》于 2016 年 12 月 25 日由中华人民共和国第十二届全国人民代表大会常务委员会第二十五次会议通过，自 2018 年 1 月 1 日起施行。环境保护税代替了排污费，加大了环保力度。但是低碳发展注重降低CO_2的排放量，但CO_2不是传统意义上的污染物，环境保护税里没有针对CO_2的排放量的税收，所以建立专门的碳税制度呼之欲出。

（2）没有形成完整的低碳发展财税链条。低碳产品和服务需要从产品设计、原材料选择、生产、加工、流通、交换、消费、产品再次循环利用等全方位、一条龙式的考虑。低碳设计与取材、低碳交通物流运输的实现都需要高新技术及清洁能源的支持。虽然从国家层面有相关考虑，但地方层面的低碳发展财税政策各有侧重，没有形成由点到线的发展。

（3）社会参与力量有待提高。低碳发展需要以政府为核心，辐射企业单位、高校科研单位、社会团体、家庭、个人等多元主体的共同参与，合力完成。但是由于财政的低碳减排基金等项目技术含量高、对参与企业的资质要求高，所以各级政府下达的低碳资金支持范围仍然以国有企事业单位为主，中小企业、社会资金的投入受限。

五、促进低碳发展的财税政策建议

对现有的具体财税政策在表6-5中提出具体的建议方案，下文针对存在的主要问题提出相关建议。

（一）增设针对低碳发展的“碳税”

碳税（carbon tax）政策是政府建立的一种直接对企业CO_2排放进行定价的控制手段，遵循“谁消费，谁付费”的原则（程永宏等，2017）。欧盟等国家早已实施碳税政策，我国对于征收碳税的可行性研究一直在进行，节能减排政策应该选择碳税还是碳排放交易机制，研究部门和学者也有分歧。石敏俊等（2013）基于动态CGE模型构建了中国能源-经济-环境政策模型，模拟分析了单一碳税、单一碳排放交易及两者结合的三者情景下的减排效果、经济影响与减排成本，结果显示适度碳税与碳排放交易相结合的复合政策是较优的减排政策。值得一提的是，中国碳税政策的实施框架已经进入调研和论证阶段，国家发改委和财政部有关课题组已经形成了“中国碳税制度框架设计”的专题报告（程永宏等，2017）。碳税政策将是未来节能减排的又一有效手段。

（二）地方层面加大对低碳财税政策的全方位落实

地方政府的低碳相关部门要形成合力，特别是低碳试点城市，建立碳排放总量控制和碳排放强度控制机制，全方位考虑CO_2排放权分配方案及减排领域、减排环节，同时广泛吸纳国内外低碳城市建设方面的先进技术和成果，提高低碳发展的总体质量。

（三）扩大融资途径，提高社会参与度

打破财政资金在低碳补偿方面唱“独角戏”的局面，充分发挥基金、金融对社会资金的撬动力量，更多地引入社会资金，从多渠道筹集投资资金。让低碳发展理念更多地贯彻到中小企业、社区、家庭、个人，增强低碳发展是未来发展的必然趋势这一理念的认可度，形成全社会自觉参与的局面。

低碳发展要从碳的源头及吸收汇双重入手，既考虑减少人的经济行为产生的碳排放量，也考虑维持自然界对碳的容纳吸收量，全球土壤有机碳（SOC）储量约为15500亿吨，是大气碳库的2倍、陆地生物质碳库的2～4倍，因此，加强对土壤的保护，从一定意义上说就是低碳减排。

低碳发展是对传统发展观念的变革，而财税政策是推动低碳发展的主动力。推动低碳发展，完善绿色税收体系，加强政府低碳采购引导，多种政府投入方式并存，实现“政府推动，企业、科研院所参与，社区家庭显现成效”的格局，从而实现绿色、低碳、环保的优良生态环境。

第七章

绿色设计应用

设计是人们对于有目的实践活动所进行的预先策划和具有创意的智能活动，绿色设计在设计的基础上增加“绿色”元素，倡导低碳、环保的设计理念。牛文元等（2016）提出绿色设计是启动绿色发展的第一杠杆。绿色设计起始于维克多· 巴巴纳克写作的《为真实世界而设计》，该书首次提出设计伦理的观念，体现了设计者对生态环境破坏的反思。

一、绿色设计概述

到目前为止，将绿色设计用于建筑、产品包装设计方面的研究较多，牛璐和孙宁（2013）认为绿色设计是在产品整个生命周期内，着重考虑产品对自然资源、环境影响，将可拆除性、可回收性、可重复利用性等要素融入到产品设计的各个环节中去。但是从人与自然的关系出发，用可持续发展理念来阐释绿色设计的较为少见。其中，牛文元等（2016）对绿色设计的定义就是最有代表性的观点，提出绿色设计是深刻认识人与自然关系本质的具象化蓝图，是可持续发展在“自然、经济、社会”复杂系统中的集中投射，是实现自然资源持续利用、绿色财富持续增长、生态环境持续改善、生活质量持续提高的现代设计潮流。

绿色设计体现的一种适度的消费理念，让我们的生活环境更加绿色、能源消耗进一步减少，绿色工艺、绿色人居、绿色建筑等逐步成为现代人的消费首选，绿色观念更加深入人心。

绿色设计与传统设计的不同之处主要体现在“绿”上，不仅展现设计的自然、生态之美，还把资源的持续利用理念融入其中，实质上是通过设计来寻求

"自然绿色、经济绿色、社会绿色、心灵绿色"的最大化交集。牛文元等（2016）将传统设计与绿色设计的体系进行对比，见表 7-1。

表 7-1 传统设计与绿色设计的体系对比

设计体系	传统设计	绿色设计
设计哲学	以满足人的欲望为主	以培养人的理性为主
设计理念	不太关注自然资本	全力关注自然资本
设计观点	以开环式线性思路为主	以闭环式非理性思路为主
设计要求	以满足消费侧为主	同时关注供给侧和消费侧
设计方法	以微观的产品层次为主	兼顾宏观与微观
设计表达	以具象的产品为主	注重具象与抽象的相结合
设计目标	以市场盈利为目标	经济效益与社会效益共赢
设计后效	不太关注环境效应	特别要求环境友好
设计惯性	不太关心生态赤字	达到脱钩发展，维系生态平衡
设计工具	传统设计工具为主	智慧设计、数字设计工具为主

二、绿色设计的评价

目前，构建绿色设计评价指标体系并进行实证分析的研究很少，主要有 2016 年出版发行的《2016 中国绿色设计报告》和王光辉、王红兵（2016）在《中国科学院院刊》上发表的《绿色设计贡献率函数及其实证分析》等。

（一）绿色设计贡献率

《2016 中国绿色设计报告》一书中提出绿色设计遵循生命周期原理、"3R"原理、PRED 和可持续发展"拉格朗日点"、黄金分割美学规则、人体工学和寻求平衡点的"柯布—道格拉斯变体方程"五大基本原理，并以此为依据分别计算了中国 31 个省市自治区和直辖市（其中西藏数据缺失）的绿色设计贡献率（OG），其计算公式如下：$OG=\sqrt{\dfrac{OB^2+OT^2+OF^2}{3}}$，计算结果见表 7-2。其中，$OG$ 为综合性的区域绿色设计贡献率；OB 为区域绿色设计本底度；OT 为区域绿色设计推进度；OF 为区域绿色设计覆盖度。

表 7-2 地区绿色设计贡献率指数

省份	绿色设计本底度	绿色设计推进度	绿色设计覆盖度	绿色设计贡献率数值	绿色设计贡献率排名
北京	1.000	0.585	1.000	0.884	1
上海	0.668	1.000	0.665	0.793	2
浙江	0.417	0.872	0.864	0.748	3
广东	0.408	0.924	0.772	0.734	4
江苏	0.379	0.770	0.718	0.646	5
山东	0.282	0.676	0.823	0.636	6
天津	0.576	0.362	0.471	0.477	7
福建	0.299	0.402	0.591	0.447	8
四川	0.236	0.439	0.542	0.425	9
河南	0.146	0.472	0.464	0.391	10
重庆	0.234	0.267	0.471	0.340	11
河北	0.149	0.503	0.156	0.316	12
辽宁	0.243	0.467	0.099	0.309	13
湖北	0.259	0.416	0.141	0.294	14
湖南	0.182	0.445	0.159	0.293	15
安徽	0.172	0.206	0.327	0.244	16
陕西	0.242	0.201	0.238	0.228	17
云南	0.066	0.187	0.292	0.204	18
海南	0.129	0.016	0.327	0.203	19
山西	0.146	0.274	0.159	0.201	20
吉林	0.192	0.234	0.159	0.198	21
宁夏	0.001	0.001	0.318	0.184	22
内蒙古	0.125	0.236	0.159	0.180	23
黑龙江	0.202	0.171	0.159	0.178	24
广西	0.120	0.178	0.159	0.154	25
江西	0.122	0.102	0.141	0.123	26
甘肃	0.082	0.095	0.152	0.114	27
新疆	0.030	0.100	0.159	0.110	28
贵州	0.037	0.115	0.141	0.107	29
青海	0.078	0.066	0.001	0.059	30
西藏	—	—	—	—	—

由表 7-2 所示，我国绿色设计贡献率的地区性差异较大，排名第一的北

京，其绿色设计贡献率数值是0.884，排名第30位的是青海，数值是0.059。同时，绿色设计贡献率较高的地区几乎都集中在东部地区，如北京、浙江、山东、广东、江苏、上海、福建、天津等。绿色设计贡献率较低的省份几乎都集中在中西部地区，如广西、江西、甘肃、新疆、贵州、青海等，这些地区在今后经济社会发展的同时应注重绿色设计的应用。

(二) 绿色设计指标体系

《2016中国绿色设计报告》建立了由“可创新能力、可循环能力、可清洁能力、可接受能力和可持续能力”五大体系组成的绿色指标设计体系，用来衡量中国各地区的绿色设计能力和水平，指标体系见表7-3。

表7-3 中国绿色设计能力评价指标体系

总体层	能力层	状态层	要素层
绿色设计能力评价指标体系	绿色设计可创新能力	新产品设计研发投入	各地区新产品新技术研发经费
		外观设计专利授权率	各地区外观设计专利授权比例
		绿色设计本底度指数	工程人员数量、R&D经费投入
	绿色设计可循环能力	可再生能源分布结构	光电、水电、风电等新能源占比
		工业固废重复利用率	工业企业固废再利用率
		水资源重复利用率	人均水资源重复利用量
	绿色设计可清洁能力	生活垃圾综合处理率	生活垃圾无害化综合处理率
		工业废水综合处理率	工业污水集中处理率
		绿色设计覆盖度指数	各类清洁生产审核企业分布
	绿色设计可接受能力	绿色交通的运营水平	万人公共交通运营车辆数
		绿色建筑的认证水平	绿建评价标示项目数量
		绿色设计关注度指数	各地区绿色设计产业百度检索量
	绿色设计可持续能力	绿色设计碳足迹指数	各地区碳源、碳汇的标准化值
		节能减排目标达成率	各地区节能减排目标完成情况
		绿色设计推进度指数	“三废”与能耗的时间和空间弹性系数

绿色设计水平划分为七个级别，绿色设计水平数值越大，代表绿色设计水平越强，评价标准见表7-4。

表7-4 绿色设计评价标准

级别	第一级	第二级	第三级	第四级	第五级	第六级	第七级
阶段	全绿	深绿	重率	中绿	微绿	渐绿	初绿
值	0.9~1	0.8~0.9	0.6~0.8	0.4~0.6	0.2~0.4	0.1~0.2	0~0.1

根据绿色设计评价指标体系进行计算，得出中国各地区绿色设计的排名为

北京、上海、天津、浙江、江苏、广东、山东、福建、四川、重庆、安徽、河南、湖南、湖北、广西、辽宁、河北、宁夏、吉林、云南、江西、黑龙江、海南、内蒙古、陕西、贵州、青海、山西、甘肃和新疆。

根据绿色设计评价标准，只有北京、上海、天津、浙江、江苏的绿色设计水平处于“微绿”阶段，只有甘肃和新疆处于最后一个“初绿”阶段，其他地区均处于“渐绿”阶段。由此看出，我国绿色设计水平整体上处于初级阶段，发展的空间和潜力较大。

三、我国绿色设计的应用与案例分析

我国制造业总体上处于产业链中低端，产品资源能源消耗高，劳动力成本优势不断削弱，加之当前经济进入中高速增长阶段，下行压力较大，在绿色发展的浪潮中绿色制造势在必行。

《中国制造 2025》是国务院于 2015 年 5 月 8 日公布的强化高端制造业的国家战略规划，我国实施制造强国战略第一个十年的行动纲领，明确提出了“创新驱动、质量为先、绿色发展、结构优化、人才为本”的基本方针。根据《中国制造 2025》相关部署，2015 年工业和信息化部编制完成《绿色制造工程实施方案(2016～2020)》，聚焦工业绿色低碳转型要求，明确提出绿色制造工程的总体思路、重点任务和保障措施。2016 年 9 月工业和信息化部发布《关于开展绿色制造体系建设的通知》(工信厅节函〔2016〕586 号)，后文简称通知，建设内容主要包括绿色工厂、绿色产品、绿色园区和绿色供应链等，后面将对于建设内容进展情况分别进行介绍。

(一) 绿色工厂和绿色园区

根据通知要求，绿色工厂是制造业的生产单元，是绿色制造的实施主体，属于绿色制造体系的核心支撑单元，侧重于生产过程的绿色化。优先在钢铁、有色金属、化工、建材、机械、汽车、轻工、食品、纺织、医药、电子信息等重点行业选择一批工作基础好、代表性强的企业开展绿色工厂创建。

绿色园区是突出绿色理念和要求的生产企业和基础设施集聚的平台，侧重于园区内工厂之间的统筹管理和协同链接。要在园区规划、空间布局、产业链设计、能源利用、资源利用、基础设施、生态环境、运行管理等方面贯彻资源节约和环境友好理念，从而实现具备布局集聚化、结构绿色化、链接生态化等特色的绿色园区。

到目前为止，安徽省、山东省在绿色工厂、绿色园区建设方面取得了一定的成效。2018 年，安徽省规模以上单位工业增加值能耗下降 6.4%，节能环保产业产值增长 17.5%，建成国家级绿色工厂 50 家、绿色设计产品 61 种、绿色园区 5 家、绿色供应链管理示范企业 2 家。2019 年 5 月安徽省结合本省工业绿色发展具体情况，制定并印发了《绿色工厂评价管理暂行办法》，省级绿色工厂实行年度信息报送制度，要求每年年底企业总结绿色工厂工作开展情况，书面报告所在地工信主管部门，加快推动绿色制造体系建设，助力工业绿色高质量发展。

2018 年，山东省制定出台《山东省绿色制造体系建设实施方案（2016～2020 年）》，积极推行绿色制造，加快培育绿色发展新动能，近两年来，山东省已成功创建 37 家国家绿色工厂，打造 3 个绿色工业园区，实施 14 个国家绿色制造系统集成重点项目，制订 13 项绿色制造评价地方标准，以绿色发展引领工业转型升级模式初步形成。

（二）绿色产品

根据通知要求，绿色产品是以绿色制造实现供给侧结构性改革的最终体现，侧重于产品全生命周期的绿色化。按照全生命周期的理念，在产品设计开发阶段系统考虑原材料选用、生产、销售、使用、回收、处理等各个环节对资源环境造成的影响，实现产品对能源资源消耗最低化、生态环境影响最小化、可再生率最大化。

受工业和信息化部委托，2016 年 3 月 22 日，中国标准化研究院发布了首批绿色设计产品名录，首批绿色设计产品名录共包括 7 家企业的 4 类 11 种产品，工业和信息化部官网对首批绿色设计产品的名录进行公布，见表 7-5。

表 7-5 首批绿色设计产品名录

序号	产品名称	产品类型	企业名称	标准依据
1	开米餐具净	家用洗涤剂	西安开米股份有限公司	GB/T 32163.1
2	开米涤王浓缩多功能中性洗衣液	家用洗涤剂	西安开米股份有限公司	GB/T 32163.1
3	开米蔬果清洗剂	家用洗涤剂	西安开米股份有限公司	GB/T 32163.1
4	全生物降解地膜	可降解塑料	山东天野塑化有限公司	GB/T 32163.2
5	PSM 生物降解塑料	可降解塑料	武汉华丽环保科技有限公司	GB/T 32163.2
6	生物基可降解塑料	可降解塑料	常州龙骏天纯环保科技有限公司	GB/T 32163.2
7	1.5%除虫菊素水乳剂	杀虫剂	云南南宝生物科技有限责任公司	GB/T 32163.3
8	加筋高强纸面石膏板	无机轻质板材	景泰县金龙化工建材有限公司	GB/T 32163.4
9	吸声用穿孔石膏板	无机轻质板材	北新集团建材股份有限公司	GB/T 32163.4
10	装饰纸面石膏板	无机轻质板材	北新集团建材股份有限公司	GB/T 32163.4
11	矿棉吸声板	无机轻质板材	北新集团建材股份有限公司	GB/T 32163.4

到2019年3月13日，工业和信息化部将绿色设计产品标准进行更新，绿色设计产品标准清单见表7-6。

表7-6 2019年3月13日更新的绿色设计产品标准清单

序号	标准名称	标准编号
1	《生态设计产品评价通则》	GB/T 32161—2015
2	《生态设计产品标识》	GB/T 32162—2015
3	《生态设计产品评价规范 第1部分:家用洗涤剂》	GB/T 32163.1—2015
4	《生态设计产品评价规范 第2部分:可降解塑料》	GB/T 32163.2—2015
5	《绿色设计产品评价技术规范 房间空气调节器》	T/CAGP 0001—2016,T/CAB 0001—2016
6	《绿色设计产品评价技术规范 电动洗衣机》	T/CAGP 0002—2016,T/CAB 0002—2016
7	《绿色设计产品评价技术规范 家用电冰箱》	T/CAGP 0003—2016,T/CAB 0003—2016
8	《绿色设计产品评价技术规范 吸油烟机》	T/CAGP 0004—2016,T/CAB 0004—2016
9	《绿色设计产品评价技术规范 家用电磁灶》	T/CAGP 0005—2016,T/CAB 0005—2016
10	《绿色设计产品评价技术规范 电饭锅》	T/CAGP 0006—2016,T/CAB 0006—2016
11	《绿色设计产品评价技术规范 储水式电热水器》	T/CAGP 0007—2016,T/CAB 0007—2016
12	《绿色设计产品评价技术规范 空气净化器》	T/CAGP 0008—2016,T/CAB 0008—2016
13	《绿色设计产品评价规范 纯净水处理器》	T/CAGP 0009—2016,T/CAB 0009—2016
14	《绿色设计产品评价技术规范 卫生陶瓷》	T/CAGP 0010—2016,T/CAB 0010—2016
15	《绿色设计产品评价技术规范 商用电磁灶》	T/CAGP 0017—2017,T/CAB 0017—2017
16	《绿色设计产品评价技术规范 商用厨房冰箱》	T/CAGP 0018—2017,T/CAB 0018—2017
17	《绿色设计产品评价技术规范 商用电热开水器》	T/CAGP 0019—2017,T/CAB 0019—2017
18	《绿色设计产品评价技术规范 生活用纸》	T/CAGP 0020—2017,T/CAB 0020—2017
19	《绿色设计产品评价技术规范 智能坐便器》	T/CAGP 0021—2017,T/CAB 0021—2017
20	《绿色设计产品评价技术规范 铅酸蓄电池》	T/CAGP 0022—2017,T/CAB 0022—2017
21	《绿色设计产品评价技术规范 标牌》	T/CAGP 0023—2017,T/CAB 0023—2017
22	《绿色设计产品评价技术规范 丝绸(蚕丝)制品》	T/CAGP 0024—2017,T/CAB 0024—2017
23	《绿色设计产品评价技术规范 羊绒针织制品》	T/CAGP 0025—2017,T/CAB 0025—2017
24	《绿色设计产品评价技术规范 光网络终端》	YDB 192—2017
25	《绿色设计产品评价技术规范 以太网交换机》	YDB 193—2017
26	《绿色设计产品评价技术规范 电水壶》	T/CEEIA 275—2017
27	《绿色设计产品评价技术规范 扫地机器人》	T/CEEIA 276—2017
28	《绿色设计产品评价技术规范 新风系统》	T/CEEIA 277—2017
29	《绿色设计产品评价技术规范 智能马桶盖》	T/CEEIA 278—2017
30	《绿色设计产品评价技术规范 室内加热器》	T/CEEIA 279—2017
31	《绿色设计产品评价技术规范 水性建筑涂料》	T/CPCIF 0001—2017
32	《绿色设计产品评价规范 厨房厨具用不锈钢》	T/SSEA 0010—2018
33	《绿色设计产品评价技术规范 锂离子电池》	T/CEEIA 280—2017
34	《绿色设计产品评价技术规范 打印机及多功能一体机》	T/CESA 1017—2018

（续）

序号	标准名称	标准编号
35	《绿色设计产品评价技术规范 电视机》	T/CESA 1018—2018
36	《绿色设计产品评价技术规范 微型计算机》	T/CESA 1019—2018
37	《绿色设计产品评价技术规范 智能终端 平板电脑》	T/CESA 1020—2018
38	《绿色设计产品评价技术规范 汽车产品 M1 类传统能源车》	TCMIF 16—2017
39	《绿色设计产品评价技术规范 移动通信终端》	YDB 194—2017
40	《绿色设计产品评价技术规范 稀土钢》	T/CAGP 0026—2018,T/CAB 0026—2018
41	《绿色设计产品评价技术规范 铁精矿(露天开采)》	T/CAGP 0027—2018,T/CAB 0027—2018
42	《绿色设计产品评价技术规范 烧结钕铁硼永磁材料》	T/CAGP 0028—2018,T/CAB 0028—2018
43	《绿色设计产品评价技术规范 金属切削机床》	T/CMIF 14—2017
44	《绿色设计产品评价技术规范 装载机》	T/CMIF 15—2017
45	《绿色设计产品评价技术规范 内燃机》	T/CMIF 16—2017
46	《绿色设计产品评价技术规范 锑锭》	T/CNIA 0004—2018
47	《绿色设计产品评价技术规范 稀土湿法冶炼分离产品》	T/CNIA 0005—2018
48	《绿色设计产品评价技术规范 汽车轮胎》	TCPCIF/ 0011—2018
49	《绿色设计产品评价技术规范 复合肥料》	TCPCIF/ 0012—2018
50	《绿色设计产品评价技术规范 电动工具》	T/CEEIA 296—2017
51	《绿色设计产品评价技术规范 家用及类似场所用过电流保护断路器》	T/CEEIA 334—2018
52	《绿色设计产品评价技术规范 塑料外壳式断路器》	T/CEEIA 335—2018
53	《绿色设计产品评价技术规范 涤纶磨毛印染布》	T/CAGP 0030—2018,T/CAB 0030—2018
54	《绿色设计产品评价技术规范 核电用不锈钢仪表管》	T/CAGP 0031—2018,T/CAB 0031—2018
55	《绿色设计产品评价技术规范 盘管蒸汽发生器》	T/CAGP 0032—2018,T/CAB 0032—2018
56	《绿色设计产品评价技术规范 真空热水机组》	T/CAGP 0033—2018,T/CAB 0033—2018
57	《绿色设计产品评价技术规范 户外多用途面料》	T/CAGP 0034—2018,T/CAB 0034—2018
58	《绿色设计产品评价技术规范 片式电子元器件用纸带》	T/CAGP 0041—2018,T/CAB 0041—2018
59	《绿色设计产品评价技术规范 滚筒洗衣机用无刷直流电动机》	T/CAGP 0042—2018,T/CAB 0042—2018
60	《绿色设计产品评价技术规范 聚酯涤纶》	T/CNTAC 33—2019
61	《绿色设计产品评价技术规范 巾被织物》	T/CNTAC 34—2019
62	《绿色设计产品评价技术规范 皮服》	T/CNTAC 35—2019
63	《绿色设计产品评价技术规范 投影机》	T/CESA 1032—2019
64	《绿色设计产品评价技术规范 金属化薄膜电容器》	T/CESA 1033—2019
65	《绿色设计产品评价技术规范 钢塑复合管》	T/CISA 104—2018
66	《绿色设计产品评价技术规范 叉车》	TCMIF 48—2019

2019 年 6 月工业和信息化部发布《2019 年第三批行业标准制修订计划（征求意见稿）》对道路用建筑材料的绿色设计产品评价技术规范进行意见征询。通过上述绿色设计产品标准清单可以看出，绿色设计产品已涵盖生产、生活的

方方面面，绿色设计理念正在逐步推进。

（三）绿色供应链

根据通知的要求，绿色供应链是绿色制造理论与供应链管理技术结合的产物，侧重于供应链节点上企业的协调与协作。企业要建立以资源节约、环境友好为导向的采购、生产、营销、回收及物流体系，推动上下游企业共同提升资源利用效率，改善环境绩效，达到资源利用高效化、环境影响最小化，链上企业绿色化的目标。

在这方面内蒙古鄂尔多斯资源股份有限公司（以下简称“鄂尔多斯”）的羊绒制品绿色设计全链条具有一定的代表性。鄂尔多斯是我国羊绒行业的领军企业，也是我国工业产品生态（绿色）设计第一批试点企业。企业在绒山羊养殖、羊绒分梳、包装、污水处理、废旧制品回收再利用、信息化建设等多个环节取得了阶段性成果。

截止到 2019 年 5 月，鄂尔多斯通过推行绿色设计，取得了显著的环境效益、经济效益和社会效益。试点期间，能耗由 2013 年的 1. 39 吨标准煤/万元降低到 1. 17 吨标准煤/万元，下降 15. 8%；单位产值取水量由 2013 年的 2. 44 立方米/万元下降到 1. 12 立方米/万元，降低 54. 1%；用水重复利用率由 2013 年的 35%提高到 80%以上，固体废物综合利用率达到 100%。

第八章

绿色消费理论

马克思主义认为，人类要爱护自然，而不要破坏自然，如果人类长期停留在物质享受上，就会产生恶性消费和恶性发展，从而破坏环境，也摧毁人类自身。习近平总书记指出，面向未来，世界现代化人口将快速增长，如果依照现存资源消耗模式生活的话，那是不可想象的。现在“非绿色”的家庭消费随处可见，追求舌尖上的奢侈享受和高端浪费，是最典型的铺张浪费行为。据统计，国人在餐桌上浪费的粮食一年价值高达 2000 亿元，数额巨大。所以，在生态文明建设背景下，绿色消费成为居民消费的必然趋势。《中共中央国务院关于加快生态文明建设的意见》中，倡导勤俭节约、绿色低碳、文明健康的生活方式和消费模式。绿色消费是一种资源节约型、环境友好型消费，是一种秉持理性、适度和文明理念的消费，是将不合理消费逐步转化为理性消费和适度消费。

2015 年 11 月国务院发布《关于积极发挥新消费引领作用加快培育形成新供给新动力的指导意见》，将绿色消费作为消费升级重点领域和方向之一推进供给侧改革。绿色消费与我们的生活息息相关，内容也越来越丰富，“绿色食品”“绿色包装”“绿色服装”“绿色家电”“绿色家具”“绿色建筑”“绿色住宅”等应运而生。

一、我国消费现状

改革开放以来，我国国内生产总值和人均收入保持着持续增长的趋势。作为拉动国民经济增长的“三驾马车”之一，消费的作用至关重要。党的十九大报告中明确提出要完善促进消费的体制机制，增强消费对经济发展的基础性作用。在金融危机爆发前，消费需求偏低的情况就已存在于中国经济发展的进程中。在金融危机爆发后，中国经济发展的各类弊端也逐渐突显，其中居民消费需求的问题，给中国经济健康发展带来很大的阻力。

消费率可具体划分为最终消费率和消费贡献率。最终消费占 GDP 的比重即最终消费率(江林等,2009)。最终消费率又称消费率,反映了一个国家生产的产品用于最终消费的比重,是衡量国民经济中消费比重的重要指标。消费贡献率指最终消费支出对国内生产总值(GDP)增长贡献率,消费对 GDP 的贡献率=消费增加量/GDP 的增加量×100%。我国 2009~2018 年最终消费率和消费贡献率见表8-1。

表 8-1 2009~ 2018 年最终消费率和消费贡献率

年份	2009	2010	2011	2012	2013	2014	2015	2016	2017	2018
最终消费率(%)	49.4	48.5	49.6	50.1	50.3	50.7	51.8	53.6	53.6	—
消费贡献率(%)	56.1	44.9	61.9	54.9	47.0	48.8	59.7	66.5	57.6	76.2

(数据来源:2009~2018 年国家统计年鉴)

最终消费占 GDP 的比重即最终消费率（江林等，2009）。最终消费率又称消费率，反映了一个国家生产的产品用于最终消费的比重，是衡量国民经济中消费比重的重要指标。消费贡献率指最终消费支出对国内生产总值（GDP）增长贡献率，消费对 GDP 的贡献率=消费增加量/GDP 的增加量 ×100%。

由表 8-1 得出，近年来我国的最终消费率和消费贡献率都呈上升趋势，特别是近几年消费贡献率上升较快，2018 年达到 76.2%。但是据世界银行《世界发展指标数据库》的统计数据显示，自 20 世纪 70 年代以来，世界平均最终消费率大都保持在 75%～80%的水平并小幅波动，而我国的最终消费率水平与世界平均水平相比也处于偏低的状态（俞杰，2018）。

(一) 居民收入和消费支出情况

通过国家统计局的数据中的居民收入和消费支出情况，2018 年，全国居民人均可支配收入为 28228 元，比上年名义增长 8.7%，扣除价格因素，实际增长为 6.5%。其中，城镇居民人均可支配收入 39251 元，名义增长 7.8%，实际增长 5.6%；农村居民人均可支配收入 14617 元，名义增长 8.8%，实际增长 6.6%。而 2018 年，全国居民人均消费支出为 19853 元，比上年名义增长 8.4%，实际增长 6.2%。其中，城镇居民人均消费支出 26112 元，名义增长 6.8%，实际增长为 4.6%；农村居民人均消费支出 12124 元，名义增长 10.7%，实际增长 8.4%，见表 8-2。

由表 8-2 可知，2018 年，农村居民人均可支配收入和人均消费支出增长率都大于城镇居民1个百分点以上，甚至人均消费支出实际增长率大于城镇居民将近4个百分点。另外，农村和其自身相比，人均消费支出增长率大于人均可支配收入增长率近2个百分点。由此明显看出，随着精准扶贫和乡村振兴政策的全面落实，农村居民无论是收入水平，还是消费水平，都较之前有了很大提高。同时，农村居民支出大于收入也可表明其消费观念的改变。

表 8-2 2018 年全国可支配收入和消费支出

	可支配收入			消费支出		
	人均可支配收入(元)	名义增长率(%)	实际增长率(%)	人均消费支出(元)	名义增长率(%)	实际增长率(%)
全国	28 228	8.70	6.50	19 853	8.40	6.20
其中:城镇居民	39 251	7.80	5.60	26 112	6.80	4.60
农村居民	14 617	8.80	6.60	12 124	10.70	8.40

注:数据来源于国家统计局

(二) 消费支出组成部分

根据《中国统计年鉴》数据的分析，我国居民消费支出主要包括食品烟酒、衣着、居住、生活用品及服务、交通通信、教育文化娱乐、医疗保健、其他用品及服务等。2015～2018 年全国居民人均消费支出见表 8-3，2015～2018 年居民人均消费支出的各组成部分的平均值及占比如图 8-1。

表 8-3 全国居民人均消费支出(元)

年份	食品烟酒	衣着	居住	生活用品及服务	交通通信	教育文化娱乐	医疗保健	其他用品及服务	合计消费支出
2015	4814	1164	3419	951	2087	1723	1165	389	15712
2016	5151	1203	3746	1044	2338	1915	1307	406	17110
2017	5374	1238	4107	1121	2499	2086	1451	447	18323
2018	5631	1289	4647	1223	2675	2226	1685	477	19853
平均值	5243	1224	3980	1085	2400	1988	1402	430	17749.5
占比(%)	29.5	6.9	22.4	6.1	13.5	11.2	7.9	2.4	100

根据 2015～2018 年全国居民人均消费支出的平均值及所占比例，得出衣食住行仍然是居民消费的主要部分，居民消费由高到低为：食品烟酒（29.5%）>居住（22.4%）>交通通信（13.5%）>教育文化娱乐（11.2%）>医疗保健（7.9%）>衣着（6.9%）>生活用品及服务（6.1%）>其他用品及服务（2.4%）。

但是消费支出的各组成部分增长率有所不同，2018 年全国居民人均消费组成部分与上年相比的增长率由大到小依次为：医疗保健（16.13%）>居住（13.15%）>生活用品及服务（9.10%）>交通通信（7.04%）>其他用品及服务（6.71%）= 教育文化娱乐（6.71%）>食品烟酒（4.78%）>衣着（4.12%），具体如图 8-2。

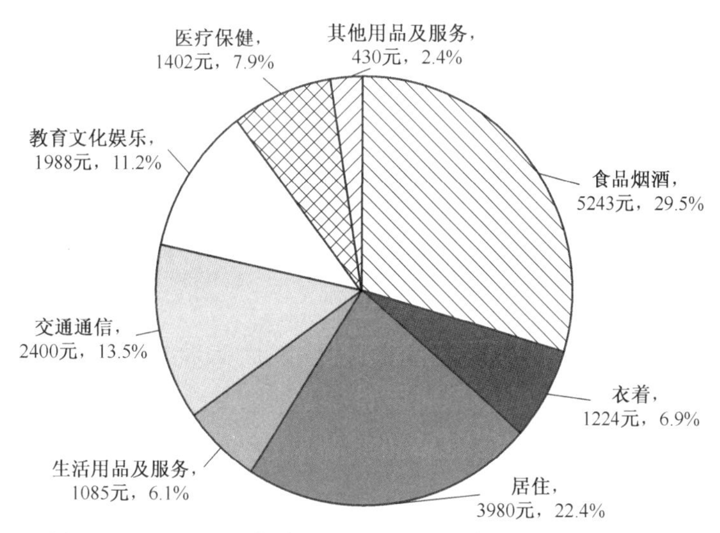

图 8-1 2015~2018 年全国居民人均消费支出平均值及其构成

注：数据来源于国家统计局

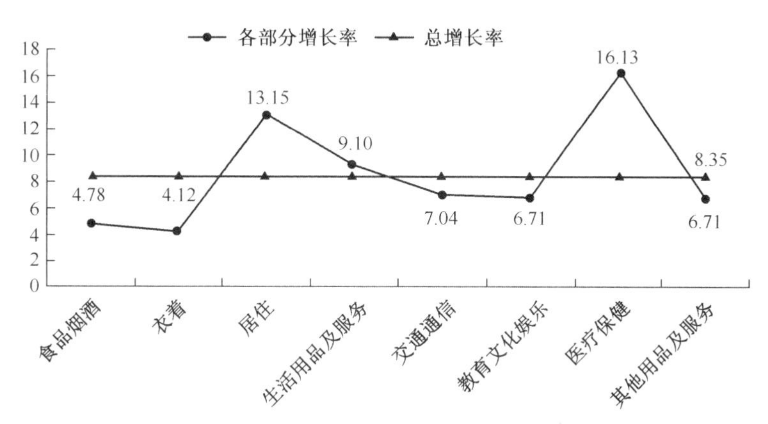

图 8-2 2018 年全国居民各部分人均消费支出较上年增长率

注：数据来源于国家统计局，2018 年居民收入和消费支出情况

2018 年全国居民人均消费总支出比上年增长 8.35%，其中，人均居住消费支出、人均生活用品及服务消费支出、人均医疗保健消费支出均大于总增长率。由此看出，居民消费的医疗保健虽然在消费支出中占比不是很高，但增长势头强劲，增长率最高；而在消费支出中占比较高的居住，其增长率排名第二，高达 13.15%。由此可见，居住和医疗问题，仍然是我国居民关注的焦点。

二、绿色消费内涵

近年来，人们开始追求一种既能满足生活需要，又不浪费资源、不污染环境的新型消费模式，而绿色消费就是这样一种可持续的消费方式。绿色消费就是消费者对绿色产品的需求、购买和消费活动，是一种具有生态意识的、高层次的理性消费行为，绿色消费从满足生态需要出发，以有益健康和保护生态环境为基本内涵，符合人的健康和环境保护标准的各种消费行为和消费方式的统称。

(一) 绿色消费的产生

绿色消费的产生关系到人类的经济发展。而人类经济的发展，本质上就是与地球大自然系统物质变换的过程，人类不断地从大自然中取得物质资料，以满足自身的需求，之后又不断地将废物排放到大自然中，经过大自然的“净化”作用，重新转化为自然物质。但是自然资源并不是无限的，并且大自然的“净化”能力也是有一定限度的，人类与自然的物质交换过程，必须建立在平衡的基础上。一方面，人类从大自然中获取物质资料，要以其再生产能力为前提，而对于不可再生资源，要进行合理的开发利用；另一方面，人类将废弃物返还给大自然，要以大自然的“净化”能力为限，否则就会对环境造成负担和污染。由于人类的过度开发，人类发展和环境污染、资源消耗之间的不平衡开始出现。

因此，自 20 世纪 70 年代开始，西方国家就相继爆发了以“绿色产品”为消费主导的“绿色革命”。自此，针对经济发展中出现不可持续危机而提出的旨在改善生活品位的消费观念——“绿色消费”随之产生。1963 年，国际消费者联盟就提出绿色消费的观念，提出消费者应有“环保”义务。1992 年，联合国环境与发展大会通过的《21 世纪议程》中正式提出可持续消费（绿色消费）的命题，国际消费者联盟从 1997 年开始，连续开展了以“可持续发展和绿色消费”为主题的活动，2001 年被中国消费者协会定为“绿色消费主题年”（中国国际经济交流中心课题组，2013）。

20 世纪 80 年代后半期，英国掀起了“绿色消费者运动”，之后席卷欧美各国。此运动主要在发达国家展开，号召消费者选购有益于环境的产品，从而促使生产者也转向制造有益于环境的产品。此后，越来越多的国家意识到人类应与自然环境、社会环境协调发展，与大自然和谐共处，建立一个环境优美的“绿色文明”。

(二) 绿色消费的内涵

1987 年，英国学者 John Elkington 和 Julia Hailes 出版的《绿色消费者指南》一书中提出绿色消费的概念。在此书中，把“绿色消费”定义为避免以下产品的消费：①危害消费者和他人健康的产品；②因过度包装，超过商品有效期或过短的生命周期而造成不必要消费的商品；③在生产、使用和丢弃时造成大量资源消耗的商品；④使用出自稀有动物或自然资源的商品；⑤含有对动物残害或不必要剥夺而生产的商品；⑥对其他发展中国家有不利影响的产品（钱易等，2017）。

我国消费者协会给出“绿色消费”包含的三层含义：一是倡导个体在购买过程中选择未被污染或有助于公众健康的绿色产品；二是在消费过程中注重对垃圾的处置，避免环境污染；三是引导消费者转变消费观念，崇尚自然、追求健康，在追求生活舒适的同时，节约资源和能源，实现可持续消费。

张春霞（2002）认为，绿色消费分广义和狭义之分，狭义的绿色消费主要指直接与消费者消费安全、健康有关的一些产品的消费，如绿色食品、绿色化妆品与绿色建筑装饰材料等的消费；广义的绿色消费，不仅以消费者自身的健康与安全为出发点，而且以环境的安全、他人的安全为出发点，包括当代的他人及后代的他人的安全与利益，即它是实现可持续发展要求的消费。

中国国际经济交流中心课题组（2013）提出，绿色消费也称可持续消费，是指一种以适度节制消费，避免或减少对环境的破坏，崇尚自然和保护生态等为特征的新型消费行为和过程，同时，我国绿色消费包括了五大领域：环境标志产品、有机食品、节能产品等绿色产品；绿色服务业（第三产业）；生态建筑和绿色社区创建；提高公众意识，倡导大众绿色消费；政府绿色采购。

联合国环境规划署将绿色消费定义为“在产品或服务的整个生命周期中，始终坚持对有毒材料和天然资源的最小化利用，保持废弃物与污染物的最小化产生，从而既满足了人们对产品与服务的需求，带来高质量的生活，又不会对后代人的需要造成危害”的一种消费。

由此可见，绿色消费的重心在“绿”上，要求消费者适度节制消费，将其行为对自然及其他人造成的影响降低到最小化，包含着循环经济、低碳经济的发展思想。任何一种消费行为都包含消费者、消费对象、消费过程、消费结果等要素。而绿色消费的消费者具有较强的社会责任意识，在消费过程中考虑所消费的产品对资源、环境、自身、他人的影响；绿色消费的消费对象具有资源材料消耗少、有害物质排放少、利于循环再生、健康保障、环境保护等特征；在绿色消费的消费过程中，不对消费者和他人以及周围环境造成不良影响；在绿色消费的消费结果中，有利于健康和环境保护，且产生的废弃物较少，并易于处理和循环利用。同时，绿色消费的实现还依赖于产品或服务的绿色设计和绿色生产。

因此，绿色消费可理解为：消费者基于对环境和社会的高度责任意识，选择了低物质消耗、低环境影响、有利于自身健康与资源环境保护的产品或服务，并且在消费过程中及消费后的废弃物处理过程中，不对资源环境、自身以及他人健康产生不利影响的理性、公平的消费行为。

（三）绿色消费的特征

根据对绿色消费内涵的理解，将绿色消费与传统消费分别从消费者、消费对象、消费过程和消费结果进行比较，绿色消费具有自身明显的特征（表8–4）。

表 8–4 绿色消费与传统消费比较

比较内容		绿色消费	传统消费
消费者	社会责任意识	高	低
	环境保护意识	高	低
消费对象	产品的设计	低碳、环保	多包装、多耗能
	产品重复利用次数	多	少
	消耗的资源材料	少	多
	排放的有害物质	少	多
消费过程	对他人造成的影响	少	多
	对环境造成的影响	少	多
消费结果	对身体健康有利程度	高	低
	产生的废弃物	低、易于处理	高，不易于处理

1. 绿色消费的消费者

相对于传统消费模式，绿色消费的消费者具有很高的社会责任意识和环境保护意识，在消费过程中会主动考虑到自身消费行为将会对环境、他人所造成的影响，使个体消费行为成为履行社会公共责任和实现可持续发展的有效途径。在一些西方学者看来，消费者的消费选择权是“比国家主权还更独立、更自由的一种权力”，然而在社会责任意识的影响下，消费者的消费权力会受到约束。消费者不仅要考虑到自身消费所取得的效用，而且要考虑个人消费行为可能产生的外部效应，同时还需接受国家相关法律和社会公共道德的约束。因此，消费不仅仅是一种完全自由、不受约束的个人行为选择，更是一项有效践行绿色发展、完成社会公共目标的公民义务。

2. 绿色消费的对象

相对于传统消费模式而言，绿色消费对象，即消费的产品（或服务），产品资源消耗量较少，产生的废弃物与排放量也较少，而且产品质量优良，耐用性好，可多次重复使用。绿色消费依赖于绿色产品（或服务）的绿色设计，从源头上把控，低能耗、低耗材，包装适度、简约，不铺张浪费，便于循环处理使用。

3. 绿色消费的过程

与传统消费模式相比，绿色消费的过程更加简单，注重实用性，产生的废弃物相对少，降低对周边环境的影响。既满足了自身的有效需求，又能高效利用资源，将投入产出的效率提高，同时也将对他人的影响降低到最小。

4. 绿色消费的结果

与传统消费模式相比，绿色消费的消费结果是有益于消费者自身健康的，而且能有效克服环境的负外部性，促进社会的公平，利于可持续发展。绿色消费首先必须满足消费者自身的健康，同时又有利于环境保护，增进社会公平，能有效的克服传统消费模式所带来的沉重生态环境负担。满足他人及下一代对其健康的追求是绿色消费的重要追求目标，也是区别于传统消费模式的终极体现。

综上所述，绿色消费就是要节约资源，减少污染；适度消费，环保选购；重复使用，多次利用；循环回收，保护自然。

(四) 绿色消费的分类

绿色消费的类型较多，按照不同的分类标准，会有不同的分类结果。

1. 按消费的主体分类

按消费的主体分类，绿色消费可分为政府绿色消费、机构绿色消费和个人绿色消费。政府绿色消费一般指政府的绿色采购；机构绿色消费主要指企事业单位、社会组织的绿色消费，如企业绿色采购等；个人绿色消费主要指个人与家庭的绿色消费行为。

2. 按消费的用途、目的分类

按消费的用途、目的分类，绿色消费可分为生产型绿色消费和生活型绿色消费两大类。生产型绿色消费主要是指为了再生产而购买的消费品或服务，如企业用于生产过程的各种原材料以及服务等；生活型绿色消费主要是指满足人们日常生活需求的绿色消费行为。

(五) 绿色消费的作用

习近平总书记指出，绿色发展方式和生活方式是发展观的一场深刻革命。而绿色消费就是这种生活方式的体现，努力实现生活方式和消费模式向勤俭节约、绿色低碳、文明健康的方向转变。

1. 减少自然资源的损耗

绿色消费的明显特征就是节制、理性的消费。绿色消费要求减少不必要的消费，摒弃奢侈的消费，提倡购买优质、耐用的商品，从而减少商品的生产次数，降低消费者的购买次数。同时，还要求商品使用后所产生的废弃物也是可以再循环利用的。因此，绿色消费有利于减少商品的生产，从而减少自然资源的损耗。

2. 降低有害物质的排放

绿色消费倡导的是一种健康、无害的消费，要求所消费的商品或服务在生产制造过程中、消费过程中以及废弃物处置过程中都要对人体健康和生态环境无害。所以，绿色消费能有效的促进生产者使用绿色环保的原材料，并提供对生态环境无污染、对人体健康无害的产品或服务，有利于降低有害物质的排放。

3. 引导生产领域的转型

当今消费模式是消费需求决定生产供给，绿色消费需求能有效刺激生产者对绿色产品的供给，从而引导绿色产品的生产和绿色产业的形成。对于一些社会影响力较大的消费主体（如政府机构、大型企业、明星名人等）的绿色消费行为更具有示范效应和引导效果，能影响全社会的绿色消费行为。而一旦消费者具有绿色消费意识和对绿色商品的需求，将会全方位促进绿色市场的到来，使得生产者不仅积极研发和提供绿色商品，还在营销过程中强化“绿色”意识，如绿色包装、绿色物流、绿色宣传等。总而言之，消费者的绿色消费行为将有效促进绿色生产，引导生产领域的转型，最终刺激绿色市场的形成。

4. 强化绿色生产的形成

消费者的绿色消费需求自然会刺激生产者的绿色生产。目前，大多数企业采取的是社会大分工生产，仅有小部分企业是产品的全过程生产都在自身的生产车间完成。因此，就要求企业自主进行绿色产品研发和绿色产品设计，同时对上下游产业链中的各种供应商提出新的要求，促进其绿色生产和提供绿色原材料，不符合绿色生产要求的企业将被排除在产业链之外。尤其是产业链中核心企业对绿色生产的要求，将有效引导产业链中其他企业的绿色转型，促进产业链产生督促、催生、自组织的作用，加快绿色生产时代的到来，以生活方式的绿色革命，倒逼生产方式绿色转型。

5. 加速绿色社会的形成

绿色消费在绿色发展中起着至关重要的作用，不仅能直接减少自然资源的消耗和降低有害物质的排放，还能实现引导生产领域绿色生产的目的。并且，由于社会化分工的作用，促使绿色消费强化了绿色生产的自组织模式，利于从生产到消费全过程的绿色转变，加速了绿色社会的形成。

三、消费模式变迁的路径依赖分析及打破“锁定路径”的对策

虽然大多数消费者有绿色消费意识，但距离绿色消费行动还有一定的差距。近年来，生态环境部、国家发展和改革委员会等部门积极推动生活方式绿色化、促进绿色消费，开展“美丽中国，我是行动者”主体实践活动，发布《公民生态环境行为规范（试行）》，给出了具体十条行为规范：关注生态环境、节约能源资源、践行绿色消费、选择低碳出行、分类投放垃圾、减少污染产生、呵护自然生态、参加环保实践、参与监督举报、共建美丽中国。绿色消费理念逐步被人们所接受，也取得了一些进展，全国各地、各行业积极推广绿色生活方式，如开展衣物回收、实行“光盘行动”、采用环保建材、实施垃圾分类、使用共享单车等。但是，公众绿色生活的意识和理念仍不够强，绿色产品和服务的供给还不能有效匹配相应需求，还会存在一些掠夺式、炫耀式等非理性浪费和“中国式浪费”等消费行为和现象。造成这种现象的原因之一就是高能耗、高污染和超前消费模式的“棘轮效应”难以打破，已形成的消费习惯具有一定的不可逆性，消费模式存在着路径依赖的问题。

对于消费模式变迁的路径依赖必须要解决三个方面的问题：第一，路径依赖“是什么”的问题；第二，路径依赖产生的原因，即制约绿色消费的因素有哪些；第三，突破路径依赖的方法有哪些，即“怎么做”的问题，本部分就以上几个问题依次进行分析。

（一）路径依赖概念及内涵分析

路径依赖（path dependence）最初来自生物学。1957 年，沃丁顿（Waddington）在对物种进化路径研究时首次提出，演化不能被视为一个一维的最优化过程，组织形式也不是从低级到高级的、有益的直线过程，即演化不会沿着单一的宽敞大道达到完美，而是沿着多条路径前进。新制度经济学也有相似的研究。1975 年美国经济史学家保罗·A·戴维（Paul A. David）首次将路径依赖概念应用到经济学中，解释技术变迁过程中路径自我强化的现象。经过阿瑟（Arthur）和诺思（North）等学者的进一步应用，路径依赖理论被广泛应用于经济学、社会学、管理学等领域，并成为现代经济学中发展最快、应用价值最高的学说之一，受到学者的广泛关注（贾勇，2017）。路径依赖理论已应用到绿色发展领域中，Clausen 等（2017）提出在绿色经济转型过程中，创新性研究用路

径依赖理论来分析。

对于绿色消费而言，路径依赖主要体现在消费者对现行政策推动下消费行为的前期投入成本及适应性预期。路径依赖背后说明初始的制度选择至关重要，不同的制度会产生不同的激励效果，从而进入不同的路径（付伟等，2018）。

（二）绿色消费模式变迁的路径依赖分析

路径依赖现象存在的关键原因在于在制度变迁、技术进步等过程中存在着报酬递增现象，从而系统进行自我强化，即使有更好的选择也会置之不理。而对于消费模式而言，传统的消费模式使生产者、消费者及政策制定者从中持续得到收益，已投入大量的沉没成本，所以要改变消费模式一定要明确传统消费模式的路径依赖由哪些因素造成，以对症下药，找出改变的突破口。

1. 外部性路径依赖

绿色产品是绿色消费的内容之一，注重对资源的低消耗和对环境的低影响，具有明显的外部经济，但是外部性会导致资源配置的扭曲。

作为生产者，进行低碳环保生产、绿色技术的研发需要购买节能减排设备，资金投入高，风险大，其行为使社会其他人受益，但受益者没有对此进行支付，导致企业的主动性不强，从而形成了无形的阻力。另外，绿色农产品一般所需生长周期长，且产量低，这样无形中增加了生产者的成本，导致绿色食品供给不足。

对于消费者来说，绿色农产品与一般农产品相比，价格偏高，同时市场上对于绿色农产品的认证较多，存在一些“鱼目混珠”的现象，所以在高价格，加之存在供求信息不对称的情况下，不少消费者对于绿色食品会望而止步，出现消费行为与消费意愿不一致的现象。

同时，相对普通农产品来说，绿色农产品的价格需求弹性较高（靳明和赵昶，2008），价格的变动对绿色农产品的需求影响较大，所以一旦价格高于消费者的预期，理性的消费者会减少对绿色农产品的购买，从而选择其他替代产品。

2. 消费观路径依赖

随着世界经济一体化的进程，西方发达国家的消费方式正影响着我国最有消费能力的群体，生活方式是决定经济需求与供给系统组成的最终决定因素。一旦进入，由于路径依赖，拉回很难。这是又一个要摆脱的即将进入并被锁定的错误分叉。张友国等将此锁定路径主要划分为：非理性浪费和消费主义的统治性影响（张友国等，2016）。

非理性浪费的原因较多，其一，面子问题是“中国式浪费”根深蒂固的因素，在我国，面子问题不分身份、地位，较为普遍，而产生面子现象的文化根源是农业社会的传统习惯，喜欢装点门面。加之随众和攀比心理，导致礼品包装越来越奢侈，盲目跟风，追求大品牌、高消费的产品。其二，冲动消费，随着网络的普及和电子商务的应用，各大网站上商品琳琅满目，加之“元旦”“五一”“双十一”“双十二”等各大节日产品促销的轮番轰炸，消费者选择产品的空间增大的同时，还会选择一些有诱惑力的新产品，而有一部分产品会因为不实用而被束之高阁。

消费主义是西方国家的意识形态，以物质主义和享乐主义为价值目标，追求过度的物质和消费，所以这种发达国家消费方式对我国中等收入群体消费行为持续的、几乎无止境的引导、教育与刺激会使消费者走入歧途。

3. 绿色政策路径依赖

绿色政策是为了实现经济的“绿色化”而制定的平衡经济效益和环境效益的政策（阮嘉馨和李巧华，2016）。近年来，我国对于生态文明、绿色发展高度重视，制定了促进绿色消费的一系列相关政策，包括法律框架、绿色标志制度、绿色采购政策、绿色税收、财政补贴政策等方面。同时政策又会影响技术的创新能力，工业经济处于碳锁定的状态，尤其是锁定在高碳密度的化石燃料能源中，这是由于政策和技术共同演进的过程中路径依赖的报酬递增导致的。

绿色政策具有消费的导向性，对消费的影响较大，但是随着一些新政策的出台，在短期内对消费者和生产者带来的激励和影响较大，如 2008 年 6 月 1 日开始实施的“限塑令”，刚实施时效果显著，但到目前为止，实施十余年，各种塑料袋仍到处可见，消费者对于塑料袋的刚性需求，以及监管不完善等问题，使得长效机制难以形成，受到路径依赖和消费者偏好等影响，消费者和生产者又回到了从前的消费和生产模式，所以绿色消费行为也随着绿色政策的实行呈现“弹簧式运动”特点。

（三）打破“锁定路径”的对策和建议

解决绿色消费的路径依赖问题，最关键的是要打破“锁定路径”，针对制约绿色消费的因素，选取合适的发展路径。

1. 外部性内部化

政府宏观调控是实现外部经济内部化的必要措施，有效手段之一就是庇古税，是向高碳排放企业、高碳消费者等征收的各种税，通过价格调整，利用市场力量约束私人的排污水平，也是一种“准市场”手段，体现了外部效应内部化的另外一个相关理论——生态补偿理论的基本原则“谁污染，谁付费，谁受益，谁付费”。而在绿色消费方面就是对购买低碳节能的产品进行补助，如日本对节能家电进行消费补贴、对低碳汽车进行研发补贴等。我国在税收方面应该更加导向倡导低碳消费、绿色消费，将更多的非绿色消费品纳入消费税征税范围。

2. 宣传绿色消费观,提升公民生态环境素养

公民生态环境素养是社会文明水平的重要体现，涉及生态环境的知识素养、伦理素养、行为素养等。建立自然教育体系，让自然教育走进学校、走进课堂，让更多的人体验如何实现人与自然和谐相处。积极宣传绿色消费，从绿色食品、绿色出行、绿色住宅等方面全面开展，拒绝铺张浪费和奢侈消费，从简约适度、绿色低碳生活方式做起。

3. 完善政策法规和质量认证机制

政府部门要兼用激励型政策与命令控制型政策，政策的准确、稳定是推动绿色消费的基石，所以政策设计要有合理的定位和科学的论证，政策推行要有完善的监管和配套保障，推行后要有及时的反馈和长期的追踪，随时解决出现的新问题。

另外，积极推行绿色标志认证，完善绿色农产品市场准入机制、相关认证体系及农产品追溯体系，加大滥用认证标志的惩处力度。一方面，在金融政策上向绿色生产厂家倾斜，培养龙头企业；另一方面，向消费者普及认证标志及等级，做到货真价实，使消费者有追溯绿色农产品生产地及质量验证的渠道。

四、绿色消费与生态文明建设途径

绿色消费是一种生态化的消费方式，以尊重自然规律为基础，顺应了社会与自然环境协调发展的趋势，体现了生态文明的价值观。绿色消费是一种新型的消费模式，但是，我国的绿色消费起步相对较晚，绿色产品价格高，认证体系还不健全，所以推广绿色消费模式和构建生态文明教育体系势在必行，是绿色消费与生态文明建设的重要途径。

(一) 推广绿色消费模式

绿色消费模式是绿色消费主体、内容和方式的总称。绿色消费主体包括生产性消费者和生活性消费者；消费内容涵盖人们日常生活中的衣、食、住、行、用等方方面面；消费方式则要考虑对于消费品的使用效率、使用频次，是否可以再次循环利用等方面。

自古以来，“民以食为天”，衣、食、住、行、用是我们日常生活中的主要部分，下文就分别从这几个方面进行绿色消费内容的介绍。

1. 衣

衣着是人类生活的必需品之一，也是消费结构中不可或缺的重要消费品。化学制品的不规范使用不仅会对消费者的健康造成威胁，还会对环境造成污染，我们在追求服装外在款式、色彩的同时，对服装的“绿色”问题更应关注。绿色服装是服装在从生产到废弃的全过程中，不仅对环境的危害最小（或无害），而且有益于身体健康，能耗低的服装。主要体现在三个方面：生产过程无污染、人体着装无污染、废弃过程无污染。

目前国内谈论服装行业的绿色环保行为偏少，但可持续时尚并不会因为谈论少而过时，正逐渐成为服装行业的新风向。如今，多数品牌选择使用可回收或其他可持续发展的原材料来制作衣物，并提倡保护环境，减少污染和浪费。与此同时，消费者在选购和穿着衣服时，自我保护意识逐渐增强，那些纯天然的、经过先进工艺加工的、经毒理学测试证明无毒无害、对身体有益的纺织品则越来越受到消费者的欢迎。未来的衣着应注重服饰对自身生理保护、对自身形象美化的同时，更加注重服饰原材料消耗对资源的节约程度、纺织品和服饰加工时对环境的保护程度。绿色消费将更深入到服饰消费之中。

2. 食

食物是维持人类生命的物质基础，而食品也是消费结构中的主要部分，食品消费更是绿色消费最早和最具有代表性的领域。绿色饮食消费，应该体现在饮食结构、饮食内容、饮食方式等方面。在饮食结构上，对动、植物性食物的消费量应均衡，对能量、蛋白质、脂肪、碳水化合物等的摄入量应符合营养要求，尽力达到膳食结构合理、营养平衡；在饮食内容上，对于蔬菜类、肉类、海鲜类等食品的选择，应提倡绿色环保理念，尽量选择绿色食品。

绿色食品生产实施“从土地到餐桌”全程质量控制。通过产前环节的环境监测和原料检测；产中环节具体生产、加工操作规程的落实，以及产后环节产品质量、卫生标准、包装、保险、运输、储藏、销售控制，确保绿色食品质量，并提高整个生产过程的技术含量（中国国际经济交流中心课题组，2013）。

食品是人类赖以生存的必需品，食品安全程度也是社会文明程度的重要标志之一。食品安全事关民生大计，2017 年中央“一号文件”提出，要全面提升农产品质量和食品安全水平，突出优质、安全、绿色导向，健全农产品质量和食品安全标准体系。随着社会的发展，物质水平的提高，人们从“吃饱”的需求转向“吃好”“吃出健康”的需求，而绿色食品就是一种无污染、无公害、优质、营养的食品，所以，绿色食品的推广不仅顺应了时代的要求，更加顺应了广大消费者的需求。

在饮食方式上，应选择新鲜、天然食物，少吃加工食品，尽量采取低油的烹调，降低进餐速度，细嚼慢咽，减少浪费。科学的饮食方式是绿色饮食消费的重要内容。通过各种途径和措施，宣传、提倡、引导科学合理的饮食方式，扭转普遍存在的浪费等现象，使饮食既有利于人类自身的营养和健康，又符合节约资源、保护环境的要求。

3. 住

居住是人类生存的基本条件，也是反映其生活质量高低的重要指标。如今，人们日益重视居住地的周边环境，居住绿色化正成为一个世界潮流。“生态建筑和装饰”开始成为住房建造、内、外装饰的主流设计理念，“绿色建筑”也越来越被人们所追求和提倡。未来，发展绿色节能住宅将成为改善城市环境的重要战略途径之一，能促进城市建筑设计风格和强化环保意识的合理融合，将成为建筑业发展的新趋势。

居住环境不仅包括住宅、建筑本身，还包含对建筑周边环境的绿色宜居的需求。房地产开发商在修建房屋时，应注意建筑地段的选择，提高对周围自然环境的关注度，并做好绿化等自然环境建设。

4. 行

“行”是现代生活中必不可少的一个环节，随着社会经济的不断进步与发展，“行”对人们生活的重要性也在不断提高。从消费者角度看，“行”方面的绿色消费主要体现在交通方式和交通工具的选择和使用上。推广绿色消费比较有效的途径是大力发展城市公共交通（如地铁、公路、轻轨等）。同时在特大城市和部分大城市，则要充分利用城市土地和地下空间，尽量发展立体交通。在交通工具的选择上，应积极开发、推广和使用绿色交通工具（如共享单车、共享汽车、新能源汽车等）。全国各地都在大力发展城市交通作为重点，提高公共交通出行率。预计到 2020 年，全国城市公共交通出行分担率达 30%以上，其中特大城市在 40%以上，城市交通绿色出行分担率达到 80%；到 2030 年，全国城市公共交通出行分担率达 50%，其中特大城市在 60%以上，城市交通绿色出行分担率达到 90%。大力开展绿色出行宣传，倡导“135”绿色低碳出行方式，即 1 千米以内步行，3 千米以内骑自行车，5 千米左右乘坐公共交通工具。

5. 用

日常生活中对“用”的消费内容十分广泛，在消费结构中也占有很大的比重。在“用”的消费内容中主要体现绿色消费的是：用品的资源消耗、包装、废弃物等。随着人们不断提高对环境、资源等问题的认识，尤其是绿色发展和绿色消费思想的确立，越来越关注自身所消费的产品是否满足环保要求，是否是绿色产品，使用后产生的废弃物是否会对环境有害等问题。由于我们目前系统的绿色产品标准还不完善，消费者无法准确识别，一些“伪绿色”商家打着“绿色”旗号售卖非环境友好型产品，但还没有有效的惩治措施。因此，要加强绿色产品标准制定和认证管理，健全包括有机绿色产品、环境标志产品、绿色采购、绿色建筑节能设计等在内的绿色产品标准体系，逐步实现与国际接轨。截至2017年年底，我国环境标识认证涵盖99大类产品，已有4000余家企业生产的约40万种规格型号的产品获得中国环境标识认证，这将极大地推进绿色消费的进程。

绿色产品的使用不仅要规范生产、供给环节，引导企业使用环保、节能原料，更要引导消费者更多的用绿色产品，进一步探索绿色交易模式，鼓励共享单车等形式的共享经济、二手交易平台，减少闲置资源，逐步让使用绿色产品成为一种社会风气和习惯。

生活消费过程不仅包括生活资料的使用和享受过程，也包括使用后如何对废物进行处置的过程。从绿色发展和绿色消费的角度看，生活垃圾和废旧物品的有效合理处置变得更具现实意义。随着科学技术的不断进步，使产品的更新换代速度加快，各种合成的化学物质材料不断增加，相应的废弃物也增加。更由于过度包装现象的存在，以及人们缺乏对生活垃圾有序分类和回收利用的意识，而后期工厂综合处理、再生利用能力也较差，促使环境问题日益严重。废弃电器电子产品的不合理处理会对环境产生严重的污染，因此，应继续落实《废弃电器电子产品回收处理管理条例》，改变生活方式，尽量减少生活废弃物的数量，促进废物的分类存放与回收利用。

目前，中国各地已有40多座城市正在试点生活垃圾分类，部分城市已出台行政管理办法等。上海市的垃圾分类工作走在全国前列。上海市明确用“四分类”标准进行生活垃圾分类，即按照有害垃圾、可回收物、湿垃圾和干垃圾进行分类，预计要在“十三五”末建成生活垃圾分类投放、分类收集、分类运输、分类处理的全过程分类体系。2019年2月《上海市生活垃圾管理条例》发布，明确提出2019年全市生活垃圾分类工作三大目标：生活垃圾分类全面覆盖格局基本成型、生活垃圾全程分类体系基本建成和《条例》贯彻实施社会氛围基本形成。合理运用先进的科学技术，变废为宝，既能减少环境污染，又节约资源，从而促进绿色发展更好的实施。

（二）生态文明教育体系的构建

加强生态文明的制度建设、宣传教育，增强全民的节约意识、环保意识、生态意识，促进绿色消费、合理消费社会风尚的形成，最终营造爱护生态环境的良好社会风气。

1. 基本内容与目标

生态文明教育是指在提高人们生态意识和文明素质基础上，使其自觉遵守自然生态系统和社会生态系统原理，积极改善人与自然的关系、人与社会的关系，以及代际间的关系，根据发展的要求对受教育者进行有目的、有计划、有组织、有系统的社会活动，以促进受教育者自身的全面发展，为社会发展服务（钱易等，2017）。广义的生态文明教育是指对于社会全体公众的教育，而狭义的生态文明教育是指学校的专门教育。

生态文明教育的核心内容可归纳为生态认知与生态常识、生态安全与生态政治、生态伦理与生态道德。生态认知与生态常识是指世界范围内生态资源的基本情况和形势、生态资源利用状况、生态资源危机和生态资源保护现状等。生态安全与生态政治主要关注点为目前各项生态问题背后的调节机制，以期借鉴生态系统的负反馈机制来实现生态文明建设的真正目的。

作为环境教育的重要组成部分，生态文明教育的目标是紧密围绕认知与态度、意识与情感、能力与行动三方面进行，并逐层递进，既强调对情感、态度和价值观的培养，又注重开发基于学校、社区的、行动导向的生态文明教育等。

2. 纳入国民教育体系

就我国现下的管理体制而言，构建生态文明教育体系最好的途径就是将生态文明教育纳入我国的国民教育体系和终身教育体系中。

将生态文明教育纳入我国国民教育体系，以学校教育为主导，应对不同年龄层次的教育对象，选择不同的教育方式，逐步建立起纵向贯通的基本教育通道，最终达到国民在认知、意识、态度、能力和行动等不同层面都已接受生态文明教育的效果。将生态文明教育纳入全民终身教育体系，提倡全民学习、终生学习，最终建立横向互联的生态文明多级教育平台。对于终身教育，更多是提倡从受教育者和学习者个人的角度出发，一生都在不断地获取所需要的知识、技能和能力。

最符合我国发展生态文明教育基本规律的管理体系是：以政府引导为主，以市场手段为辅，以学校教育为本，同时采取媒体助推宣传和公民广泛参与的生态文明教育综合管理体系。

对政府而言，主要是做好生态文明教育的顶层设计，充当生态文明教育规划、政策、法规的制定者，为推行学校生态文明教育，为企业、媒体和民众参与提供法律和政策依据，为企业多元投入提供必要的激励和资源支持，充当生态文明教育发展规划的引导员和监督员。此外，在绿色消费的宣传教育、试点示范、法律标准制定、强化市场监管等方面，政府都应发挥更加重要的作用。

而学校教育应当是生态文明教育的主要渠道。以学校为主体的生态文明教育行动，可表现为探讨开发教育课程设置、生态文明资料库的建立和推广，以及采取组织各类大讲堂、研讨会、专家座谈会等形式，创新多样化的教育途径。在学校义务教育阶段，应将生态文明教育纳入教学大纲，注重生态知识的教育和积累，同时将生态教育与学生的世界观、人生观、价值观有机结合起来，培养生态文明意识；在大学阶段，对于生态环境类专业学生，应注重培养深度，对其他专业学生，应重点进行生态文明普及教育，要求受教育者能提出生态问题的解决方案并付诸实践。

五、绿色消费与生态文明建设政策导向及建议

基于我国消费现状、绿色消费的内涵、消费模式变迁的路径依赖分析及打破“锁定路径”的对策和途径，通过解读绿色消费与生态文明建设的政策，分析政策导向，并给出适当的建议。

（一）政策导向

关于绿色消费与生态文明建设的政策导向分析主要从绿色税收政策、绿色价格政策、科技政策三个方面展开。

1. 绿色税收政策

绿色税收也称环境税收，是以合理开发利用自然资源和保护环境，推进绿色生产和消费为目的，从而保持人类的可持续发展的绿色税制（任铃和张云飞，2018）。2016 年 5 月，国家财政部、税务总局发布《关于全面推进资源税改革的通知》中从扩大资源税征收范围、实施矿产资源税从价计征改革、全面清理涉及矿产资源的收费基金、合理确定资源税税率水平、加强矿产资源税收优惠政策管理、提高资源综合利用效率、关于收入分配体制及经费保障等六方面推进资源税的改革。河北省为第一个开征水资源税试点城市，在总结试点经验基础上，财政部、国家税务总局将选择其他地区逐步扩大试点范围，条件成熟后在全国推开。2016 年 12 月 25 日，第十二届全国人民代表大会常务委员会第十五次会议通过了《中华人民共和国环境保护税法》，重点对征税对象、计税依据、税收减免以及税收征管的有关规定作了细化，以更好地适应环境保护税征收工作的实际需要。该法于 2018 年 1 月 1 日起实施，自实施之日起，不再征收排污费。另外，国家财政部同税务总局也在积极研究制定扩大消费税征税范围的改革方案，拟将部分过度消耗资源、严重污染环境的产品和部分高档消费品纳入消费税的征税范围。

2. 绿色价格政策

绿色价格政策是指推动资源性产品的价格改革，建立相应的统计、跟踪和评价机制，科学预测绿色发展趋势，为更好地制定绿色发展提供有效的政策支持（任铃和张云飞，2018）。2015 年 10 月，《中共中央国务院关于推进价格机制改革的若干意见》提出，要“加快推进能源价格市场化”和“完善环境服务价

格政策”。2017 年 11 月，《国家发改委关于全面深化价格机制改革的意见》中提出，要“创新和完善生态环保价格机制”。2019 年 1 月 17 日，国家生态环境部和全国工商联《关于支持服务民营企业绿色发展的意见》中明确提出要落实绿色价格政策，积极推动资源环境价格改革，加快形成有利于资源节约、环境保护、绿色发展的价格机制。因此，未来国家将坚持节约优先、保护优先、自然恢复为主的方针，创新和完善生态环保价格机制，推进环境损害成本内部化，促进资源节约和环境保护，推动形成绿色生产方式、消费方式。

3. 科技政策

发展绿色科技是适应 21 世纪以来新的产业发展和技术发展形势的需要。绿色发展涉及节能、环保等绿色产业，绿色产业的发展与科技进步密切相关。2016 年 11 月 9 日，环境保护部和科技部联合下发《国家环境保护“十三五”科技发展规划纲要》中明确提出要立足全国科技创新大会和生态文明建设要求，提升我国环保科技创新能力。针对我国环保科技整体创新能力欠缺的问题，需完善重点实验室、工程技术中心和科学观测研究站等创新机制，建立开放的科研数据共享平台，推动产学研深入融合。完善人才培养机制，加强环保科技创新基地建设，从而形成与国家环保科技需求相适应的国家环保科技支撑能力。同时还将加大国际科技合作力度，“引进来”和“走出去”并重，服务绿色“一带一路”建设。

(二) 发展绿色消费与生态文明建设的政策建议

以前期政策导向分析为基础，依次从绿色税收政策、绿色价格政策、科技政策三方面给出绿色消费与生态文明建设的建议。

1. 绿色税收政策建议

就资源税而言，通过全面实施清费立税、从价计征改革，理顺资源税费关系，建立规范公平、调控合理、征管高效的资源税制度，从而有效发挥其调控经济、促进资源节约集约利用和生态环境保护的作用。就环境保护税而言，由于实施时间还不长，需要国家相关部门继续跟踪分析其实施情况和效果，以不断健全和完善相关政策措施，充分发挥环境保护税的经济调控作用。对消费税而言，国家应进一步强化消费税的环境补偿功能，使得一件消费品所对应的税收中，针对环境资源的部分高于针对劳动力附加值的部分。一方面扩大消费税的征收范围，对各种能源与资源、对环境有害的产品都征收消费税；另一方面引导扩大消费税占 GDP 的比例，适当提高税率（钱易等，2017）。对符合条件的节能、节水、环保、资源综合利用产品和项目，可按规定享受相应的税收优惠。同时，还可适当调整与国内产业结构、消费水平变化不相适应的部分应税品目的税率，把高能耗、高污染产品及部分高档消费品纳入消费税征收范围，进一步增强消费税的调控功能。

在补贴方面，落实好新能源汽车充电设施的奖补政策和电动汽车用电价格政策。对于绿色转型的企业应给予一定的优惠补贴，以鼓励企业发展低消耗、高劳动力附加值的产品。

2. 绿色价格政策建议

国家及相关部门在落实好绿色价格政策的同时，还应完善生态补偿价格和收费机制，健全居民用电、用水、用气阶梯化、差别化价格机制，完善可再生能源价格机制以及制定完善绿色消费价格机制。并且，积极推动资源环境价格改革，加快形成有利于资源节约、环境保护、绿色发展的价格机制。对于污水处理和处置方面，应构建合理盈利的价格机制，推进污水处理服务费形成市场化。而对垃圾分类和减量化、资源化、无害化处理的固体废物处理应实行收费机制，执行奖惩办法。此外，还可建立生态环境领域按效付费机制，从而引导民营企业形成绿色发展的合理预期。

3 科技政策建议

绿色发展是生态文明建设的必然要求，代表了当今科技和产业变革方向，是最有前途的发展领域，应依靠科技创新破解绿色发展难题，形成人与自然和谐发展新格局。目前，应强化绿色科技创新能力，推进绿色化与创新驱动深度融合，加强生态环保科技创新体系的建设，构建生态环保科技创新平台，实施重点生态环保科技专项，完善环境标准和技术政策体系。同时，还应强化环保应用的基础研究和关键技术的创新研发，可开展环保技术集成示范，以促进区域流域环境的质量改善和环保科技创新能力的提升。

总之，我们应积极探索适应绿色发展要求的税收政策、补贴政策、科技政策等，尤其是要客观系统地衡量国家的真实财富，建立和实行绿色 GDP 制度，以此规范和引导绿色发展和绿色消费，从而更好的推进生态文明建设。

（三）提升政府绿色消费

政府公共服务的投入包括教育、医疗、公共环境、交通等。这些方面都与居民生活水平直接相关。目前，我国也应当加大公共服务的支出，为居民营造更好的生活环境，提升居民的生活质量，同时刺激居民更敢于消费。应当强化政府采购的顶层设计，完善绿色采购指标体系和监管体系，扩大政府绿色采购范围。与发达国家相比（欧盟国家均值为 19%，其中瑞典达 50%），当前我国绿色采购占公共采购的比例只有 5%（钱易等，2017）。所以要增强政府绿色采购政策的强制执行力；取消最低投标价法的采购标准，考虑采用全生命周期成本法、绿色权重法等综合商品性价比、环境成本和能源消耗的计算方法；构建绿色采购信息平台，规范信息发布、跟踪、监督和评估体系，接受来自供应商、专家和公共产品使用者的评估与监督。

(四) 发展生态文明教育，推广绿色消费理念

1. 推进生态文明教育

我国生态文明教育，应建立以政府引导为主，以市场为辅，以学校教育为本，同时采取媒体助推宣传和公民广泛参与的方式。另外，还应构建总体性教育资源整合平台，将生态文明教育纳入我国终身教育和国民教育的行政框架机制，并保证经费以及师资的投入。还可建立教育质量监督评估机制，以更好地保障我国生态文明教育的发展。

2. 推广绿色消费理念

将基于生态文明发展观的绿色消费理念与消费文化深入人心，形成新的荣辱观、价值观，可从增强媒体传播能力和提高公众参与度两方面进行。

增强媒体传播能力，以及公众人物和权威人物的示范效应，借助新媒体来共同打造绿色消费文化，营造社会组织环境。同时，应鼓励以绿色消费为导向的广告内容。通过传播媒介，可改变旧有的炫耀性、地位性消费文化，发挥均衡筛选规范的作用，打造“精致适度的绿色消费文化”，推广高品质、高质量的消费。例如：以旅游、运动等方式丰富生活，提升生活品质；购买高质量的、更耐用的消费品而非大量的廉价品；投注更多的时间精力给家人和朋友，在和谐的社会关系中收获更多的幸福感等。

提高公众参与度。要将消费者的绿色、环保意识转化为绿色行为，首先，应引导公众意识到我国将逐步对绿色产品的生产和消费实行税收优惠政策，对浪费资源、危害环境的消费品将可能会征收高额附加税，绿色消费将成为最理性的选择；其次，提高公众的环境保护和自然资源忧患意识，宣传适度消费，以高品质消费代替数量消费成为衡量消费水平的主要标准，大力提倡绿色消费模式，倡导绿色健康的生活模式；最后，推广绿色消费品牌，绿色品牌是环境营销、生态营销以及绿色营销等相关研究衍生出来的概念，是具有一些特定的品牌属性，使之能够降低品牌对环境的影响以及能被感知为对环境友好的品牌。在推广过程中，细致划分目标消费人群，精确推送品牌信息，对智能数据库进行完善管理，将用户的兴趣与需求进行合理的标签化、归类化，精准定位用户需求的交叉点，以提升绿色品牌形象推广的精准度。

3. 推广绿色生活方式

生活方式是影响消费领域自然资源消耗的主要因素，倡导绿色生活方式，归根到底是一种人与自然和谐相处的城市生态文明建设，提倡的是人与自然的平等地位。城市生态文明建设，核心是与自然的和谐相处。引导绿色节能的生

活观念，充分利用教育、新闻媒体等资源，最大限度地宣传和提倡绿色生活方式。

倡导绿色生活方式，需要积极发展与之相适应的技术措施。例如：应设计适应于绿色生活方式的建筑，运用节能环保、少污染、无害的建筑材料；应综合利用政府的经济激励、教育等政策手段，建立一个多层次、多样式的绿色消费居民教育体系，并纳入国家教育计划轨道中。引导树立起我国中产阶级的绿色生活方式，建立起高劳动力附加值、低能耗与低环境污染型的精品消费领域。将政策倡导与实际的教育方式紧密结合，培养年轻消费群体的绿色消费方式，注重人们的认知、信念和消费方式的转变。

第九章

云南绿色产业发展

习近平总书记指出：我们要建设的现代化是人与自然和谐共生的现代化，既要创造更多物质财富和精神财富以满足人民日益增长的美好生活需要，也要提供更多优质生态产品以满足人民日益增长的优美生态环境需要。必须坚持节约优先、保护优先、自然恢复为主的方针，形成节约资源和保护环境的空间格局、产业结构、生产方式、生活方式，还自然以宁静、和谐、美丽。在国家“十三五”规划中，将发展绿色环保产业作为一章进行详细论述。

绿色发展带来了一系列的社会变革，绿色崛起，产业先行。发展绿色产业既是综合性解决资源、环境等问题的有效手段，同时也是新旧动能转换的重要内容，还是供给侧结构性改革的内在需求（裴庆冰等，2018）。

一、绿色产业概念及理论分析

绿色经济的兴起不仅影响产业的市场需求，它已成为产业技术选择和组织方式的重要影响因素。只有把绿色产业做大做强，才能更快地推动“绿色化”的进程。

（一）绿色产业概念界定

近年来随着对环境保护的重视程度增加，“绿色”成为各个领域研究的高频词汇。对于绿色产业的研究也如火如荼，以“绿色产业”为主题在中国知网（CNKI）、外文数据库（EBSCO、ESI、IEEE、Springer LINK 等）进行搜索文献，得出研究主要集中在绿色产业内涵界定（刘思华，2003；刘轶芳等，2017；李晓西和王佳宁，2018；裴庆冰等，2018）、绿色产业评价（UNEP，2011；Tian and Chen，2014；张玉等，2017）、绿色产业政策执行（钱小军等，2017）、产业绿色化（张智光等，2010；胡鞍钢，2016；Ngoc and Anh，2016；王小平等，2017）、绿色产业竞争力分析（王军和井业青，2012；高秀艳和甘云清，2013；邬彩霞，2017）、绿色产业财税研究（Moorthy and Yacob，2013；Kuhn，2016；张晓娇和周志太，2017）、绿色产业链构建（赵雪梅，2018）等方面。

到目前为止，在中国知网里以“绿色产业”为关键词进行搜索，共有 4619 篇相关论文，见表 9-1。最早的文献是李剑星在 1989 年发表在《湖北社会科学》的《绿色产业模式的新构造—读夏振坤著<中国农业发展模式探讨>》一文，早期的绿色产业研究农业的发展模式。对于绿色产业的研究呈现持续增长趋势，尤其是从 2000 年开始研究文献数量集聚增多。

表 9-1　绿色产业文献数量

年份	篇数	年份	篇数	年份	篇数
1989	1	2000	87	2011	230
1990	2	2001	182	2012	247
1991	1	2002	129	2013	247
1992	4	2003	150	2014	220
1993	12	2004	94	2015	286
1994	15	2005	92	2016	443
1995	27	2006	85	2017	474
1996	17	2007	104	2018	420
1997	36	2008	283	2019（截至 5 月底）	96
1998	30	2009	233	合计	4619
1999	71	2010	301		

通过对相关文献整理得出，对于绿色产业概念的界定及包括范围主要有以下几个方面：

（1）绿色产业是涵盖节能环保产业的一种资源节约型、环境友好型产业。此概念是在对绿色产业和环保产业概念进行辨析的基础上提出的。根据《“十二五”节能环保产业发展规划》的定义，节能环保产业分为环保产业、节能产业以及资源循环利用产业。刘轶芳等（2017）根据国务院印发的《“十二五”节能环保产业发展规划》和 2015 年末中国金融学会绿色金融专业委员会编制《绿色债券支持项目目录》，对绿色产业的业务范围进行了界定，包括环保产业、节能产业、资源循环利用产业、生态保护、清洁能源、清洁交通，见表 9-2。

表 9–2 绿色产业类型及领域

产业类型	环保产业	节能产业	资源循环利用产业	生态保护	清洁能源	清洁交通
重点领域	水污染防治；大气污染防治；固废处理；环境修复；监测和检测	节能技术和设备；节能产品；节能服务	矿产资源综合利用；水资源节约与利用；固废、废气、废液、餐厨废弃物、农林废物资源化、再制造再生资源利用	自然生态保护及旅游资源保护性开发；生态农林牧渔业；林业开发；灾害应急防控	风力发电；太阳能光伏发电；智能电网及能源互联网；分布式能源；太阳能热利用；水力发电	铁路交通；城市轨道交通；城乡公路交通公共客运；水路交通；清洁燃油；新能源汽车；交通领域互联网应用

国务院发展研究中心资源与环境政策研究所副所长李佐军将广义的绿色产业划分为六大类：节约型产业、环保产业、生态产业、绿色制造业、高新技术产业和绿色服务业，具体包括的产业见表 9–3。

表 9–3 绿色产业类型

产业类型	节约型产业	环保产业	生态产业	绿色制造业	高新技术产业	绿色服务业
主要包括内容	节能产业、节水产业、节材产业	环保消费品产业、环保设备制造业、环保服务业	生态农业、生态林业	新能源汽车制造业	生物医药、新材料	现代物流、信息服务业

综上所述，此类对于绿色产业的界定，其核心观点是绿色产业的范围更加宽泛，环保产业是绿色产业的一种常见类型。

（2）狭义绿色产业与广义绿色产业的界定，随时间变化内涵也相对丰富。绿色产业在研究初步阶段，狭义的绿色产业是指环保产业，有的学者将绿色产业等价于环保产业的另一种称谓。而广义的绿色产业通常涵盖从源头到末端全过程的资源高效利用、环境保护。

刘小清（1999）认为“绿色产业”也称环保产业，是国民经济结构中以防治环境污染、改善生态环境、保护自然资源为目的所进行的技术开发、产品生产、商品流通、资源利用、信息服务、工程承包、自然生态保护等一系列活动的总称。陈飞翔和石兴梅（2000）提出狭义的绿色产业就是指直接与环境保护相关的一些产业；广义的绿色产业是指各种对环境友好的产业。裴庆冰等（2018）认为狭义的绿色产业指提供有利于资源节约、环境友好、生态良好的产品、服务的企业的集合体；广义的绿色产业还应包括绿色化的产业，即在产品生产、运输、消费、回收等全生命周期过程达到相关绿色标准的企业的集合体。岳鸿飞等（2018）归纳出狭义的绿色产业包括两类，第一类是指以集约和环境友好的生产方式生产具体产品的产业，如生态农业、绿色建材、智能制造业等；第二类是其劳动和产品可直接服务于生态资源环境的产业，这类产业多属于新型绿色产业，如废弃物综合处理业、节能环保产业、新能源产业等。广义的绿色产业指能显著带来经济效益，又对资源环境不产生损害或损害较小的产业。这类产业多属于服务业范畴，且有“无烟”属性，基本不存在生产领域的污染和资源浪费，如文化产业、旅游产业、体育产业、教育产业等。

此类关于狭义与广义绿色产业的界定是随着社会经济的发展而变化的，很明显，绿色产业研究初期其界定范围相关狭窄，甚至将绿色产业等同于环保产业。而随着研究的深入，学者对于“绿色”的理解更加宽泛，绿色产业的涵盖面逐步增大。

（3）绿色产业是突破原有产业划分的一种新型产业。刘景林和隋舵（2002）提出第四产业论，认为绿色产业应成为与第一产业、第二产业、第三产业并列的第四产业，是指生产经营过程及产品符合环保要求或对自然资源及生态环境进行保护和维修的产业的总称。绿色产业不是指某一具体部门、产业、企业，而是多部门、多产业、多企业组成的群体，至少可以包括这样一些具体内容：生态农业与绿色食品产业，生态工业与清洁生产产业，绿色交通、能源、建筑、设计、包装产业，环保产业与环境修复产业，生态保护、恢复与重建产业，自然灾害预防与治理产业，绿色技术产业，绿色修复技术产业。

李宝林（2005）认为绿色产业是从产业结构中分离出来的一个独立部门，与第一、第二、第三、第四产业相互联系渗透的第五产业，包括生态建筑，环保产品生产、环保服务业、环保技术开发等。

刘焰和邹珊刚（2002）认为绿色产业是一个独立的产业，广泛渗透在国民经济各个部门和领域，是指应用绿色技术，生产绿色产品，提供绿色服务，防治环境污染，保护生态资源，改善生态环境，有利于社会经济持续发展和人类生存环境不断改善的产业。它既包括专业性的环保技术、装备、服务产业、生态保护产业，也广泛渗透在国民经济各个部门和领域，为社会经济的可持续发展服务。绿色产业有其独特的分类标准—环境亲和程度，根据环境亲和程度由低到高，分为三大类，见表9-4。

表9-4　绿色产业的分类

第一大类	第二大类	第三大类
基础绿色产业	创新绿色产业	生态绿色产业
提供终端控制技术与服务的环保产业；清洁产品生产产业；生产及产品废弃物回收与再生资源产业	新兴绿色产业；绿色产业的传统产业	生态农业；生态工程建设业；生态维持与保护业；生态服务业

此类对于绿色产业的界定突破常规，打破对于产业的常规性分类，之所以会有此界定，也反映出绿色产业的内涵之广泛，影响之深远。

除了上述学术界对于绿色产业内涵的阐释，有关机构、政府文件也给出了相关的解释。2011 年，致力于全球工业化建设和产业发展的联合国工业发展组织（United Nations Industrial Development Organization，UNIDO）给出了较为权威的绿色产业概念，认为绿色产业是不以牺牲自然体系健康和人类健康为代价的工业生产和发展模式，其根本要义是将环境、气候和社会因素纳入企业活动的考虑范畴，注重在不增加资源消耗和污染负担的前提下实现产业升级并增加产能，以满足人类社会的物质需要。

2015 年出台的《中共中央、国务院关于加快推进生态文明建设的意见》中明确提出发展“绿色产业”，根据对其发展要求，提炼出绿色产业主要包括节能环保产业、新能源产业、有机农业、生态农业等。2015 年 12 月 22 日，中国金融学会绿色金融专业委员会发布了《绿色债券支持项目目录(2015 年版)》，对节能、污染防治、资源节约与循环利用、清洁交通、清洁能源、生态保护和适应气候变化六大类项目提供绿色债券认证，为绿色产业的范围提供有效的参考。

综上所述，本书认为绿色产业是在全产业链过程中低碳减排、环保、资源节约，有利于人类持续发展的产品和服务的总和。“绿”是绿色产业的点睛之笔，结合国内外学者及官方的文件和对于绿色产业的理解，将绿色产业的主要领域划分为以下 6 种：环保产业、节能产业、资源综合利用产业、清洁能源产业、生态农业、高新技术产业（生物医药、新材料等），下面就分别介绍每种领域的含义。

（1）绿色产业中的环保产业。此划分范围中的环保产业是通常意义上狭义的界定，即是针对污染控制与减排，主要是环境问题的“末端治理”，用于末端治理的产品与服务。环保产业是绿色产业的主要组成部分和主力军，也是本书重点论述的内容。从大的分类上看，环保行业大致可以分为污水处理、固体废弃物处理、大气污染处理三个子行业。

（2）绿色产业中的节能产业。节能，从生产侧看，有经济结构节能、提高技术效率和直接压缩生产消耗三个途径；从消费侧看，有提高生活消费能源效率、改变生活方式和直接压缩生活消费需求量三个途径。本书中的节能产业是从生产侧的角度出发，通过提高技术水平，研发节能产品及服务，从而实现经济结构节能。

（3）绿色产业中的资源综合利用产业。资源综合利用产业也是绿色产业的重要内容之一，根据相关研究，资源综合利用产业主要表现为五个方面：工业资源综合利用产业、农林废弃物资源化利用产业、资源再生利用与再制造产业、垃圾资源化产业和水循环利用产业，具体见表 9-5。

表 9-5 资源综合利用产业分类

产业类型	工业资源综合利用产业	农林废弃物资源化利用产业	资源再生利用与再制造产业	垃圾资源化产业	水循环利用产业
重点内容	矿产资源综合利用、工业固体废弃物综合利用、热能及废气回收利用	农作物秸秆综合利用、农田残膜和灌溉器材回收利用、畜禽粪污资源化利用、林业"三剩物"综合利用、农林牧渔加工副产物资源化利用	废金属、废弃电器电子产品、报废汽车、废电池、废塑料、废橡胶、废轮胎等再生利用以及汽车零部件、机电产品等再制造产业	生活垃圾、建筑垃圾、餐厨垃圾资源化利用产业	污水再生利用、海水淡化、苦咸水利用产业

(4) 绿色产业中的清洁能源产业。本书中界定的清洁能源范围参考《绿色债券支持项目目录(2015 年版)》中对于清洁能源的界定，包括太阳能、风能、水能、地热能、海洋能等可再生能源利用和对生态环境低污染或无污染的能源，如天然气等。

(5) 绿色产业中的生态农业。生态农业即指运用现代科学技术成果和现代管理手段，以及传统农业的有效经验建立起来的，把发展粮食与多种经济作物生产结合起来，利用传统农业精华和现代科技成果，通过人工设计生态工程、协调发展与环境之间、资源利用与保护之间的矛盾，形成生态上与经济上两个良性循环。生态农业不仅可以充分利用自然资源，有效的提高农业生产率，而且能保护和改善农业生态环境，促进资源的良性循环和再生。

(6) 绿色产业中的高新技术产业。高新技术产业以高新技术为基础，从事一种或多种高新技术及其产品的研究、开发、生产和技术服务的企业集合，高新技术产业主要包括信息技术产业、生物医药产业、新材料技术产业三大领域。

(二) 绿色产业特点

绿色产业根据它特有属性及内涵，具有明显的几大特点。

(1) 改善环境质量，属环境友好类产业。发展绿色产业的目的就是着力解决经济发展与环境破坏之间的矛盾，我们既要追求高质量的经济社会发展，改善人民的生活质量，又要保护生态环境，通过高新技术的发展，提高废弃物末端处理的能力，保护生物多样性，维持生态系统的稳定，从而使山更清、水更绿，人居环境更加优美。

(2) 提高资源利用率，减少资源消耗量。绿色产业强调从源头设计，一方面减少原材料的投入；另一方面使用高新技术，推动产业转型升级，资源利用效率得到提高，从而节约资源，减少其消耗量，增加现有存量，实现资源的持续利用。

(3) 挖掘城市矿山，变废为宝。绿色产业不仅从源头上控制资源的使用量，更重要的是加大末端的循环利用程度，提高资源的综合利用率。将城市中的生活垃圾、电子废弃物转变成为能源、资源，供人类再次使用，真正意义上体现"世界上没有垃圾，只有放错地方的资源。"

(4) 节约能源，减少温室气体排放。绿色产业，尤其是其中的节能产业，设计生产节能产品，降低能源消耗，在一定程度上减少温室气体排放，有利于低碳经济的发展。

(三) 相关理论

绿色产业相关理论是发展绿色产业的依据和指导，相关理论包括脱钩理论、环境库兹涅茨曲线等。

1. 脱钩理论

脱钩理论是绿色产业发展的基础理论之一。世界银行的"脱钩"概念（delinking）既包括去物质化也包括去污染化（dematerialization and depollution），是指经济活动的环境冲击逐步减少的过程（钟太洋等，2010）。目前被较为广泛引用的是 OECD 的脱钩概念，OECD 认为"脱钩"（decoupling）就是打破环境危害（environmental bads）和经济财富（economicgoods）之间的联系（OECD，2003）。

脱钩理论逐步被用在环境资源的评价中。通常根据环境库兹涅茨曲线（EKC）假说，经济的增长一般会带来环境压力和资源消耗的增大，但当采取一些有效的政策和新的技术时，可能会以较低的环境压力和资源消耗来同样甚至更加快速的经济增长，这个过程被称为脱钩（李效顺等，2008）。

夏勇和钟茂初（2016）将脱钩理论用来阐述经济增长与工业污染排放之间是否具有同步变化的关系，并给出了 8 种脱钩状态。脱钩弹性系数函数表达式如公式（1）所示。

$$e = \frac{\Delta p/p}{\Delta Y/Y} \qquad \text{公式（1）}$$

式中，e 为脱钩弹性系数；P 表示工业污染排放量；ΔP 由本期污染排放量减去上期污染排放量而得，表示污染排放变化量；Y 是地区生产总值，即 GDP；ΔY 为相邻两期 GDP 之差。依据弹性系数值的大小以及 ΔP 和 ΔY 的符号标准给出了 8 种脱钩状态，分别为相对脱钩、绝对脱钩、衰退脱钩、扩张负脱钩、强负脱钩、弱负脱钩、增长连结和衰退连结（表 9-6）。

绿色产业发展的最终目的是实现经济发展与能源消耗脱钩，提高资源利用效率和综合利用率，实现资源的从产品到废品再到产品的过程，减少能源消耗，降低对资源环境的压力。

表 9-6 脱钩状态表

状态Ⅰ	状态Ⅱ	污染排放	GDP 水平	弹性系数	发展类型
脱钩	相对脱钩	增加	增加	$0 \leq e < 0.8$	集约扩张型
	绝对脱钩	减少	增加	$e < 0$	挖潜发展型
负脱钩	衰退脱钩	减少	减少	$e > 1.2$	发展迟滞型
	扩张负脱钩	增加	增加	$e > 1.2$	低效扩张型
	强负脱钩	增加	减少	$e < 0$	粗放扩张型
连结	弱负脱钩	减少	减少	$0 \leq e < 0.8$	发展迟滞型
	增长连结	增加	增加	$0.8 \leq e < 1.2$	低效扩张型
	衰退连结	减少	减少	$0.8 \leq e < 1.2$	发展迟滞型

2. 环境库兹涅茨曲线

环境库兹涅茨曲线将人与自然的关系很形象地呈现出来，对环境的态度由先破坏后治理转变为预防为主，绿色产业的发展要兼顾经济和环境保护的关系，促使发展与资源、环境的关系处于倒“U”形曲线的右半部。

（1）环境库兹涅茨曲线的由来。库兹涅茨 1971 年获诺贝尔经济学奖，库兹涅茨曲线（Kuznets Curve）就是由经济学家库兹涅茨 1955 年提出，并以其姓名命名，描述的是收入差异一开始随经济的增长而加剧，到达某一极值后，又开始变小的现象，若以人均收入为横轴，收入差异为纵轴，则库兹涅茨曲线呈倒“U”形，这一关系后来为大量的实证研究的统计数据所证实。

人类社会在从狩猎到采集社会，经过农业社会、跨入工业社会，再进入到后工业社会这个漫长的历程中，很多文明走过的正是倒“U”形曲线之路（中国 21 世纪议程管理中心可持续发展战略研究组，2004）。20 世纪 90 年代初，Crossman and Krugeger 和 Shafik and BandyoPay 将库兹涅茨曲线原理应用于发展与资源生态关系上，根据经验数据总结，提出了环境质量与经济增长之间的倒 U 形关系，即环境库兹涅茨曲线（Environment Kuznets Curve，EKC）的学说。其内容具体为环境随着经济增长，会出现先恶化后改善的过程。在经济发展的较低阶段，由于经济活动的水平较低，环境污染水平也较低；在经济迅速发展以后，资源的消耗超过资源的再生，环境恶化程度加重。在经济发展的高速阶段，经济结构的改变，人们的环保意识加强，经济发展的积累可以用来治理环境，环境状况开始改善。

发展与资源、生态、环境消耗的关系可能会呈现倒“U”形曲线关系，可持续发展就是要使发展与资源、环境的关系处于倒“U”形曲线的右半部（中国 21 世纪议程管理中心可持续发展战略研究组，2004），而实现环境的生态安全也应该使环境库兹涅茨曲线尽快平稳向右移动直至出现稳定下降，实现天人和谐的局面，使经济发展的成果成为实现环境生态安全的有力保障，创建资源节约型、环境友好型社会。

（2）环境库兹涅茨曲线的影响机制。因为技术、人口等因素直接关系着资源的利用方式和利用效率。美国生态学家 Ehrlich 和 Holdren（1971）于 20 世纪 70 年代提出环境影响公式：

Environmental Impact （I）= Population （P）× Affluence （A）× Technology （T）

式中，I 表示环境影响，P 表示人口数量，A 表示人均财富量（或国内生产总值中的收益或消费水平），T 表示技术水平。从式中可以得出技术、人口等因素对资源环境的影响。

刘定一（2009）据此提出环境库兹涅茨曲线的影响函数如下：

$$\text{污染物排放量} = P \times A \times T = \text{人口} \times \frac{GDP}{\text{人口}} \times \frac{\text{污染物排放量}}{GDP} \quad (1)$$

公式 1 可知，环境问题受到人口、人均排放污染 GDP、排污强度的影响；

$$\text{污染物排放量} = GDP \times \sum_i \frac{\text{第 } i \text{ 产业排放量}}{\text{第 } i \text{ 产业增加值}} \times \frac{\text{第 } i \text{ 产业增加值}}{GDP} \quad (2)$$

由公式 2 可知，环境问题受到经济总量、排污强度、产业状况的影响。比较公式 1 和公式 2，共同点就是都有排污强度，不同点就是前者强调了人口的影响，而后者强调了产业状况的影响。把两个方程进行综合并加上环境保护机构的监督及管理程度就可得到一个比较完整的方程：

$$\text{污染物排放量} = GDP \times \text{人口} \times \frac{GDP}{\text{人口}} \times \sum_i \frac{\text{第 } i \text{ 产业排放量}}{\text{第 } i \text{ 产业增加值}} \times \frac{\text{第 } i \text{ 产业增加值}}{GDP} \quad (3)$$

EKC 是污染水平与经济增长的一个二元函数，而由公式 3 得出，污染水平是人口、经济总量、产业状况、技术及环境监管能力的一个函数，因此，得到的函数表达式如下：

L_{EKC} = f（污染，经济）= g（人口，产业状况，技术，环境监管强度） (4)

根据公式 4，影响因素有人口状况、产业状况、技术水平和环境保护的制度及监管能力。

人口因素包括人口数量（人口的增长速度、结构和空间分布）、素质、生产和消费方式等。产业状况因素包括产业结构、产业布局、对外贸易结构等。技术因素包括能源提高生产效率和能源利用效率，增强污染物处理能力和扩大污染物的处理范围等。环境保护的制度及监管能力因素包括环境政策等。

环境库兹涅茨曲线是对于发展与资源环境的普遍关系的一种描述，一个国家在工业化进程中，随着经济的增长，环境污染呈现上升趋势，如果采取有效措施，就会达到峰值，经过拐点之后，环境污染程度会逐步下降（中共中央宣传部理论局，2016）。为了实现倒“U”形曲线顶点的跨越，寻找这种变化的原因和动力至关重要。中国21世纪议程管理中心可持续发展战略研究组（2004）研究将环境库兹涅茨曲线出现倒U形变化真正的原因归结为“两转三退”：“两转”指发展观的转变和消费者对环境质量需求的转变；“三退”指人口增长率放慢、不平等减轻、技术进步对资源环境的损害减少。付伟等（2013）提出这种变化主要来源于内生动力（发展观的变化、消费观的变化）、外生动力（技术进步、制度创新）和辅助动力（人口增长率的减缓）三个方面，并提出建立资源、环境和可持续发展的预警机制，即驱动力（Driving Forces）→资源环境压力（Press）→环境质量（Environmental Quality）→响应（Response），简称为DPER机制。

内生动力、外生动力和辅助动力都归结为驱动力，一种推动着工农业生产、城市建设和旅游交通运输等领域的发展动力，对环境保护有利的驱动力为正向驱动力，反之为负驱动力，两者之间的博弈将直接或间接地导致资源环境压力的增减，从而影响环境质量，如果环境恶化，人类的生产环境受到影响，会迫使社会对上述因素的变化作出判断并出台相应的政策手段。但我们不能再受到负面影响时才作出反应，而是对影响驱动力的各个因素及时作出判断和响应，通过调整发展观念和消费观念、发明新技术、寻找替代资源、完善生态补偿机制、控制人口增长等措施减轻资源环境压力。

但是倒“U”形曲线并不表示在发展与资源环境的关系上，我们可以无为而治，应尽快实现发展与资源环境的关系转折，加速跨越临界点。同时，中国21世纪议程管理中心可持续发展战略研究组（2004）提出发展与资源、生态、环境消耗的关系可能会呈现倒“U”形曲线关系，可持续发展就是要使发展与资源、环境的关系处于倒“U”形曲线的右半部。根据世界银行统计，当一个国家发展到人均GDP为1000美元，就达到了倒“U”形曲线的拐点，就会采取大规模的环境治理行动，最终使经济与环境保持平衡，而我国在2003年人均GDP就达到了1000美元，理论上已经具备了实现环境与经济协调发展的条件（张智光，2010）。因此，提高资源利用率，降低单位GDP的资源消耗，使经济发展的成果成为实现资源可持续利用和生态安全的有力保障，实现资源节约型和环境友好型的社会环境。

二、压力—状态—响应（PSR）模型概述及应用

绿色产业是21世纪最具发展潜力的新兴产业之一，有巨大的市场需求和良好的发展前景，是既能产生经济效益、推动经济增长，又有利于环境保护和资

源综合利用的产业。党的十九大对生态文明提出了新要求，也给绿色产业发展带来了机遇。

（一）PSR 模型概述

PSR（Pressure-State-Response）即“压力—状态—响应”模型，是联合国经济合作开发署（OECD，Organnization for Economic Co-operation and Development）和联合国环境规划署（UNEP，United Nations Environment Programme）创建的来分析评价可持续发展的模型，同时也是评估资源可持续利用的模型之一。

在对于 PSR 概念框架阐述的文件中，较有代表性的是 1993 年经合组织（OECD，Organisation for Economic Co-operation and Development）发布的“经合组织关于环境行为审查的核心指标”，图 9-1 为其具体的“压力—状态—响应”模型概况。

这一模型用来描述可持续发展中人类活动与资源环境的相互作用，提出了一个基于因果关系的政策分析思路（诸大建，2011b），用来描述和解释政策研究中需要面对的三个基本问题：“压力”（Pressure，P）指发生了什么，即原因，是人类活动对发展产生的负效应（产生污染及消耗能源等），是不可持续发展产生的因素；“状态”（State，S）即现在的状况如何，反映资源环境目前所处状态是问题的核心部分；“响应”（Response，R）指应对措施，即人类所采取的对策。总体来说，压力是一个负效应过程，响应是一个正效应过程，通过立法、经济、技术等手段减少对环境的污染和对环境的消耗。

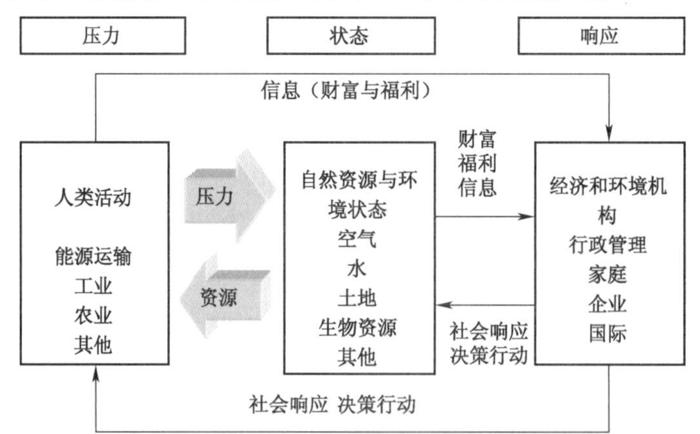

图 9-1 经合组织关于压力—状态—响应（PSR）概念框架模型

注：图片来源于谷树忠和成升魁，2010。

此模型认为，其中的压力、状态和响应三个因素之间相互联系，相互影响，人类活动会对环境产生压力，如污染物及废物排放等负面影响，进而影响自然资源及环境的质量，如造成土壤、水质下降等。因此，经济与环境的主体会做出响应，可通过意识和行为的改变，采取环境政策、经济政策以及部门政策等措施。

（二）PSR 模型应用及扩展

PSR 模型在土地资源、水资源等领域的指标体系评价中都得到了应用，其在资源可持续利用方面也有一定的借鉴作用。唐珍宝（2015）基于 PSR 框架，建立福建省水资源可持续利用的评价指标体系，其中压力指标 3 项，状态指标 4 项和响应指标 2 项，对福建省的 9 个区市水资源可持续利用状况进行定量比较。

PSR 模型还是其他相关模型的基础。DPSIR 模型是欧洲环境局（EEA）结合 PSR（压力—状态—响应）和 DSR（驱动力—状态—响应）概念模型的优点而建立的广泛应用于环境系统的评价指标体系模型，它表征自然系统的评价指标分为驱动力（Driving forces）、压力（Pressure）、状态（State）、影响（Impact）和响应（Responses）五种类型，该模型从系统论角度分析人与环境的相互作用，既揭示了经济、社会和人类活动对环境的影响，又揭示了人类活动及其最终导致的环境状态对社会的反馈作用（韩美等，2015），DPSIR 模型被应用到海洋资源可持续利用评价方面（丁娟等，2014）。

本书将其扩展应用到绿色产业方面的研究，绿色产业涉及资源的条件、利用方式，分析发展绿色产业过程中存在的问题，基于此提出最后的对策。

三、云南绿色产业发展的 PSR 模型构建

基于 PSR 模型对云南绿色产业发展进行系统分析（图 9-2），其中，压力分析（P 分析）研究云南建设绿色产业的必要性及存在的压力，具体从人口压力、生态环境压力及资源压力等方面进行分析。

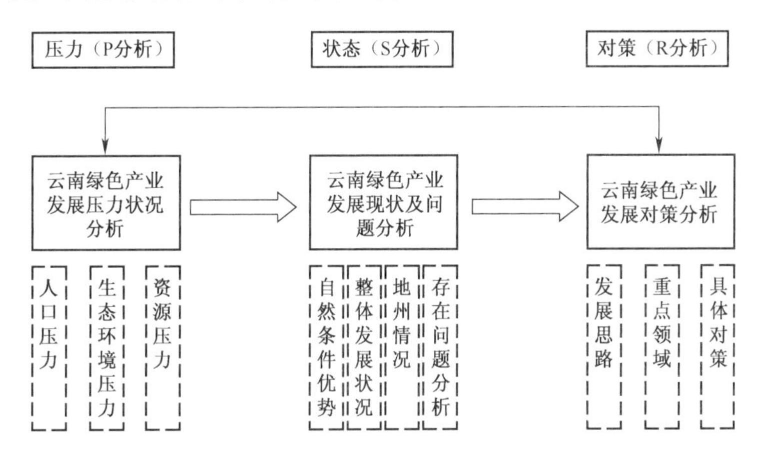

图 9-2　云南绿色产业发展的 PSR 模型

状态分析（S 分析）研究云南绿色产业发展的自然条件优势、整体发展状

况，同时展开典型地州、县域、企业的调研，最后提出存在的问题。

对策分析（R分析）研究云南绿色产业发展的发展思路、重点领域，最后提出具体的建议和对策。

报告后面内容就依次展开压力分析（P分析）、状态分析（S分析）和对策分析（R分析）。

四、云南绿色产业发展的“P”（压力）分析

云南有奇山、异水、森林、湖泊，生态是云南的眉眼神韵、魅力所在，是云南最珍贵的品牌和资本。2015年习近平总书记到云南调研时对云南提出了“生态文明建设排头兵”的发展定位，绿色产业发展是云南生态文明建设的重要组成部分。此部分从云南发展绿色产业的必要性入手，依次从人口、生态、环境、资源等方面分析绿色产业发展存在的压力，为后面的研究提供基础。

（一）云南发展绿色产业的必要性分析

云南虽然有良好的资源禀赋，但是生态环境保护的形势依然严峻，局部地区生态环境恶化的趋势未得到完全遏制，大气、水、土壤等污染治理还不到位，环境监管能力不足的状况依然突出。《2018环境状况公报》显示，2018年全省16个城市二氧化硫年均值浓度范围5～16微克/立方米，平均浓度11微克/立方米；二氧化氮年均值浓度范围10～34微克/立方米，平均浓度18微克/立方米；可吸入颗粒物年均值浓度范围为33～59微克/立方米，平均浓度为46微克/立方米；细颗粒物年均浓度范围为14～35微克/立方米，平均浓度为25微克/立方米；一氧化碳日均值浓度范围为0.2～3毫克/立方米，最小值出现在昭通、保山、芒市、普洱和香格里拉，最大值出现在玉溪；臭氧日最大8小时浓度范围为9～188微克/立方米，最大值出现在芒市，最小值出现在景洪。

2018年开展降水酸度监测的23个城市中，降水pH年平均值在5.15～7.71之间，23个城市中有4个监测到酸雨，临沧、楚雄、蒙自3个城市虽出现酸雨，但降水pH年平均值在5.6以上，属非酸雨区；个旧的降水pH年均值为5.15，已受到一定程度的酸雨污染，属于酸雨区。

由此可见，在环境治理方面云南虽然取得了一定的成绩，但问题仍然存在，同时我们应意识到虽然云南的自然资源十分丰富，但其生态系统十分脆弱，处于板块交界处，地质灾害频频发生，位于西南喀斯特地区，千沟万壑的地形加大了水土流失、山体滑坡的可能性。脆弱的生态环境一旦遭破坏便很难恢复，原本为绿色发展的优势也会瞬间转变为劣势。不合理开发利用资源，严

重威胁着脆弱的环境和生态系统，是云南可持续发展潜伏的巨大危机，所以发展绿色产业对于云南的长远发展尤为重要。

（二）存在压力分析

该部分研究云南绿色产业发展存在的压力，从以下几个方面着手分析：人口压力（人口数量和人口质量）、生态压力（水土流失压力、土壤侵蚀压力、森林压力和荒漠化压力）、环境压力（废水排放、废气排放、固体废弃物排放、CO_2 排放）、资源压力（粮食安全压力、土地资源压力、人均水资源压力和矿产资源压力）等。以中国科学院可持续发展战略研究组（牛文元等，2007）对中国 31 个省（区）的研究结果为依据，来分析云南的人口压力、生态环境压力和资源压力，选取经济发达地区的上海、北京和西南地区的西藏、四川做比较。

1. 人口压力

根据《云南统计年鉴》，云南省 2000~2016 年常住人口数见表 9-7。云南省人口基本呈现逐年增加的趋势。云南省土地面积 39 万平方千米，2016 年云南的人口密度为 121.56 人/平方千米，密集度较大。

表 9-7 云南省常住人口及城镇化率

时间	常住人口(万人)	城镇化率(%)
2000	4240.8	23.4
2001	4287.4	24.9
2002	4333.1	26
2003	4375.6	26.6
2004	4415.2	28.1
2005	4450.4	29.5
2006	4483.0	30.5
2007	4514.0	31.6
2008	4543.0	33
2009	4571.0	34
2010	4601.6	34.8
2011	4631.0	36.8
2012	4659.0	39.3
2013	4686.6	40.48
2014	4713.9	41.73
2015	4741.8	43.33
2016	4770.5	45.03

人口的数量和质量是评价一个国家和地区的人口压力的重要指标。人口压力指数从人口数量指数和人口质量指数两个基本方面进行分析。其中，人均受教育年限和成人识字率是评价人口素质的重要指标。云南的人口压力指数，分

别见表 9-8、如图 9-3。可以看出，云南的人口压力较大，人口压力指数在全国 31 个省市中排名第 6，人口压力指数为 0.41，人口压力最大的省份是西藏，人口压力指数为 0.57，人口压力最小的省份是上海，人口压力指数仅为 0.2。

表 9-8 云南人口压力指数

地区	人口增长率压力指数	现有人口生存空间压力指数	潜在生存空间压力指数	人口素质压力指数	人口压力总指数	人口压力指数排序
云南	0.81	0.29	0.12	0.42	0.41	6
西藏	1.00	0.20	0.37	0.71	0.57	1
四川	0.61	0.17	0.33	0.29	0.35	20
北京	0.13	0.31	0.30	0.10	0.21	30
上海	0.00	0.34	0.33	0.13	0.20	31

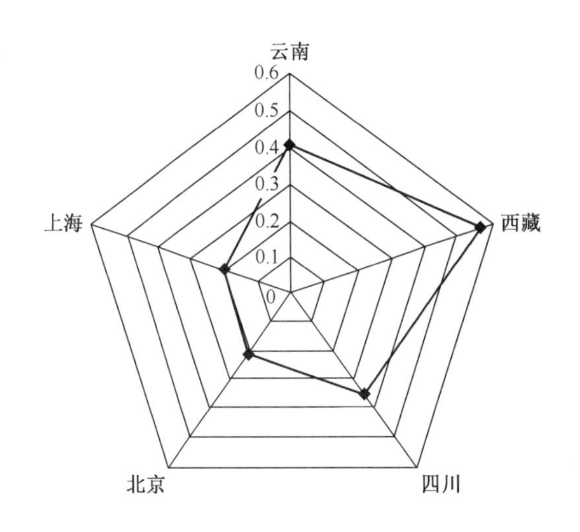

图 9-3 云南人口压力指数与其他地区的比较图

2. 生态环境压力

根据《2017 年云南省环境状况公报》，得出全省自然生态环境状况保持稳定。为了能定量的评价云南生态环境压力情况，本书选用生态环境压力指数来进行分析。

生态的压力是长期起作用的、不易恢复的、对于生态系统的结构与功能从根本上加以破坏的压力；环境的压力是短期起作用的、可以控制的、对于生态系统加以弹性破坏的压力。生态环境压力可以通过生态环境压力指数直观的表示。

环境压力指数是根据废水排放、废气排放、固体废弃物排放、CO_2 排放等四项指标分类统计计算得出。生态压力指数是根据水土流失压力指数（由水土流失率计算得出）、土壤侵蚀压力指数（由水蚀压力和风蚀压力计算得出）、森林压力指数和荒漠化压力指数四项指标得出。生态环境压力指数是将生态压力指数和环境压力指数进行平均加权计算得出。云南的生态环境压力指数见表9-9，云南与其他地区相比的雷达图，如图9-4至图9-6。

表9-9　云南生态环境压力指数

地区	环境压力指数	生态压力指数	生态环境压力指数	生态环境压力指数从大到小排序
云南	0.32	0.19	0.26	27
西藏	0.06	0.34	0.20	31
四川	0.35	0.31	0.33	19
北京	0.75	0.32	0.54	4
上海	0.95	0.24	0.59	3

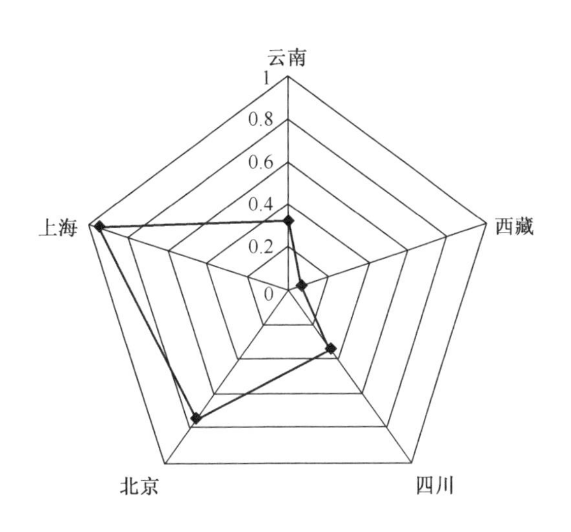

图9-4　云南环境压力指数与其他地区的比较图

从生态环境压力指数的数值和与其他地区的比较图中可以看出云南生态环境压力较小，生态环境压力指数为0.26，在统计的全国31个地区生态环境压力指数从大到小排序中位列第27名。生态环境压力指数是由生态压力指数和环境压力指数加权得到，云南的生态压力和环境压力都较小，相对而言，生态压力更小些。

3. 资源压力

资源压力指数是根据粮食安全压力指数、土地资源压力指数、人均水资源压力指数、水资源压力指数和矿产资源压力指数得出。粮食安全压力指数是以低于人均粮食（每年）400千克为一个基本标志，依照现有人均粮食产量（千克/人）计算得到的；土地资源压力指数是根据人均耕地、高生产力耕地和达到人口自然增长率为零时的粮食安全压力情况得到的；水资源压力是国家水资源数量和水资源空间情况得到的（水资源数量压力和水资源空间压力均为零，则水资源压力指数为零）；矿产资源压力指数是根据能源消费份额与矿产资源贡献份额之差进行计算得到，差值越大，矿产资源压力越大。

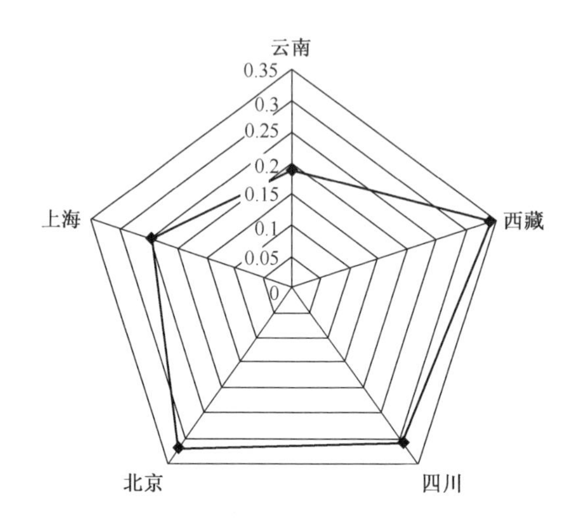

图9-5 云南生态压力指数与其他地区的比较图

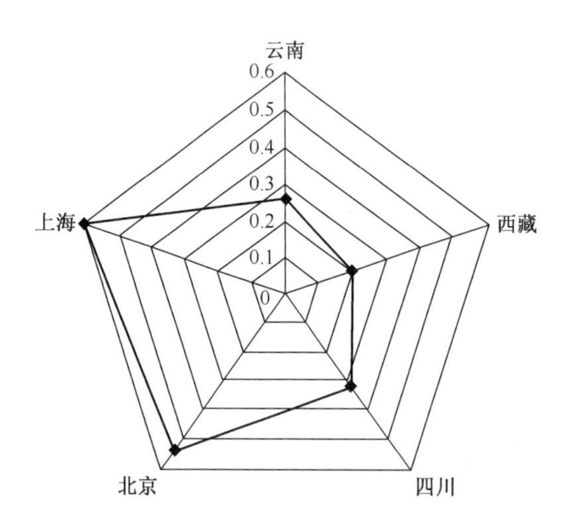

图9-6 云南生态环境压力指数与其他地区的比较图

云南的资源压力指数见表9-10，云南与其他省区相比的雷达图如图9-7。从总体上看，云南资源压力较小，资源压力指数为0.04，在全国31个省区资源压力指数从大到小排序中位列第29名。与资源压力最大的上海（0.69）相比，上海的资源压力指数分别是云南的17.25倍。从各个指标来看，云南的粮食安全压力和土地资源压力相对较大。

表 9-10　云南资源压力指数

地区	粮食安全压力指数	土地资源压力指数	人均水资源压力指数	水资源压力指数	矿产资源压力指数	资源压力总指数	资源压力从大到小排序
云南	0.26	0.13	0.00	0.00	0.00	0.04	29
西藏	0.27	0.14	0.00	0.00	0.00	0.05	27
四川	0.04	0.23	0.00	0.00	0.00	0.08	23
北京	0.48	0.50	0.67	0.67	0.41	0.53	3
上海	0.63	0.64	0.81	0.81	0.61	0.69	1

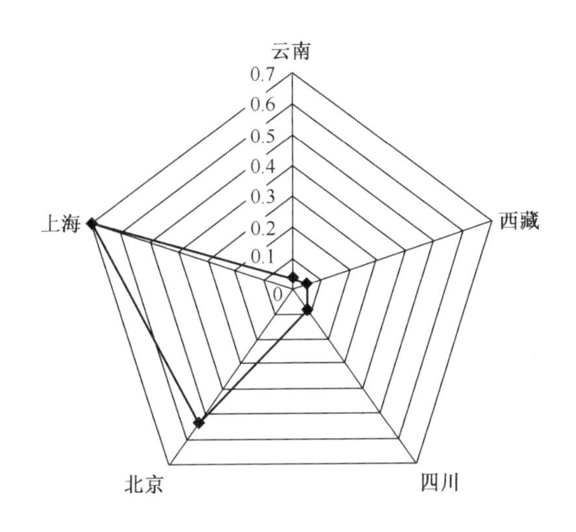

图 9-7　云南资源压力指数与其他地区的比较图

五、云南绿色产业发展的“S”（状态）分析

云南绿色产业发展，不仅是改善云南产业结构、增强云南经济竞争力的重要战略举措，而且还对贯彻国家“绿色发展”的战略政策具有重要意义。要发展绿色产业首先要摸清绿色产业发展优势、发展整体情况及典型地域、企业情况，发现存在问题，为今后有针对性地提出建议和对策提供参考。

（一）云南发展绿色产业的自然条件优势

绿色是云南省最大的省情、最突出的优势。由于云南省是世界上少有的“气候王国”，多样的气候条件和独特的地理特征造就了其丰富多样的生物资源，为绿色产业的发展奠定了坚实的物质基础。本书从资源环境优势、气候条件优势、生态系统服务价值、生物多样性等方面进行阐述。

1. 资源环境优势

根据《云南生态年鉴 2017》，云南省森林面积 2273.56 万公顷，森林覆盖率 59.30%，森林蓄积量 18.95 亿立方米，活立木总蓄积量 19.13 亿立方米。与第三次森林资源二类调查结果相比，全省森林面积增加 117 万公顷，森林覆盖率从 56.24%提高到 59.3%；森林蓄积量由 16.02 亿立方米增加到 18.95 亿立方米，增加 12.19%，森林质量得到明显提升。

全省有纳帕海、碧塔海、拉市海、大包山 4 处国际重要湿地，巧家马树等 15 处湿地被认定为省级重要湿地，申报建设国家湿地公园 18 个，保护范围达 5.96 万公顷；建立各种级别的湿地类型自然保护区 17 处。

全省已建各种类型、不同级别的自然保护区 161 个（其中国家级 21 个、省级 38 个、州市级 56 个、区县级 46 个），总面积约 286 万公顷，占全省国土总面积的 7.3%，基本形成了布局合理、类型较为齐全的自然保护区网络体系。

2. 气候条件优势

云南气候类型复杂多样，地势由低到高，分布着北热带、南亚热带、中亚热带、北亚热带、南温带、中温带、寒温带 7 种地带性气候类型，还有潮湿、湿润和半干旱等不同类型气候特征。全省地势高差十分悬殊，最高点为滇藏交界的德钦县怒山山脉梅里雪山的卡格博峰，海拔 6740 米，最低为滇东南河口县红河与南溪河交汇处，海拔仅为 76 米。两地直线距离约 840 千米，海拔高度相差 6664 米，坡降达 8%，即平均距离千米高度下降 8 米左右。随着海拔高度的变化，气候带还有垂直方向的变化，呈现出“河谷热、坝区暖、山区凉、高山寒”的特征，气候的变化也是十分显著的，尤其是垂直方向上的差异十分突出，“山高一丈，大不一样”便是其真实的写照。这既为农业生产提供了良好的气候条件，又为因地制宜提出了较高的要求。

云南气候的另一个特点是干湿季分明。受地形和地理位置的影响，降水量由中北部的元谋、宾川一线向东、西、南 3 个方向呈辐射状递增，因此，在全省形成滇西南、滇南、滇东、滇西北 4 个多雨区，以及金沙江河谷、元谋，南盘江河谷 3 个少雨区。全省年平均降水量约 1100 毫米，一般可以满足农作物正常生长的需要。云南气候类型复杂多样，地区差异较大，水热分布不均，多样的气候条件有利于生物资源的挖掘。

云南丰富的生物多样性为发展生态农业提供丰富的资源，多样的气候条件为生态农业的发展提供更加广阔的空间。

（二）云南省绿色产业整体情况分析

目前，云南省绿色产业主要分布在昆明、曲靖、玉溪、红河、大理等地，产业发展已取得一定的成就，绿色产业政策逐步完善，环境保护体系逐步完善，龙头企业初步形成，“产学研”合作模式逐步打造，但是还存在整体规模偏小，地域分布较为分散，产业链不完整，产业集中度不高等问题。

1. 绿色产业政策情况

绿色产业政策正在逐步完善，绿色产业的发展受政策导向性较强，受政策影响较大，本书收集整理了云南近十年出台的绿色产业相关政策，见表 9-11。

其中，2015 年 8 月 27 日云南省委、省政府发布的《关于努力成为生态文明建设排头兵的实施意见》中明确提出要大力发展绿色产业，推动节能环保产业发展，培育新能源产业，积极发展高原特色有机农业、生态农业。

表 9-11　云南近十年出台的绿色产业相关政策

时间	发文单位	发文号	文件名称
2007.7.9	云南省人民政府	云政发〔2007〕113 号	关于印发云南省节能减排综合性工作方案和云南省节能减排工作任务分解方案的通知
2007.8.2	云南省人民政府	云政发〔2007〕123 号	关于加强滇池水污染治理工作的意见
2007.9.9	云南省人民政府	云政发〔2007〕141 号	关于进一步加强节能减排工作的若干意见
2008.1.22	云南省人民政府	云政发〔2008〕27 号	关于加快推进生物产业发展的意见
2008.8.25	云南省人民政府	云政发〔2008〕165 号	关于进一步加强节能减排统计工作的意见
2008.9.19	云南省人民政府	云政发〔2008〕186 号	关于加快城镇污水生活垃圾处理设施建设和加强运营管理工作的意见
2009.3.23	云南省环保厅	云发〔2009〕5 号	中共云南省委云南省人民政府关于加强生态文明建设的决定
2010.3.28	云南省人民政府	政发〔2010〕42 号	关于全面推行环境保护“一岗双责”制度的决定
2012.5.25	云南省人民政府办公厅	云政办发〔2012〕32 号	云南省“十二五”节能减排规划
2013.7.30	云南省人民政府	云政发〔2013〕115 号	关于加强机动车排气污染防治工作的意见
2014.7.22	云南省环保厅湖泊处	云环通〔2014〕126 号	关于开展九大高原湖泊水污染综合防治“十二五”规划目标责任书
2015.5.26	云南省人民政府	云政发〔2015〕30 号	关于做好贯彻落实全国资源型城市可持续展划（2013~2020）有关工作的通知
2015.7.8	云南省人民政府	云政发〔2015〕43 号	关于推动产业园区转型升级的意见

（续）

时间	发文单位	发文号	文件名称
2015.8.27	云南省委、省政府	云发〔2015〕23号	关于努力成为生态文明建设排头兵的实施意见
2015.10.20	云南省人民政府	云政发〔2015〕76号	关于加快发展节能环保产业的意见
2015.12.24	云南省人民政府	云政发〔2015〕92号	关于加快推进“互联网+”行动的实施意见
2016.9.30	云南省人民政府	云政发〔2016〕35号	云南省生态文明建设排头兵规划（2016~2020年）
2016.11.23	云南省人民政府	云政发〔2016〕99号	关于印发云南省产业发展规划（2016~2025年）的通知
2017.1.3	云南省人民政府	云政发〔2017〕1号	关于加强节能降耗与资源综合利用工作推进生态文明建设的实施意见
2017.3.20	云南省人民政府	云政发〔2017〕16号	关于印发云南省“十三五”控制温室气体排放工作方案的通知
2017.5.30	云南省人民政府	云政发〔2017〕31号	关于印发云南省“十三五”节能减排综合工作方案的通知

2015年10月20日，云南省政府发布《关于加快发展节能环保产业的意见》，发展目标为自2016年起，全省节能环保产业产值年均增长15%以上，到2020年，总产值达到1000亿元。建设1～3个技术先进、配套健全、发展规范的节能环保产业示范基地，打造一批拥有知识产权和竞争力的装备和产品，形成以骨干企业为龙头、广大中小企业为配套，研发、生产、推广、运营、服务等上下游协同推进、配套健全的产业发展格局，使节能环保产业成为我省新的经济增长点。

2017年云南省颁布《云南省“十三五”节能减排综合工作方案》，发展目标为到2020年，全省万元地区生产总值能耗比2015年下降14%，能源消费总量控制在12297万吨标准煤以内，非化石能源消费占能源消费总量比重达到42%。全省化学需氧量、氨氮、二氧化硫、氮氧化物排放总量分别控制在43.80万吨、4.79万吨、57.80万吨、44.45万吨以内，比2015年分别下降14.1%、12.9%、1.0%、1.0%。

节能减排工作方案要求加强重点领域节能，包括工业节能、建筑节能、交通运输节能、商贸流通领域节能、农业农村节能、公共机构节能、重点用能单位节能管理、重点用能设备节能管理等。“十三五”各州市能耗总量和强度“双控”目标见表9-12。

表 9-12　"十三五"各州市能耗总量和强度"双控"目标

州、市	"十三五"单位 GDP 能耗下降目标(%)	2015 年能源消费总量（万吨标准煤）	"十三五"能耗增量控制目标(万吨标准煤)
昆明	15	2418	510
昭通	10	509	138
曲靖	15	1718	297
玉溪	15	1102	120
保山	11	418	79
楚雄	12	505	87
红河	15	1259	218
文山	10	482	95
普洱	10	344	64
西双版纳	7	181	35
大理	12	669	115
德宏	10	243	46
丽江	11	234	43
怒江	7	102	21
迪庆	7	115	22
临沧	6	252	50

从表 9-12 可以看出，云南省能源消费总量较大的州、市为昆明、曲靖、玉溪、红河、大理等，"十三五"能耗增量控制目标也相对较大。

节能减排工作方案强化主要污染物减排，控制重点区域流域排放、推进工业污染物减排、促进移动源污染物减排、强化生活源污染综合整治、重视农业污染排放治理。实施节能减排工程，包括节能重点工程、主要大气污染物重点减排工程、主要水污染物重点减排工程、循环经济重点工程等。相关指标控制计划见表 9-13、表 9-14。

表 9-13　"十三五"各州市化学需氧量排放总量、氨氮排放总量控制计划

州、市	化学需氧量排放总量控制计划			氨氮排放总量控制计划		
	2015 年排放量(万吨)	2020 年减排比例(%)	2020 年重点工程减排量(吨)	2015 年排放量(万吨)	2020 年减排比例(%)	2020 年重点工程减排量(吨)
昆明	3. 7495	61. 66	20945. 92	0. 7417	32. 81	2380. 43
昭通	2. 7688	8. 19	3017. 71	0. 4167	9. 31	486. 66
曲靖	6. 6628	0	2526. 65	0. 8596	0	301. 56
玉溪	3. 0204	29. 16	3279. 48	0. 2468	29. 74	280. 59
保山	3. 3002	13. 22	1362. 15	0. 2468	5. 53	86. 43
楚雄	2. 6031	21. 41	3142. 57	0. 3178	23. 52	418. 96

（续）

州、市	化学需氧量排放总量控制计划			氨氮排放总量控制计划		
	2015 年排放量（万吨）	2020 年减排比例（%）	2020 年重点工程减排量（吨）	2015 年排放量（万吨）	2020 年减排比例（%）	2020 年重点工程减排量（吨）
红河	5.6738	16.22	7159.31	0.656	14.62	855.44
文山	3.221	0	1778.59	0.3756	0	187.98
普洱	3.7245	3.44	2469.65	0.3145	3.76	237.01
西双版纳	3.0082	5.09	1822.89	0.2184	4.86	135.43
大理	3.9789	22.72	6074.83	0.4456	22.2	778.51
德宏	2.6492	10.33	1824.47	0.1795	15.08	270.66
丽江	0.6613	8.26	452.76	0.1058	2.47	26.76
怒江	0.4207	0	0	0.0442	0	0
迪庆	0.561	0	0	0.0328	0	0
临沧	5.023	7.88	2956.32	0.2887	9.12	263.2

从表 9-13、表 9-14 中可以看出，化学需氧量、氨氮、二氧化硫、氮氧化物的排量较大的地州，主要集中在昆明、曲靖、玉溪、红河、大理等州、市，这些地州是最需要发展绿色产业的地区。

表 9-14 “十三五”各州市二氧化硫排放总量、氮氧化物排放总量控制计划

州、市	二氧化硫排放总量控制计划			氮氧化物排放总量控制计划		
	2015 年排放量（万吨）	2020 年减排比例（%）	2020 年重点工程减排量（吨）	2015 年排放量（万吨）	2020 年减排比例（%）	2020 年重点工程减排量（吨）
昆明	10.0591	0	894.25	9.4107	1	1758.13
昭通	4.9398	0	0	2.6814	3.86	332.52
曲靖	14.5765	3.19	1339.33	11.3231	0.99	747.16
玉溪	3.2515	13.34	3497.14	2.8171	0.35	0
保山	1.6454	6	0	1.7752	9.1	306.92
楚雄	2.4243	0.5	329.5	1.0695	0	0
红河	12.6503	0.79	0	5.1915	1	0
文山	1.0706	5	0	1.5891	5.83	181.5
普洱	0.8811	0	0	1.1571	0	0
西双版纳	0.3653	0	0	0.977	0	0
大理	1.437	0	0	2.6334	0	279.69
德宏	0.7688	0	0	1.0946	0.5	0

（续）

州、市	二氧化硫排放总量控制计划			氮氧化物排放总量控制计划		
	2015 年排放量(万吨)	2020 年减排比例(%)	2020 年重点工程减排量(吨)	2015 年排放量(万吨)	2020 年减排比例(%)	2020 年重点工程减排量(吨)
丽江	0.7935	0	0	1.3065	5	353.86
怒江	0.682	0	0	0.4115	0	0
迪庆	0.1243	0	0	0.7722	0	0
临沧	2.7043	0	0	0.7269	3.34	84.24

2. 绿色产业地域分布情况

通过研究发现，云南省绿色产业主要分布在昆明、曲靖、玉溪、红河、大理等地，这些地州的年生产总值在云南省都是较高的，近几年来，基本都达到1000 亿元以上。表 9-15 是云南 2014～2016 年生产总值情况，可以看出在云南省 16 个州、市中，昆明、曲靖、玉溪、红河和大理位居前五名，除大理生产总值未达到 1000 亿元以外，其余 4 州市都超过 1000 亿元。而云南省绿色产业发展相对较好的地区也正是以上州、市。

同时，通过表 9-12 至表 9-14 也反映出这些地州能耗、废气排放量都是较高的，经济发达势必造成高能耗、高污染，所以对于环境保护的认识也越强烈，绿色产业的发展也相对较快。

表 9-15　云南近年来地州生产总值排名情况

生产总值排名	2014 年		2015 年		2016 年	
	州市	生产总值（亿元）	州市	生产总值（亿元）	州市	生产总值（亿元）
1	昆明	3712.99	昆明	3968.01	昆明	4300.08
2	曲靖	1548.46	曲靖	1630.26	曲靖	1768.41
3	玉溪	1184.73	玉溪	1244.52	红河	1333.79
4	红河	1127.09	红河	1221.08	玉溪	1311.88
5	大理	832.33	大理	900.10	大理	972.20

注：数据来源于云南省统计年鉴

鉴于此，选取云南绿色产业主要分布州、市（昆明、曲靖、红河、玉溪、大理）作为典型地州进行调研并进行详细介绍，分析绿色产业发展状况。

（三）典型地州、县市绿色产业发展分析

根据上文分析，选取昆明、曲靖、玉溪、红河、大理作为绿色产业典型地州进行调研。县市选取十分特殊的，有代表性的保山的腾冲市和文山的西畴县作为调研对象。因为，腾冲市是全国文明城市，在生态农业有其独特之处；西

畴县是国家重点生态功能区的石漠化防治重点生态功能区，在生态环境恶劣的条件下发展绿色产业有其独特之处。本书就只对绿色产业典型地州和县市进行详细介绍。

1. 昆明市

昆明市是云南省的省会，是全省的政治经济文化和社会发展中心，绿色是未来昆明市发展的趋势。昆明未来要想建成国家生态城市，建设成为和谐宜居的绿色健康之城，必然要增强绿色经济的发展速度，就需要加快绿色产业的发展。在经济资源的配置中，昆明市具有极高的经济集中度、发展匹配度。在云南省，昆明市的 GDP 和工业增加值均占全省的28%以上，资源要素在全省经济发展中发挥着资源配置、再配置的枢纽作用。同时，经过多年的发展积累，从绿色产业领域来看，昆明市的绿色产业以环保产业、节能产业、资源综合利用产业为主。其中，冶金工业在进行技术改造后，积极采用节能降耗、降低污染和资源综合利用的新技术、新工艺，实现钢铁、有色金属的深加工，提高精深加工能力，延伸产业链，也带动相关产业的发展。主要绿色产业企业有云南菲尔特环保科技股份有限公司、云南天朗节能环保集团有限公司和云南亚太环保股份有限公司等。

（1）环保产业。昆明绿色产业中的环保产业主要是能够提供废水、废气、废渣等相关的处理活动，运用先进的水处理设备设施、焦化废水微波深度处理、生物脱氮+微波+膜处理核心技术以及运用高附加值的水处理药剂进行污水处理。在大气污染治理方面，主要是提供大气污染治理工程、大气粉尘过滤、脱硫系统的设计、制造、安装、调试等服务。

《2017 年昆明市环境质量状况公报》中的数据显示，全昆明市工业固体废物产生量为 3021. 58 万吨，综合利用量为 1176. 12 万吨，处置量已达 1704. 91 万吨，工业固体废物处置利用率为 95. 35%。同时，昆明市区医疗机构全年医疗废物产生量为 12140 吨，均送往昆明市医疗废物集中处置中心处置，医疗废物集中处置率 100%。全市工业危险废物产生量为 738734 吨，综合利用量为 416616 吨，处置量为 318176 吨，贮存量为 3942 吨，工业危险废物处置利用率为 99. 47%。

（2）节能产业。昆明绿色产业中的节能产业是指节能技术和设备、节能产品、节能服务，即主要通过节能产品销售、合同能源管理（EMC）等方式提高企业的能效水平，还包括节能评估、能源审计、能源管理体系建设等节能技术咨询服务，同时还积极开发余热余能补燃技术、加热炉燃烧优化技术、高海拔区炉窖富氧燃烧技术，进一步节约能源消耗。此外，还有部分企业开展碳排放权交易与配售电业务，针对各企业、社会团体的差异需求提供个性化服务。

（3）资源综合利用产业。昆明绿色产业中的资源综合利用产业是指生活垃圾综合利用，水资源节约与利用，固废、废气、废液、农林废物资源化，热能及废气的回收利用，即主要是工业废弃物再生循环、柴油内燃机车尾气过滤净化及主城区生活垃圾的无害化处理等。

《2017 年昆明市环境质量状况公报》显示，2017 年昆明市主城区城市生活垃圾处理量为 177. 65 万吨，全部进入垃圾焚烧发电厂进行无害化处理，生活垃圾无害化处理率达 100%。

目前，昆明市主城区已建成 5 座垃圾焚烧发电厂，分别为五华、西山、官渡、空港、呈贡垃圾焚烧发电厂，合计处理能力 5300 吨/日，主城区生活垃圾实行全焚烧（表 9-16）。

表 9-16 昆明市主城区垃圾焚烧发电厂概况

序号	设施名称	设计处理能力(吨/日)	建成时间
1	昆明五华垃圾焚烧发电厂	1000	2008 年
2	昆明官渡垃圾焚烧发电厂	1600	2010 年
3	昆明西山垃圾焚烧发电厂	1000	2011 年
4	昆明空港垃圾焚烧发电厂	1000	2012 年
5	昆明呈贡垃圾焚烧发电厂	700	2014 年
合计		5300	

2. 曲靖市

曲靖市位于云南省东部，素有“滇黔锁钥”“云南咽喉”之称。同时，曲靖还是云南省的重要工商城市，综合实力居云南省第二位，是云南省“滇中城市群规划”区域中心城市。曲靖水能资源理论蕴藏量为 406. 28 万千瓦，可开发 300. 31 万千瓦，开发潜力巨大，并且其矿产资源也极其丰富。

曲靖市现有绿色产业以环保产业、资源综合利用产业为主，主要绿色产业企业有西藏国策环保科技股份有限公司、湖南中南水务环保科技有限公司等。

（1）环保产业。曲靖市绿色产业中的环保产业主要包括土壤污染治理、水污染治理、固体废弃物污染的治理，主要涉及污水处理、给水处理、污泥处置、地下水治理、土壤污染修复等领域。

根据曲靖市环境保护局的资料，截至 2017 年，从事环保行业的企业数量有 23 家，除了环保部门下属的监测站为事业单位，其余均为私营企业，无上市公司。环保产业 2013 年年营业收入约 1. 24 亿元，2017 年年营业收入为 3. 64 亿元，主要来自污染治理业务中的固废治理及废气治理。但是环保产业在全市产业份额中所占比例仍然较小。从业人员数量及学历都有所提高，从 2013 年的 923 人增加到目前的 1291 人，从业人员以大学学历为主，从业人员的学历有逐渐增高的趋势，随着环保产业的发展，从业人员的数量仍有较大缺口，从业人员专业素养亟待提高。

（2）资源综合利用产业。曲靖市绿色产业中的资源综合利用产业主要包括矿产资源的综合利用、工业固体废弃物的综合利用、热能及废气的回收利用、污水的再生利用、废金属、废弃电器电子产品、废电池等资源再生利用产业。

3. 玉溪市

玉溪市位于云南省中部，为云南省第三大城市，对内是承接昆明政治、经济、文化和对外开放的重要节点，对外起着辐射邻近州市和西南周边国家的重要作用，是云南“国际大道”的重要枢纽和面向东南亚、南亚实施“走出去”战略的集散、加工“腹地”。玉溪市的矿产资源丰富，其中铁、铜、镍、磷、石灰岩矿为优势矿产。另外，玉溪水能蕴藏量达到 144 万千瓦，可开发的有 54 万千瓦。

玉溪市的绿色产业类型主要以环保产业、节能产业和资源综合利用产业为主，主要绿色产业企业有贵研资源（易门）有限公司和云南新昊环保科技有限公司等。

（1）环保产业。玉溪绿色产业中的环保产业主要以水污染治理、大气污染治理、土壤污染治理、固体废弃物污染治理等为主要业务。根据玉溪市环境保护局的资料，环保产业单位有 19 户，其中 17 户是企业，1 户是事业单位，1 户为其他组织机构，均为未上市单位。拥有专利数共 48 项。所有企业营业收入逐年递增，19 户调研单位的年营业收入由 2013 年的 1139. 45 万元增加到 2017 年的 5056. 2915 万元。

（2）节能产业。玉溪市绿色产业中的节能产业主要是指节能装备的生产，如生产农村生活污水设备、塑料管材等节能产品，代表企业为云南傲远科技环保有限公司，其 2017 年工业产值已达 1. 5 亿元。

（3）资源综合利用产业。玉溪市绿色产业中的资源综合利用产业是指再生资源循环利用、农业生产废弃物利用、工业固体废物综合利用、废液综合利用等产业类型。代表企业有玉溪益福再生资源有限公司、贵研资源（易门）有限公司、云南新昊环保科技有限公司等。

4. 红河州

红河哈尼族彝族自治州（以下简称红河州）是一个多民族聚居的边疆少数民族自治州，位于中国云南省东南部，经济总量和部分社会经济指标居全国 30 个少数民族自治州之首。红河州是云南经济社会和人文自然的缩影，是云南近代工业的发祥地，也是中国走向东盟的陆路通道和桥头堡，被列为第二批国家新型城镇化综合试点地区。红河州境内矿产资源丰富，是我国有色金属的重要基地之一。红河州生态环境综合防治的重点和难点是异龙湖水体、滇南中心城市核心区大气环境、个旧市重金属污染。其中，个旧地区属于酸雨区，因此，个旧地区的绿色产业发展需要格外的关注。

红河州的绿色产业类型主要以环保产业、节能产业、资源综合利用产业、清洁能源产业为主。主要绿色产业企业有华新水泥（红河）有限公司、鑫联环保（个旧）科技股份有限公司等。

（1）环保产业。红河州绿色产业中的环保产业主要是能够提供废水、废气、废渣等相关的处理活动，运用先进的处理设备及核心技术进行污水处理，和大气污染治理工程等。红河州组织开展了全州生态文明建设工作专题调研，编制完成了《红河州生态建设规划》《云南省红河州农村环境污染防治规划》《红河州矿山环境保护与治理专项规划》《红河哈尼族彝族自治州生物多样性保护实施方案》《红河哈尼族彝族自治州土壤环境保护和综合治理方案》《红河州生态文明建设排头兵“十三五”规划》等。

近五年来，累计实施省级以上重点减排项目 389 个，生产总值能耗下降 18%；淘汰落后水泥产能 72 万吨、煤炭产能 179 万吨，拆除个旧粗铅冶炼鼓风炉 51 座，关停选矿企业 231 户。特别是 2017 年以来关闭煤矿 2 个，化解煤炭产能 14 万吨；淘汰电解铝产能 5. 34 万吨；拆除个旧地区小鼓风炉 7 台；拆除淘汰蒙自主城建成区 10 吨/时及以下的燃煤锅炉 24 台。

（2）节能产业。红河州的节能产业是指节能技术和设备、节能产品，还包括节能评估、能源审计、能源管理体系建设等节能技术咨询服务，促使企业进一步的节约能源消耗。从 2013 年到 2017 年，红河州能源消费增长速度逐渐降低，与红河州经济的发展速度相比，全州能源消费增长速度放缓。但红河州单位 GDP 能耗与全国和全省相比单位 GDP 能耗存在一定差距，还存在一定下降空间。从数据来源于红河州工信委的统计数据（表 9–17））可以看出，今后红河的节能产业仍是发展重点。

表 9–17 红河州与全国和云南省单位 GDP 能耗对比情况

单位：吨标准煤/万元（现价）

地区	2013 年	2014 年	2015 年	2016 年	2017 年
全国	0. 709	0. 67	0. 635	0. 586	0. 543
云南省	0. 859	0. 816	0. 755	0. 717	—
红河州	1. 121	1. 084	1. 03	0. 974	0. 912
比全国高	0. 412	0. 414	0. 395	0. 394	0. 369
比全省高	0. 262	0. 268	0. 275	0. 257	—

制订开展了《红河州推进节能减排行动计划》，全州 87 户千家企业全部开

展了能源审计，32 户万家企业开展了能源管理体系建设，35 个项目开展了节能评估审查，120 户企业开展了清洁生产审核，促进了企业节能降耗，提高了经济效益，加强了对重点耗能行业、企业的节能管理，完善了能源管理体系，建立了节能工作责任制。

（3）资源综合利用产业。红河州绿色产业中的资源综合利用产业是指矿产资源综合利用，水资源节约与利用，固废、废气、废液、餐厨废弃物、农林废物资源化，再制造、再生资源的利用等。

近年来红河资源综合利用水平提高，积极推进个旧工业固废基地建设。2012 年 4 月，国家工信部正式批复了《云南个旧工业固体废物综合利用基地建设试点实施方案（2011～2015）》，云南个旧工业固废综合利用基地建设工作进入全面实施阶段。重点建成工业固废综合利用 4 大工程，着力打造 6 条产业链，坚持产学研结合，突破技术瓶颈，促进成果转化，全面提升固废资源综合利用水平，工业固废重点项目、示范项目稳步推进，社会、经济、环境效益明显。鑫联环保科技股份有限公司获授“国家级云南个旧工业固废综合利用基地—红河州重金属固体废弃物集中资源化利用示范中心”牌匾。

（4）清洁能源产业。红河州绿色产业中的清洁能源是指利用余热发电、太阳能热利用、新能源的开发利用、太阳能路灯改造等。

红河州目前仍处于以原材料为主的重工业化阶段，重化工依赖严重，工业结构层次偏低。同时，原材料工业中多为高耗能、高排放行业，生产方式低效粗放，资源和能源消耗强度大，环境污染问题突出，资源、能源和环境压力越来越大。随着新引进的以晴、惠科、华创、凯立特、鑫顺祥等一批新兴产业的建成投产，产业结构调整迈出了新步伐，全州能源消耗强度降速增快。

5. 大理州

大理白族自治州（以下简称大理州）地处云南省中部偏西，其中白族人口占总人口的三分之一，是我国唯一的白族自治州，是闻名于世的电影“五朵金花”的故乡。全州林地占总土地的 60%，林木树种繁多，所衍生的林副产品种类齐全。并且，全州水能资源较丰富，共修建水利工程 14000 多座，蓄水总库容达 6.98 亿立方米，水产品年产量达 692 万千克。大理州不仅生物资源富足，还有着得天独厚的旅游资源，吸引着不计其数的中外游客。目前，大理州全力推进生态州和“森林大理”建设，致力于保护大理的青山绿水。

洱海流域新建湿地 7000 多亩，建成城镇村落及农户污水处理设施 67 座和 981 座，面源污染治理取得成效，国家级洱海生态环境保护试点和洱海生态文明试点县正全速推进。

大理州的绿色产业大多是围绕保护洱海衍生而来，以环保产业、资源综合利用产业、清洁能源产业为主，主要绿色产业企业有大理三峰再生能源发电有限公司、顺丰洱海环保科技股份有限公司、中国水环境集团等。

（1）环保产业。大理州绿色产业中的环保产业主要是指水污染防治和大气污染防治。目前，大理州充分利用洱海环境保护方面的研究与产业化成果，优先发展高原湖泊保护及治理技术研发，以农村面源污染治理、城镇及农村生活污水处理、重点行业工业污水处理、再生水处理、低污染水处理与净化、入湖河流污染控制为重点领域，努力打造以高原湖泊保护及治理为核心的水处理产业高地。在大气污染防治方面，大理州依托其机械装备制造业为基础，以大气污染治理设备装配制造为发展龙头，通过并购重组、增资融资等多种方式引进具有设计、制造和服务能力的大气污染治理企业集团，以脱硫、脱硝及除尘基础装备为重点，同时引进关键零部件、大气治理催化剂、自控系统等配套企业，打造具有综合配套功能的大气污染治理产业链条，推动环保产业园大气污染治理产业向集群化、链条化发展。

（2）资源综合利用产业。大理州绿色产业中的资源综合利用产业主要包括工业固废的开发利用、再生资源的利用、生活垃圾的回收处理三个重点发展方向。在工业固废开发利用领域，大理州依托现有的水泥、建材等为产业基础，进一步提高固废和废渣的利用量，大力发展稀有金属、稀散金属、有色金属冶炼废渣金属回收和资源化产业，加强产业链延伸和废渣处理处置资源化技术研发。

在再生资源利用领域，依托祥云财富工业园区板桥再生物资回收加工小区产业为基础，通过政策和经济手段引导企业入园，建设资源回收网，进一步拓展资源回收范围，提高资源回收量。

生活垃圾的回收处理领域，现有回收、清运、处理处置系统，正面向农业废弃物、食品加工有机废弃物、农村垃圾处置等新增市场需求，培育具有西南高原区域特色的有机废弃物发酵制气技术，如大理三峰再生能源发电有限公司利用生活垃圾焚烧进行发电。

根据相关部门提供，预计到2020年，大理州将形成一批具有一定规模、较高技术装备水平、资源利用率高、废物排放量少的综合利用企业，建成较为完善的、具有较高水平的资源综合利用产业体系。

（3）清洁能源产业。大理洱源、宾川、剑川、巍山等县风能资源丰富，宾川、南涧、弥渡等县太阳能资源丰富，邓川工业园区电动汽车基地建设着力发展电动、混合动力、节油发动机技术研发和产品制造业，研发节能配套设备、控制系统、添加剂及零部件。

大理州绿色产业处于起步发展阶段，有交通区位优势，产业资源优势，正面临“西部大开发”“桥头堡建设”等战略发展机遇，绿色产业有广阔的发展空间。

6. 腾冲市

腾冲品饮茶叶的历史已千年，是全国百强产茶地之一。茶叶种植总面积 15 万亩，茶叶总产值 7 亿元，其中 24 万人口主要经济来源靠茶叶，占全市总人口 66 万人的 36%。腾冲茶叶主要分布在“世界物种基金库”高黎贡山。

高黎贡山属国家级自然保护区，位于云南省腾冲市境内，与缅甸接壤，面积 139 万公顷，最高海拔 5128 米，最低海拔 720 米，素有“一山分四季，十里不同天”的气候特征。以其独特的地理地貌、丰富的动植物资源而著称于世，被誉为“世界物种基因库”“自然博物馆”。

腾冲市在 2017 年入选第五届全国文明城市，在全省领先申报成功，在绿色产业发展方面，生态农业有其独特之处。

高黎贡山气势雄伟，峰峦起伏，日照充足，雨量充沛，常年云雾缭绕。年均气温 14.8℃、无霜期 234 天、降水量 1469.4 毫米、日照数 2153 小时、相对湿度 79%。土壤多为红壤，pH 值在 4.7～6 之间，土层深厚，有机质质量高，加之新生代火山喷发遗聚大量肥沃的火山灰，造就了高黎贡山得天独厚的自然条件。种植茶树具有生长周期长、内含物质丰富、自然品质好等特点。

腾冲茶树品种资源丰富，普查腾冲境内共发现有茶树品种 115 个，分属于三个系六个种。主要品种有大理茶、滇缅茶、普洱茶等。栽培管理茶园主要以云南大叶种为主。

截至 2016 年末，全市茶园面积达 15 万亩，实现茶叶总产 13300 吨、茶叶总产值 9.68 亿元（其中：农业产值 4.47 亿元、工业产值 5.21 亿元），茶农总收入 4.6 亿元，带动茶农 5.5 万户 24 万人增收致富。“腾冲茶”作为腾冲市十三五发展六大产业集群之一，是腾冲茶区农民的主要经济来源，亦是腾冲市精准扶贫重点产业。

腾冲市有独特的自然资源，发展生态农业有其得天独厚的优势，生态农业也是其绿色产业发展的重要内容之一，当地具有代表性的企业为高黎贡山生态茶叶有限责任公司。

7. 文山的西畴县

西畴县地处滇东南的文山壮族苗族自治州，北回归线直穿县城横贯全境。全县 1506 平方千米的国土面积中 99.9%属于山区，裸露、半裸露的喀斯特山区占 75.4%，是全国石漠化程度最严重的地区之一，被列为国家实施石漠化治理重点的一个贫困县。20 世纪 90 年代，一位外国地质专家实地踏勘考察后得出这样的结论：“这是一个人类基本丧失生存条件的地方。”

面对山大石头多、人多耕地少、石漠化程度深、水土流失严重的生存发展困境，西畴人民以自强不息的精神品质、勤劳肯干的“西畴精神”，创造了石漠化治理的独特模式。最近 5 年来，全县 GDP 年均增长 12%，农民人均可支配收入年均增长 15%，荣获全国绿化先进县、全国民族团结进步模范县、全国科普示范县等荣誉称号。

选取文山州西畴县作为案例分析是因为西畴县是国家重点生态功能区的石漠化防治重点生态功能区，石漠化十分严重，该地区正在积极改造石漠化土地，大力发展生态农业，取得了一定的成果，具有示范推广的作用。西畴县在实施石漠化综合治理中，探索出了“山顶戴帽子、山腰系带子、山脚搭台子、平地铺毯子、入户建池子、村庄移位子”六子登科模式，进行石漠化综合治理。

目前，西畴县积极招商，提升招商引资成功率和落地率，推进绿色产业相关企业的引进，推进猕猴桃、柑橘产业的发展。

（四）存在问题

通过对云南绿色产业的研究，发现云南在环境治理、资源综合利用等方面取得了较大的进展，但在绿色产业的发展过程中，存在一些共性的问题，主要从政策层面、技术层面、创新层面、其他方面来做归纳。

1. 政策层面

政策层面存在问题主要从经济政策、技术政策、人才政策等方面展开。

（1）经济政策扶持乏力。由于我国资本市场还不太完善，企业若想通过上市发行股票或发行企业债券进行融资难度很大，所以银行贷款是一般企业的选择，但是有些绿色产业企业是高新技术企业，固定资产少，无抵押物，又缺少有效的绿色产业企业贷款的担保机制，也难以获得银行的资金支持。因此，融资难的问题制约着绿色产业企业的发展。

云南近年来陆续发布了促进绿色产业发展的文件及政策，但相关财税、投融资等经济政策相对缺乏，使得绿色产业发展缺少主动性，主要表现在相关的财政资金投入不足，缺少专门用于促进绿色产业发展的投融资机构等，造成绿色产业相关企业融资困难，缺乏一个多元化、长期稳定的资金融资渠道。

绿色产业的个别类型产业，如以尾矿为主的工业固废综合利用，社会效益和环境效益突出，但是对锡尾矿、冶炼废渣为主的工业固废综合利用的优惠政策不足，尤其是税收政策上倾斜和鼓励力度不大，难以形成工业固废综合利用产业体系和社会大循环体系。此外，个别地州类似电价补贴等政策的补贴资金到位速度较慢，这在一定程度上会影响绿色产业企业的资金周转。

（2）技术、人才政策支持欠缺，人才难留。绿色产业的发展离不开技术的创新，尤其是关键核心技术的研发，技术政策应在产业技术进步、技术结构选择和技术开发方面进行的预测、决策、规划、协调、推动、监督和服务等方面予以体现，现有技术政策的支持力度不足，人才政策对科技人员的吸引力不足，从业人员专业技术水平不高，人才流动性强，造成企业人才难留的困境。

（3）个别行业标准界定模糊，监管力度不足。绿色产业内部的有些行业存在同行不合理竞争，行业进入门槛较低，如贵金属行业等，其市场内部的行业小作坊较多，此类小企业资质欠缺，打擦边球，企业安全管理不到位，极易出事故。相关部门对此类企业的监管力度欠缺，从而影响行业的高质量发展。同时，在对危废处理的企业调研中发现，目前对危险废物的界定标准不是很完善，存在一些概念模糊的地方，致使具体实施中易出现废物归属不清等问题。

2. 技术层面

在技术层面，存在突出的问题就是技术交流平台、绿色产业大数据平台欠缺。云南省还没有形成完整的行业技术交流平台，缺乏行业信息的传递与交流，易出现各行业信息不对称的问题，不利于绿色产业企业间的技术信息共享。同时，缺乏云南省内外的技术交流平台，如云南天朗节能环保集团有限公司的技术合作单位都是通过行业内部渠道获得，或者企业自行寻找技术攻关合作单位，目前尚未有一个公开的技术交流平台，存在信息不对称的问题，无形之中为行业未来的发展造成很多困扰。

绿色产业急需应用大数据平台实现企业间的信息互通，产品交易。云南省目前已有些类似“昆明电力交易中心”的能源交易平台，但还不是很完善，而且参与到交易中心的企业数量并不太多，还需要进一步的推广应用。

平台的不完善就会造成行业内产品信息不对称，销售渠道不畅等问题。如“墙内开花墙外香”的情况，云南省内的绿色产业企业，其环保产品的销售市场却大部分在省外，还有相反情况，本土生产的绿色环保产业，如天朗集团生产的再生资源产品（钢渣透水砖、钢渣路面等）在省内的市场尚未打开，省内使用的类似产品来源于省外的企业。

3. 创新层面

本书归纳创新层面存在问题主要从在绿色产业发展过程中难以打破原有路径，特别是绿色消费，消费对于产品的要求很大程度上影响着生产者的生产思路，对于绿色产品的高需求从一定程度上会推动传统产业的绿色转型，有利于绿色产业的长远发展。同时存在绿色产品存在的外部性问题，垃圾分类处理机制有待创新、绿色环保宣传方式较为传统等问题。

（1）绿色消费路径依赖问题较大。消费已成为促进我国经济增长的主要动力，2015 年消费对国内生产总值增长的贡献力为 59.9%，远超投资与出口，全国居民人均消费支出为 15712.4 元，但是在消费的背后隐藏着市场不能告知的真相。非理性消费、过度包装、大量浪费等现象屡见不鲜，“中国式浪费”成为新名称。目前人类正在试图计算并减少自己的“生态足迹”，所以，倡导绿色消费势在必行，刻不容缓。

(2) 垃圾分类处理机制有待创新。随着人们生活水平的提高和消费的增加，生活垃圾集聚增加，将生活垃圾妥善处理，将其再次成为原材料或能源是资源综合利用产业中的主要类型之一，也是解决资源短缺与需求增加矛盾的有效手段。

目前国内外广泛采用的城市垃圾处理方式主要有卫生填埋、高温堆肥、焚烧及综合处理等，虽然受多种条件的制约没有统一的处理模式，但最终都是以无害化、资源化、减量化、低成本化为目标。大多数城市家庭仍采用混合的方式投送生活垃圾，其中的低价值可回收物主要依靠拾荒者从垃圾桶中分拣，再集中运送至各分散的回收站。

云南省的生活垃圾分类工作尚处于起步阶段，人们对于垃圾的分类认识不全面，垃圾桶分类基本分为两类，可回收和不可回收，但没有实质地进行分类，甚至有的地方还存在随地乱丢垃圾的现象，即使有的地区有明确的垃圾分类放置桶，但是趋于形式，作用不明显。生活垃圾基本还处于混和收集、混和运输、混和处置的状态。由于混和垃圾进行焚烧处理，存在垃圾热值低、焚烧工况不稳定、尾气排放易超标等问题，所以进入焚烧处理前的生活垃圾分类处理亟待解决。

(3) 绿色环保宣传方式较为传统。绿色产业的发展还要从需求方面推动产业绿色转型，即通过消费者的环境保护意识觉醒和消费者对生产者及其产品的自觉选择，从需求方面产生对生产者的逼迫作用，推动生产者进行产业绿色转型。但是通过实地调研走访发现，各地州、县市对于绿色环保理念的宣传方式较为单一，主要是通过悬挂横幅标语、张贴宣传画、印发宣传资料及开展环境保护日的宣传活动，缺少将宣传转变为行动的动力机制。

4. 其他方面

其他方面主要是绿色产业界定不统一，统计口径不一致的问题。在绿色产业材料文献收集、整理及调研过程中发现除了上述政策、技术、创新层面的问题外，比较突出的问题就是对绿色产业的范围理解不一，相关职能部门对此也没有规范划分，且是多个职能部门分头负责，所以在地州及县域的调研中，由于统计口径不一致，相关的数据收集存在一定的困难。

六、云南绿色产业发展的“R”(响应)分析

根据前文分析的云南发展绿色产业的压力、有利的自然条件和发展现状的前提下，针对发现的问题提出云南建设绿色产业的思路、重点及对策。

（一）云南绿色产业发展的思路

云南绿色产业发展的思路，归纳为“一个理论、两个突出、三个完善”。

1. 一个理论：“两山”理论

“绿水青山就是金山银山”的“两山”理论是对现代绿色经济的一种新的阐释，指导绿色产业的发展。绿水青山中蕴藏宝贵的自然资源，人类的生存发展离不开山水林田湖的呵护和庇佑，绿色产业的发展应以“两山”理论为指导，在充分尊重自然界的生态规律基础上，保护环境，节约能源，资源综合循环利用，充分体现出绿水青山的生态价值、经济价值及社会价值。

2. 两个突出：突出重点，突出特色

云南有发展绿色产业的潜力和优势，要发展绿色产业，甚至以后发展为绿色产业强省，要突出重点发展领域，将云南的内在特色展现出来，打造云南知名企业和绿色产品品牌，同时以重点发展产业为主线，带动其他类型绿色产业发展。利用“互联网+”“大数据”等技术，创建绿色产品交易平台，实现资源共享，协调发展。

3. 三个完善：完善管理机制，完善创新机制，完善三产融合机制

首先，进一步将政府与市场力量结合，完善绿色产业相关政策配套机制、生活垃圾的管理体制、能效标准、资格认证制度、能效审计制度、自愿减排协议制度和环境教育制度等；

其次，创新是绿色产业高效发展的动力与保障，在传统产业向绿色产业转型升级的过程中，将创新渗透到产业发展的每一个环节中，推动绿色产业发展中体制创新、制度创新与科技创新的有机结合，实现新技术产业化，企业产权制度应更加灵活，增强创新主体间溢出效应；

最后，做强做大绿色产业还要打造绿色产业链条，实现一二三产业融合发展。相关龙头企业在三产融合发展方面已有初步进展，如大理的“顺丰洱海环保科技股份有限公司”和腾冲的“高黎贡山生态茶叶有限责任公司”的三产融合发展已经成型，这将为产业的持续发展提供不竭的动力。

（二）云南发展绿色产业的重点领域

结合云南的资源优势及今后发展趋势，云南绿色产业发展的重点在环保产业、资源综合利用产业、清洁能源产业、高新技术产业（生物医药）和生态农业五大领域。

1. 环保产业

环保产业是绿色产业的重要组成部分，云南在生态环境治理方面已取得了一定的成就，也在探索各种模式，如大理洱海的水污染治理就引入 PPP 模式。由于云南环境压力指数相对更大些，存在局部地区生态环境恶化的趋势未得到完全遏制，大气、水、土壤等污染治理还不到位等问题，所以环保产业依然是今后发展的重点。

2. 资源综合利用产业

“世界上没有真正的垃圾，只有放错了地方的资源”，资源的综合利用涉及到循环经济、低碳经济的应用，随着人们物质生活水平的提高，资源相对于人们的需求相对匮乏是必然的，资源综合循环利用是今后的发展趋势，也是云南绿色产业发展的重点之一。云南的森林覆盖率为59.30%，要因地制宜，充分利用云南森林资源丰富的优势，推进森林资源综合利用，充分利用林区“三剩物”和次小薪材，提高木材综合利用水平。同时还应推进垃圾资源化产业发展进程。

3. 清洁能源产业

充分利用云南的风能、太阳能、水能等资源，培养新能源产业，开展特色植物的普查和开发利用研究，探索发展新型生物质能，大力发展新能源汽车及其装备制造业，建立起比较完整的产业技术支撑平台与产业配套体系，形成空间和产品双集聚的合理布局。

4. 高新技术产业(生物医药)

云南的生物资源丰富，其优势高新技术产业主要集中在生物医药产业。十三五国家战略产业将医药卫生列入十大重点发展领域，云南省委省政府也把生物医药和大健康产业列入八大重点产业发展领域之首。同时，云南正在打造“健康生活目的地牌”，鉴于此，云南的绿色产业也应主打“生物医药”牌，发掘未知的生物资源，依靠科技创新，走“产学研”发展模式，打造云南知名品牌。

5. 生态农业

“绿色食品”是云南省“三张牌”中的比较关键的一张，要保证食品的安全健康，发展生态农业是不可缺少的途径之一，也是今后发展的趋势所在。生态农业是遵循生态经济理念，依靠现代科技，合理利用和保护自然资源的农业生产体系。不仅云南的系列作物生产都应实现绿色化，而且对于生态脆弱地区，在绿色转型的过程中也应树立发展生态农业的理念，如前文中的西畴县，具有一定的代表性，土地荒漠化治理后如何发展是摆在现实的重要问题，重视科研，发展生态农业，同时带动观光旅游，是实现经济效益、生态效益和社会效益的有机统一的有效路径。

(三) 云南发展绿色产业的对策

通过对云南绿色产业发展的重点、思路分析之后，同时结合存在的问题，分别从政策推动、技术支撑、创新驱动、其他方面提出相应的对策。

1. 政策推动对策

在落实好国家相关优惠政策的同时，制定完善产业发展、财政扶持、税费优惠、土地使用、信贷支持等激励性政策，采取合资、入股、合作、托管、特许经营等多种方式，吸引更多企业进入绿色产业市场。

（1）加大经济扶持力度。

一是增加绿色产业研发资金的投入。绿色环保产业是典型的技术密集型产业，要积极争取国家对绿色产业发展的专项资金支持，实施绿色产业示范项目，促进产业结构优化和升级。目前，云南省有类似节能专项资金等环保研发资金的支持政策，但是标准较高，资金数量有限，所以可设立绿色发展专项基金，进一步加大绿色产业的资金投入。

二是支持设立各类绿色发展基金，实行市场化运作。大力推广 PPP 模式，引入生态环境治理领域，发挥社会资本在生态环境保护中的作用。支持绿色产业引入 PPP 模式，建立公共物品的绿色服务收费机制。

三是加大财政补贴的力度。从事绿色产业的企业生产资源环境友好产品，存在外部经济，要增强企业的生产动力，政府要相应地对其进行补贴。对于新型可再生能源的开发、低碳技术的改造和环境污染治理等领域，补贴方式也应不限于价格补贴、优惠利率等方式，还可包括绿色信贷、绿色融资、绿色银行等形式。云南省在现有绿色信贷、银行贷款利率优惠等政策的基础上，应减少相关手续的审批程序，加快办事效率，从而让一些小型的绿色产业企业也能享受此优惠，缩短它们的申请时间，这样就可很好的达到推动绿色产业企业发展的效果。

另外，对于购买节能减排产品的消费者，可创新激励方式，可采用环境保护信用积分制度，对消费者的低碳购买行为进行一定形式的财政补贴，如购买节能家电、电动汽车、以及实施垃圾回收等。同时，政府提高补贴资金到位速度，加快企业资金的周转速度。

四是完善土地支持政策。落实土地优惠政策，对引进和重点发展的绿色产业项目在土地符合规划、不改变用途的前提下，积极落实用地指标，放宽土地出让价控制。

五是加大信贷支持，拓宽融资渠道。对符合贷款条件的绿色产业企业及相关项目，各商业银行应根据信贷原则，积极给予贷款支持。鼓励具备条件的企业通过发行债券、上市发行股票等多渠道融资，支持绿色产业龙头企业上市融资。

（2）加大关键技术政策支持和引进人才力度。技术政策是政府制定的促进产业技术进步的政策，由于技术具有公共产品的属性，而个人收益往往低于社会收益，所以会制约企业技术开发投资的积极性。另外，技术开发存在较大的风险，并且需要一定的投入规模，中小企业一般难以承担。因此，要加大对技术，尤其是关键核心技术的支持，从资金投入、研发团队、研发过程、投产使用各个环节进行政策支持。同时，鼓励使用本省产品。企业自主研发的污染治理产品，在省内同等条件下，政府优先采购并协助推广使用，并支持企业走向省外市场。

大力吸引绿色产业高层次人才，有效实现人才与产业、项目的紧密结合。明确高层次人才总体部署，根据传统产业绿色转型发展需求，重点引进和培养绿色产业重点领域中各层次人才。鼓励企业多形式与国内外高校、科研机构建立合作关系，打造完善的“产学研”机制，加大对企业、各类人才的激励机制，全方位强化人才的住房、医保等基本保障。

(3) 界定行业标准，加强监管力度。逐步提高绿色产业内不同类型行业准入标准，加大行业资质监管力度，引导企业良性竞争，淘汰规范性差的小作坊，给有潜力的中小企业充分的发展空间，整体上提高行业发展。同时，完善危废品的界定标准，指导企业危废的处置方式。

加强行业监管，各部门密切合作，支持绿色产业相关产业结构、产品结构和企业组织机构的调整。建立行业协会，实施行业自律和规范监督管理，协助政府主管部门管理和规范环保市场，消除地方保护和行业壁垒。

2. 技术支撑对策

技术支撑是绿色产业长效发展的有效保障，从供给方面通过改变生产领域中劳动者素质、物质技术基础，扩大劳动对象范围等方式，提高产业的技术水平。在技术支撑方面，要打造“云南绿色全产业链平台”，对象涵盖绿色产业涉及的政府、高校及科研机构、企业，过程包括从原料到产品再到原料所需的技术攻关、信息互通等所有环节。

通过“互联网+”“大数据”等科技手段，构建全省的技术交流平台和绿色产业大数据平台，将其称为“云南绿色全产业链平台”，拟将平台分为四大板块：环保技术版块、绿色产品版块、专家支持版块、产学研版块。其中，环保技术版块将涵盖所有领域的最新环保技术及各行业标准界定；绿色产品版块不仅包括绿色食品的交易平台，还包括碳汇等的交易平台；专家支持版块中涵盖环保、生态、经济、管理等各行业的专家智库，集思广益，为解决绿色产业各个环节的问题献计献策；产学研版块是企业与高等院校、科研院所的合作桥梁，将科学研究与市场需求高效结合，为绿色产业关键技术的研发与应用保驾护航。

此平台的构建可实现政府、高校、科研机构、企业间的资源共享，企业与企业间的信息互通，产品交易，减少行业内产品信息不对称，拓宽销售渠道。政府主导、企业联动、高校及科研机构推动建立云南的绿色全产业链，将分布在各州地的绿色企业联合起来，加大推广绿色产品的应用，改善生态环境，提高人们生活质量，最大程度发挥绿色产品的效用。

3. 创新驱动对策

（1）转变消费理念，推进绿色消费。公众的绿色消费理念将直接影响绿色产业的发展，云南是少数民族聚居区，各民族有不同的生态伦理文化，应发挥有利条件，创新文化宣传方式，除了街边宣传、环保讲座等传统方式，还有开设环保课程、运用互联网宣传环保理念等方式来增强民众互动性，将环境保护的理念落实到民众心中。同时，值得关注的是，绿色消费观的培养应从娃娃开始，可以组织小学到中学学生到展览馆、博物馆等地区进行参观学习，选取各地典型的龙头企业作为“全国中小学生环境教育社会实践基地”，定期向学生免费开放，使学生从小培养节能、环保的理念，从身边小事做起，培养正确的价值观和消费观，不盲目追求高消费。

另外，在“互联网+”的大形势之下，相关职能部门可充分利用网络的优势，达到宣传环境保护的目的。可申请云南环境保护微信公众账号，每天推送与环保相关的文章、政策、环保举措等，公众号还可以定期开展一些类似“身边感动你的环保举措”的活动，并举办抽奖等活动来刺激公众的参与度；拍摄“环境保护”的宣传片放到环保官网、微信公众号、官微等官方网络平台。宣传片内容可多样化，不局限于环保知识的宣传、环保故事述说、环保产业的发展等类型，可以创新多种内容形式。

（2）完善绿色产品质量认证机制。云南应突出发展“特色农业”“精品农业”和“订单农业”，发展核桃、食用菌和森林畜牧业等，大力建设有机农产品配套服务中心。同时，完善绿色农产品市场准入机制、相关认证体系及农产品追溯体系，加大滥用认证标志的惩处力度。一方面，在金融政策上向绿色生产厂家倾斜，培养龙头企业；另一方面，向消费者普及认证标志及等级，做到货真价实，使消费者有追溯绿色农产品生产地及质量验证的渠道。

（3）创新生活垃圾分类处理机制。生活垃圾处理不仅是某个部门或企业的事情，需要整个社会参与共同完成。目前，昆明市在垃圾分类处理方面走在全省前列。2017 年，昆明市被列为 46 个生活垃圾分类制度实施重点城市之一，先行实施生活垃圾分类工作，《昆明市城市生活垃圾分类管理办法》于 2019 年 3 月 1 日起施行。云南要以昆明为试点，实现以点带面的推广效果，全面推行生活垃圾分类，逐步提高生活垃圾分类收集覆盖率、资源回收率和资源利用率。

一是垃圾分类宣传的主体、宣传内容和宣传形式应多样；二是各类企业在其产品包装上都有明确的垃圾分类提示，同时各个家庭也全面配合学校、政府的宣传教育工作，积极进行垃圾分类；三是通过宣传册、学校教育、家庭教育、公共宣传等方式，让人们逐步掌握垃圾分类的方法和资源循环利用的知识。

云南要以昆明为核心，向其他地州辐射，从生活垃圾分类处理“示范社区”“示范学校”开始，从垃圾分类处理教育宣传、垃圾分类设施的有效利用、垃圾中转站的合理处置等制定全面的政策制度和推广机制，重新规划生活垃圾收集、运输和处理系统，对现有系统进行全面升级改造，在试点城市取得效果后再进行全面推广，争取走在全国的前列。

（4）其他方面。由于对于绿色产业的理解在学术界、政府相关部门都没有明确定义，导致的统计口径不一，数据有所出入，要解决这一问题，最根本的就是明确绿色产业的含义及内涵，云南要发展绿色产业，首先应从政府职能部门角度给出其相关定义，并明确给出包含的产业类型，并附有明确解释，指导各地州及各县市明确绿色产业涵盖范围，统一统计口径。这也是政府职能创新的表现之一。

第十章

云南他留文化绿色消费案例

2019年7月15日至16日，习近平到内蒙古的社区、林场、农村等地就经济社会发展、生态文明建设进行考察调研。在内蒙古赤峰市调研时，首先到松山区兴安街道临潢家园社区考察。临潢家园社区是一个多民族群众聚居的社区，近年来率先打造“少数民族之家”特色服务综合体。习近平走进社区查看少数民族服饰、用品展示。随后，到赤峰博物馆，了解红山文化等史前文化发掘保护情况和契丹辽文化、蒙元文化等历史沿革。习近平指出，我国是统一的多民族国家，中华民族是多民族不断交流交往交融而形成的。中华文明植根于和而不同的多民族文化沃土，历史悠久，是世界上唯一没有中断、发展至今的文明。要重视少数民族文化保护和传承，支持和扶持非物质文化遗产，培养好传承人，一代一代接下来、传下去。

新时代的生态文明观需要确立“文化自信”观，明确文化服务的供给侧改革方向，挖掘遗留在边疆民族地区的“璀璨珍珠”，让其熠熠生辉，普照四方。他留文化是云南边屯文化的人文品牌之一，不仅有“犹抱琵琶半遮面”的神秘，而且有对孕育其土地的尊重、敬畏的沿袭，其图腾、服饰、生活习惯更是绿色生活、绿色发展的典例，对该文化传承研究意义重大。

他留文化中的主体是他留人，是彝族的一个支系，彝族支系按族别称谓划分为水田、他留、崀峨、乡谈、他谷、土家、纳咱、支里等八个支系，从崀峨人中分离出来的一支自称“他鲁苏”，即他留人的先民（冷天玉等，2017）。在他留当地，现有人口约5000余人，主要分布在云南丽江永胜县六德乡。他留人有九大姓氏，其中“王、兰、陈、海”是他留人的主姓、旺姓（杨丽和付伟，2019）。他留人虽然有自己的语言，但是由于历史原因他留人没有留下文字，而是通用汉文。他留人不仅创造了璀璨的文化，还将他留原始的民风民俗完整的保存下来。

一、他留文化

他留文化既神秘又丰富，是历史学家、社会学家、考古学家科学研究的摇篮，同时随着他留地区生态旅游的推进，其开发利用价值逐步体现，犹如一座未知的矿藏，在探明矿种后要进行保护性开发，将宝贵财富得以世代持续享用。简良开（2005）通过对他留人多年的了解研究，将他留文化分为彝族的老原生文化和融合文化两种文化形态，其中彝族的老原生文化为他留人的主体文化，主要包含他留的语言、服饰、饮食和特有的婚丧嫁娶等礼仪；而他留的融合文化主要包含他留碑林、他留传统建筑等，即一定程度上融合汉文化之后形成的他留文化。

廖国强（2011）将文化分为物质文化、制度文化和精神文化三大类别。其中，物质文化属于一种可见的显性文化，即指人类创造的物质文明；制度文化属于一种不可见的隐性文化，如社会制度、家庭制度等；精神文化指宗教信仰、审美情趣等，也属于不可见的隐性文化。在此基础之上，将他留文化总体也以此为根据归纳划分为三大类，具体的分类见表 10-1。当地政府及相关机构为保护和传承他留文化做出了很多努力，下文就从他留物质文化、他留制度文化、他留精神文化三个方面来介绍他留文化。

表 10-1　他留文化的分类

文化类型	内　　容
物质文化	营盘村墓群,他留古城堡遗址,栖云洞,他留美食,他留服饰
制度文化	成人礼(青春棚)
精神文化	他留粑粑节祭祖

(一) 他留物质文化

1. 营盘村墓群

他留人墓地是云南省政府 1998 年 11 月 18 日公布的省级重点文物保护单位，营盘村墓群坐落于丽江市永胜县六德乡营盘自然村的中部偏东北方向，在此埋的墓葬大约有一万余座。根据《全国第六批重点文物保护单位永胜县六乡营盘村墓群保护维修项目可行性研究报告》中相关的碑文记载，他留古墓群的埋葬年代最早是从明万历年间开始的，最晚至民国时期，已经有 400 余年的历史了。他留的墓群都是就当地自然环境，依山而建，大多是包石冢，墓碑的碑体多为长方形，整体的通高都在 1.5～2 米之间，宽都在 1.5～4 米之间。他留人的崇拜物掺杂其中，突出于动物——猪以外的十一种属相，位置在基座麒麟石两侧，夹在鹿马石之间。

这些墓碑是他留图腾演变的明显标志，极具艺术研究价值，更是他留与汗文化融合的象征。所以，到他留碑林参观考察的专家学者都认为，他留的碑林文化可称之为“彝汉融合结晶，隐含历史之名，汉文化的包装，他留人的内涵”。当地的政府和相关主管部门积极的采取措施去保护和传承这种独特的文化。1992 年，“营盘村墓群”被永胜县人民政府列为县级文物保护单位；1998 年，“他留坟林及城堡”被云南省的人民政府列为省级文物保护单位；2006 年 5 月，国务院将“营盘村墓群”列为了第六批全国重点文物保护单位。由此可看出，当地的相关部门对他留文化的保护和传承所付出的努力还是卓有成效的。

2. 他留古城堡遗址

位于六德乡玉水营盘村的他留古城堡遗址，从明朝嘉靖年间开始修建，历史上是滇西北通往华坪以及内地的一个关津道口。遗憾的是他留古城堡虽然是他留人的发祥地，但却在清朝的咸丰年间（约 1861 年）毁于一场战火。

如今他留古城堡遗址东、西、北三面环山，而南面是一片开阔的缓坡地，占地面积约为 130 公顷。他留古城堡内的民居院落特点鲜明，都属于简单的四合院。他留古城堡内的地表上，散落有很多当时的筒瓦、板瓦以及明清时期的一些青花瓷碎片。在他留古城堡的外围，可见土墙残壁，城墙四周还留存些许排水沟，最长可达到百米以上。他留古城堡既是彝汉两族人民智慧的结晶，更是他留特有文化的一个见证。

3. 栖云洞

栖云洞位于他留古城堡的东南部约 600 米的峭崖处，其地势险要，造型独特。此洞是由高斗光在清顺治十八年所题。从历史资料中了解到，高斗光为清朝世守高氏土司，他晚年在栖云洞峭壁的左边，留有一副“谁能超世累，共坐白云中”的笔墨，在栖云洞上的书法石刻，堪称是书法珍品。栖云洞见证过他留人百年前的辉煌，但是，如今除了当地人来怀缅，也只有少许游人来游览而已。

4. 他留美食

当今食品安全成为每个家庭关注的焦点，“生态食品”“无公害食品”“有机食品”应运而生，越来越得到消费者和商家的青睐，同时也是我国农产品供给侧的发展方向之一。而他留人在创造他留文化的同时，还培育了无污染、无添加的有机生态食材，“他留乌骨鸡”“他留红米”“他留梨”等生态产品被消费者交口称赞。

5. 他留服饰

他留人的传统服饰是绿色服装的典型代表，他留服饰的特点将在下文中详细介绍。

(二) 他留制度文化——成人礼（青春棚）

他留人的婚俗习惯奇特，十分自由自主，不仅倡导一夫一妻制，还以婚前的自由恋爱为其特点，其依托的形式主体是“青春棚”，是他留父母特意为自己的女儿搭建的一个棚子，在当地也称之为“姑娘棚”。“青春棚”主要是为了方便他留女孩在棚子里接待自己的男友，以便完成整个婚恋的过程。他留的青年男女在行完成年礼之后，首先要“过七关”，顺利通过“七关”之后，他留男孩才能开始“串棚子”。“过七关”是他留人圣洁不可逾越的必经过程，具有深刻寓意和丰富内涵，意在要经历若干坎坷和磨难，方能缔结良缘。

(三) 他留精神文化——他留粑粑节祭祖

类似于汉族的春节，他留粑粑节是他留众多节日中最隆重的一个。迄今已经有 400 余年的历史，每年从农历六月二十四日开始连续 3 天。他留粑粑节是他留人用来祭祀祖先的传统节日，同时也是集庙会、歌舞娱乐及商品交易等多种形式为一体的民俗文化活动。

节日当天他留人都身穿靓丽的盛装，举行大型的祭祖活动，纪念和缅怀他留先民，由他留酋长来主持他留的祭祖活动。在当天上午，他留人先向祖先进香，并点牛、羊血，之后全体他留人一起咏颂铎系唱经，向他留的创业始祖祈祷。在祈祷之后，他留全族人在他留酋长的带领下，向他留祖先敬献他留粑粑。在他留祭祀仪式结束之后，各家各户需取回自家祭献的他留粑粑，作为当日的午饭。最后，在他留墓地前的大草坪上，举行他留人的歌舞大联欢，此时可邀请外族人的参与。

近几年来，他留粑粑节的重头戏已变成反映他留人婚恋习俗和他留文化的歌舞表演。当地的政府部门力图通过对他留粑粑节的重新编排，以实现“文化搭台，经济唱戏”的目的。2015 年他留粑粑节的活动不仅包括传统的祭祖仪式，以及他留民族歌舞剧——《他留人》的演出，还举行了《他留恋歌》的首发仪式。

二、他留文化中的绿色消费

他留文化中，最能体现绿色消费的是他留人的绿色农产品和绿色服饰。

(一) 绿色农产品

他留人敬畏自然、崇尚自然，“天人合一”的人与自然观贯穿他留文化的主线，为此，他留人所种植的农产品也被这种观念影响，崇尚自然生长、无添加，天然养育。他留人的绿色农产品主要包括他留乌骨鸡、他留红米、他留梨。

1. 他留乌骨鸡

乌骨鸡是我国特有的宝贵种质资源，既具有营养、药用价值，还兼备观赏、投资等经济价值，具有“乌皮、乌骨、乌肉”三乌的明显特征。而他留乌骨鸡是他留人在当地寒温带山地气候经过长期选育而形成的具有地方特色的鸡种，采取全生态的方式饲养，只喂青菜和清水，不喂任何的添加剂，属于天然的绿色产品。他留乌骨鸡在2010年1月被农业部列为畜禽遗传资源品种之一，连续四轮被认证为“有机产品”，进入国家一村一品平台，同时也被评为“云南省名牌农产品”。2018年1月10日CCTV7还播出了《神秘风俗惹来的风波和财富》，主要探析他留乌骨鸡产业的发展。

2. 他留红米

他留红米（即：他留粑粑）是他留人的主食，颜色褐红，是在特定海拔、水源、土壤和气候的他留山上天然生成，实属于当地的稀有品种。他留红米富含丰富的蛋白质、膳食纤维，以及铁、铜、磷等多种微量元素和多种维生素，同时具有益气健脾与生津止汗的功效。

他留粑粑则是以他留红米为原料纯手工制作的绿色产品，将他留红米蒸熟之后，再用木碓、石对窝进行加工，被他留人广泛用于祭祀、婚、丧、嫁、娶、待客等多种礼仪活动及社交场合之中。当地人通常将他留粑粑油炸、煮食或烤食后食用，属于当地著名的土特产。

3. 他留梨

他留梨（简称“鸡米梨”）产于他留古梨树，梨树的寿命较长，一般能达到20～30年，若照料得当，个别梨树寿命能超过100年。而在他留村中，千余株他留古梨树的寿命都能达100年以上，其中部分梨树树龄已高达500余年，这种情形在全国都属罕见。他留古梨树百年来依然能产果，可能由于他留古梨树寿命太长，他留梨的外形有些丑陋，但是，他留梨皮黄多汁，口感酸甜，不仅可作水果食用，还可清蒸入菜，存放久后可制作成梨子醋，具有防治感冒、润肺止咳之效。

现今，他留古梨树已经是他留古村落的一个招牌，在每年他留梨成熟的季节，都会有很多游客到他留古村落去摘古树梨。在2015年举办了第一届他留山梨花节，与此同时，当地政府还主持拍摄了宣传他留文化的微电影——《他留人》，全方位地宣传他留文化。

（二）绿色服饰

他留人的传统服饰色调突出，崇白尚黑，间以红、蓝、青等色来镶边，布料的搭配恰到好处，美观大方，冬暖夏凉，劳闲有别。他留人的传统服饰被称为“火草衣”，是典型的绿色服饰，是用当地盛产的野生火草，配以麻类纺织而成。火草是一种草本植物，纤维性很好，常说的“燧石取火”用的就是这种物质，故被称为“火草”。“火草衣”取材于植物，舒适耐穿，美观大方，有益于身体健康。

火草衣工艺是他留人世世代代相传的独特手工技艺。由于缺乏相关的文字记载，所以已经无法考证他留人是从哪个年代开始运用火草纺织技艺的。但是，在营盘村墓群中的许多墓碑上，都刻有火草的图案，说明他留人的火草衣技术源来已久。他留火草麻布纺织工艺不仅在国内受到重视，在2009年被列为了第二批云南省的非物质文化遗产，而且已走出国门。他留服饰远在大英博物馆、俄罗斯国家博物馆等地收藏展示。

他留人的服饰，尤其是女子的服饰，都是做工考究，技术精湛，女子穿着典雅大方。作为他留的女性，从少到老至少会有四套不同的他留服饰：童装、青年装、成年装（礼服）和丧服。对男子而言，年龄不同风格不同，从少到老，一般有3套（短装、礼装和丧服）。他留人虽有本民族服饰，但只有在重大节日与活动时才穿戴，平时都穿普通劳动服装，在干粗重农活、脏活时，他留人无论男女都需要披一块羊皮或者穿羊皮褂子。

三、他留文化绿色消费存在的问题

他留文化中的绿色农产品和绿色服饰也受发展模式、消费观念、产品类型等方面的路径依赖。

（一）发展模式的依赖

文化产业是一种特殊的产业，有研究表明，很多国家已将文化产业作为经济贡献的主要产业（吕素昌，2017）。文化产业的发展与其受重视程度极其相关，重视程度越高，政策、投资力度越大，产业发展的规模越大，随之带动经济发展的程度就越高，反之效果则相反。而作为他留文化中的绿色农产品和绿色服饰同样受文化产业的发展情况所影响。通过查找丽江各区县主要经济数据可看出，永胜县的产业发展方式以第二产业为主，是丽江所有县（区）比重最高的，而第三产业仅占27.41%，是丽江所有县（区）比重最低的（付伟等，2018）。因此，永胜县的第三产业发展严重不足，一定程度上制约了他留文化中绿色农产品和绿色服饰的发展。

（二）消费观念的依赖

消费观念决定着人们的生活方式，生活方式则是决定经济需求与供给系统的最终决定因素。随着经济全球化的发展，外来文化冲击着整个社会，西方文化及节日越来越受到国内消费群体的追捧（张友国等，2016）。发达国家消费方式对我国消费者持续地、几乎无止境地引导、教育与刺激，加上社会上的攀比心态难免会造成非理性浪费，崇尚时尚的、奢侈的产品，形成恶性循环，锁定在此路径上，难以改变。此时他留文化倡导的绿色消费、绿色生活、绿色服饰会被现代人所冷落，甚至忽略。一方面，他留人的“火草衣”与其他少数民族服饰相比，在市场上价位较高，融入的现代需求元素较少，消费者的认可度不高；另一方面，他留火草传统纺织技艺的传承面临着制作材料逐渐减少、传统纺织技艺工序繁琐、族人价值观念的变化及传承队伍出现“断层”等问题，使传统“火草衣”的供给越来越少。

另外，他留乌骨鸡山地放养4～6个月出栏，比肉食鸡出栏速度慢；每一亩的梯田仅生产约150千克他留红米。这些外部性因素严重限制了他留农产品的产量和价格，出现产量低、价格高的现象。而不少消费者本身就对绿色农产品不甚了解，对其认证仍存有疑虑，所以在外部性和消费观的双重影响下，对绿色农产品就望而止步了，随即出现消费行为与最初的绿色消费意愿不吻合的现象。

（三）产品类型的依赖

此外，他留乌骨鸡、他留红米、他留梨这些绿色农产品都属于生鲜食品，成品保质期较短，且会随着存放时间的增加对口感有所影响。同时，产地在丽江永胜，若云南省外消费者有购买意愿，运输与保鲜也是一个严峻问题。然而，冷链物流运输成本过高，已超出村民可承受范围。所以多重因素影响下，限制了他留绿色农产品的销售，以点代面，反映出绿色消费在生产者阶段被制约。

四、他留文化绿色消费的路径选择

习近平总书记指出，要坚持乡村全面振兴，抓重点、补短板、强弱项，实现乡村产业振兴、人才振兴、文化振兴、生态振兴、组织振兴，推动农业全面升级、农村全面进步、农民全面发展。产业兴旺，是解决农村一切问题的前提，文化振兴要与产业有机融合，将他留文化中的精粹悉心保护与传承，将绿色文化、绿色产品成为他留人生态宜居、生活富裕的敲门砖。解决他留文化中绿色消费的路径依赖问题，最关键的是要打破“锁定路径”，针对制约他留文化绿色消费的因素，选取合适的发展路径。

（一）文化创意+产业融合发展

文化创意是对文化进行创作、创造以及对其进行深加工，创造出具有发展潜力的新型旅游产品，使其符合消费特征和交易特征。根据他留当地的发展现状，依托他留文化的各种形式，开发他留服饰、特色农产品、文化景点等不同系列的文化创意产品，通过与乡村旅游业、康养产业融合发展等途径向更多的人展示他留文化，让更多的人了解到原汁原味的他留文化。

1. 文化创意+乡村旅游业

他留的绿色农产品和绿色服饰涉及农业产业，依托当地龙头企业将“他留乌骨鸡”等绿色农产品形成产业，完善“产前、产中、产后”的产业链条，以此为基础，打造他留绿色产品品牌，开发一系列他留特色美食，开办“他留美食节”“他留梨花节”等活动，以观光、采摘、餐饮、娱乐等形式，催生乡村旅游，在旅游产品中加入文化创意元素，提升旅游产品的附加值，提升旅游产品内涵。

2. 文化创意+康养产业

丽江永胜县位于雄奇壮伟的青藏高原与横断山脉的结合部，群山逶迤，云水苍茫，山川毓秀。在大香格里拉旅游经济圈中，属金沙江中段世界自然遗产“三江并流”区和丽江、大理、宁蒗泸沽湖三大著名旅游景区的结合部，是神奇美丽的香格里拉东大门。云南正在大力打造“健康生活目的地”牌，应以此为契机，充分发掘自身生态优势，发展自然友好型的康养产业。康养所关注的健康是人的身、心、灵的健康，不仅关注身体健康，还要关注精神健康。将他留文化创意产品与康养结合，不仅使游客了解他留文化，更得到了精神上的放松，促进与他人的沟通交流。

（二）通过新媒体途径传播推广他留绿色产品

“互联网+”等新媒体途径以超时空特性几乎和所有行业与生活领域相联结，使一些阻碍文化产业发展的传统性弊端被数字技术消解，打破地区封锁、行业壁垒，由此带来产业发展中关系与结构的重塑。

1. 推广“互联网+”等多渠道营销模式

对于他留的绿色农产品和“火草衣”，他留人可通过引进电子商务交易平台，获取供需的大数据信息，运用“互联网+”营销模式，借助“抖音”等媒介，传播销售他留文化的传统工艺品及绿色农产品，开发具有他留特色的

APP，在手机上可直观展现绿色消费对环境、对身体的益处，发现他留文化之美，感悟他留文化之绿。

2. 借助电商销售他留生鲜产品

针对他留乌骨鸡、他留红米、他留梨这些绿色农产品，可采取发展生鲜产业的策略，依托电子商务模式发展他留绿色农产品的销售。他留的绿色生鲜农产品可依托综合型电商平台，来扩大销售量，吸引更多的消费者。促进村民选择更快的运输方式为购买者运输产品，可有效减少由于运输而造成的产品损耗等问题，提高实际销量。

(三) 增加游客体验型观光游览活动

增加游客体验型观光游览活动的目的是以旅游业传承文化，深度挖掘他留文化的社会效益、经济效益和生态效益。

1. 亲身体验“火草衣”的制作工艺

他留的传统文化要让更多游客在观光游览过程中，通过互动、体验等活动增强游览的趣味性。“火草衣”的传统纺织工艺不仅可以向游客展示，讲解绿色服装、绿色生活理念，而且还可以开展“采摘、加工火草体验游”等活动，让游客动手参与进来，亲身体验火草采摘、加工等整个制作过程，将游玩、娱乐、体验有机结合。

2. 他留粑粑节体验活动

他留粑粑节不光包含祭祖活动，还包含歌舞娱乐和农特商品交易等文化活动。所以，他留人一方面可以在粑粑节邀请更多的游客及学者参与到歌舞娱乐活动中，用他留特有的文化魅力去感染他们；另一方面，在粑粑节之后举办农特产品交易活动，他留人可以将他留特产与游客带来的特色物品进行交换，既保持他留人至真至善的品质，也利于更好的发展他留文化。与此同时，政府在主导他留粑粑节和文化展演的同时，还要将他留粑粑节祭祖的意义强化，时刻不忘他留祖先所带来的优秀文化。

(四) 政府部门加大扶持力度

最后，他留文化及他留绿色产品的传承，还需要政府部门的扶持，增加补贴额度、减免税收等政策，来尽力降低绿色农产品的生产成本，提高他留绿色产品的竞争力。

同时，发展相关文化旅游产业，需要资金、政策等多方面的投入，政府部门要发挥主导作用，出台奖励补助优惠政策，完善配套设施和基础设施的建设，营造良好的发展环境，发挥当地龙头企业的作用，吸引社会资本的投入，将他留绿色产品、绿色消费打造成云南的一张靓丽名片。

第三篇

生态文明背景下生态项目的投融资模式及案例研究

传统发展观的核心是物质财富的增长。国民生产总值（GNP）和国内生产总值（GDP）的增长成为度量发展的一个基础性指标，但正如森（Amartya Sen）所指出的，将发展简单地等同于GNP增长、个人收入提高、工业化等，是一种狭隘的发展观（吴敬琏，2013）。为了追求经济高速增长，人们对自然资源进行掠夺式的开放利用，在这种发展观的引导下，加重了环境破坏的广度与深度。

随着生态文明的建设和绿色发展推进，我国加快对环境污染的治理工作。2018年是中国环境保护发展史上具有里程碑的一年，全国生态环境保护大会在北京召开，习近平总书记出席会议并发表重要讲话。中共中央、国务院印发《关于全面加强生态环境保护 坚决打好污染防治攻坚战的意见》，明确打好污染防治攻坚战的路线图。在治理和预防污染的过程中，生态项目受到社会关注，事关民生大事，如何将生态项目有效运行，投融资手段十分关键。鉴于此，该篇主要介绍传统发展观造成严重环境污染问题，在生态文明建设的背景下，详细介绍生态项目投融资模式及典型案例。

第十一章

环境污染的危害及发展生态项目的必要性分析

传统发展观是一种片面的发展观，长期发展下去会导致资源的过度利用和环境的恶化。同时传统的发展观强调的是实用主义，在人与自然的关系中，注重人类利益，忽视自然及其他物种的价值。其局限性在于只考虑眼前的功利，不顾人类的长远利益，传统的发展方式导致污染物大量排放，环境风险集聚，部分地区雾霾天气多发，湖泊蓝藻爆发，饮用水不安全等。

一、环境污染的危害

环境污染具有复杂性、潜伏性、广泛性的特点，产生的污染物质也是复杂的，有些危害在短时间内难以及时发现对生物和人体的伤害，可能需要漫长的时间才能显现。污染物可以通过水、大气等载体来进行传播和扩散，这扩大了污染物对人体健康的危害范围，加剧了污染的传播速度。我国环境污染呈现出结构性、复合型等特点，水资源、大气资源、固体废物污染给人类造成了严重的危害。据全球资源报告统计，环境污染与人类25%的疾病有直接关系，环境污染是引发疾病的直接诱因。

（一）水环境

水是生命之源，是人类生存和维持生态系统良性循环的基础性自然资源，同时又是经济社会可持续发展的战略性资源。

1. 基本情况

2018年，全国地表水监测的1935个水质断面（点位）中，Ⅰ～Ⅲ类比例为71.0%；劣Ⅴ类比例为6.7%。监测水质的111个重要湖泊（水库）中，61.7%处于中营养状态，29%处于轻度和中度富营养化水平，主要污染指标为总磷、化学需氧量和高锰酸盐指数等。

2. 饮用水安全问题

水资源与人类的生产生活密切相关，按其用途可分为：生活用水、工业用水、农业用水、养殖用水、环境观光用水等，其中人类为饮食、洗涤、沐浴等需要而利用的那部分生活用水的天然来源即为饮用水水源（黄德林等，2012）。水源区生态系统在水分调节、水质净化等服务功能方面要求更高，城市饮用水涉及千家万户和各行各业。饮水安全问题已引起国际社会的关注，联合国确定2005～2015年为“生命之水国际行动10年”（翟浩辉，2006）。

我国也加大对饮用水源地的生态保护力度，我国第一部饮用水水源地环境保护规划——《全国城市饮用水水源地环境保护规划（2008～2020年）》于2010年6月颁布，改善我国城市集中式饮用水水源地环境质量，提升水源地环境管理和水质安全保障水平。2018年3月，《全国集中式饮用水水源地环境保护专项行动方案》发布，全面部署饮用水水源地环境问题清理整治工作。城市饮用水源区生态保护问题也成为生态文明建设的重要内容，城市饮用水源区的保护工作也取得了较好的成果，2018年统计的871个在用集中式生活饮用水水源地中，达标水源地比例为90.9%。

3. 人类活动对水源质量的影响

城市饮用水安全与城市化进程密切相关。城市化主要包括人口增长、经济发展、空间扩张和生活提高等各个方面。城市迅速膨胀，人口高度集中，城市用水量的增长速度大大超过了人口增长的速度。城市生活、生产污水向河流排放，导致水体受污染，水质恶化会导致城市水资源的用水紧缺。城市人类活动、社会效益和经济效益与城市饮用水之间联系紧密，相互影响，这种关系即是城市化水文效应。

随着社会经济的发展，人类的生活和生产活动都会直接或间接地影响水源质量。人们的生活产生的垃圾、污水、粪便等会生产病原微生物，病原微生物会产生寄生虫卵、病原菌、病毒、致病霉菌。人类的生产活动会造成交通污染、工业污染、农业污染等，产生的废水、废气、废渣、农药、化肥等化学毒物和空气污染的放射性物质会危害水源质量（图11-1）。其中，废水中含有的污染物主要包括化学需氧量和氨氮。2014年全国废水中主要污染物排放量见表11-1。截至2018年年底，全国设市城市污水处理能力1.67亿立方米/日，累计处理污水量519亿立方米，分别削减化学需氧量和氨氮1241万吨和119万吨。

由环境保护部、国家统计局和农业部在2010年联合发布的《第一次全国污染源普查公报》，农业污染源已成为主要的水污染源之一。2017年，农业用水量占全社会用水总量的62.4%。水稻、玉米和小麦三大粮食作物化肥利用率为

37.8%，比2015年上升2.6个百分点；农药利用率为38.8%，比2015年上升2.2个百分点。全世界每年约有4200多亿立方米的污水排入江河湖海，污染了5.5万亿立方米的淡水，这相对于全球径流总量的14%以上（国家林业局，2015）。

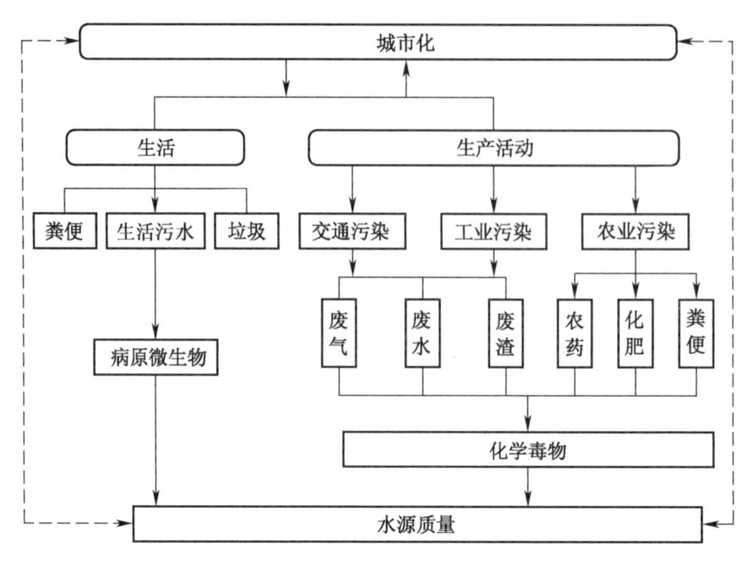

图 11-1 城市化对水源质量的影响

表 11-1 2014 年全国废水中主要污染物排放量

化学需氧量					氨氮(万吨)				
排放总量	工业源	生活源	农业源	集中式	排放总量	工业源	生活源	农业源	集中式
2294.6	311.3	864.4	1102.4	16.5	238.5	23.2	138.1	75.5	1.7

4. 水污染的危害

根据世界卫生组织的结论，80%的人类疾病与水污染有关。水污染是指湖泊、河流等水资源污染，饮用污水和食用污水中的生物，会对人体健康造成不同程度的损害，甚至导致死亡。水污染可以分为：水体中生物性污染的危害、水体中化学性污染的危害、物理性污染的危害等，都会在不同程度上引发病毒性传染病，诱发癌症等。

（二）大气环境

1. 空气质量

根据生态环境部发布的《2018中国生态环境状况公报》显示，2018年全国338个地级及以上城市中121个城市环境空气质量达标，环境空气质量各级别天数比例如图11-2。处于良好状态的天数占绝大多数，但是分别存在不同程度的轻度、中度、重度和严重污染状况，造成污染的主要污染物是PM2.5、PM10、O_3、SO_2、NO_2和CO等。大气污染主要源于工业废气、生活燃煤、汽车尾气等人为因素和森林火灾、火山爆发等自然因素，而以前者为主。

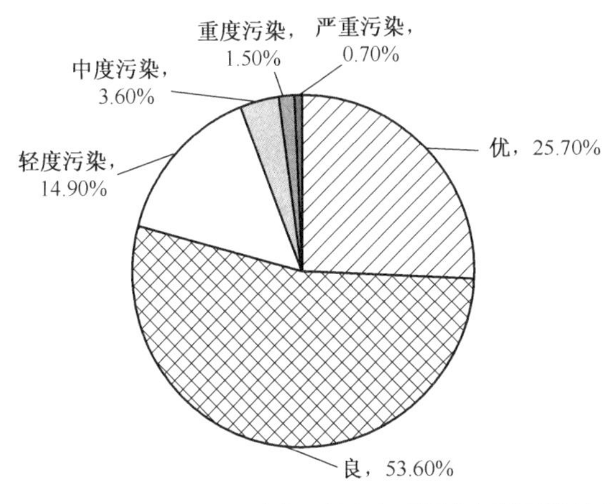

图 11-2 2018 年 338 个城市环境空气质量各级别天数比例

2. 酸雨

2018 年，酸雨区面积约 53 万平方千米，占国土面积的 5.5%，其中，较重酸雨区面积占国土面积的 0.6%。全国降水 pH 年均值范围为 4.34（重庆大足区）～8.24（新疆喀什市），平均为 5.58。酸雨、较重酸雨和重酸雨城市比例分别为 18.9%、4.9%和 0.4%。

3. 大气污染的危害

大气污染主要是指大气的化学性污染，大气中化学性污染物的种类很多，废气中主要的污染物为二氧化硫和氮氧化物，2014 年全国废气中主要污染物排放量见表 11-2。

表 11-2 2014 年全国废气中主要污染物排放量

二氧化硫(万吨)				氮氧化物(万吨)				
排放总量	工业源	生活源	集中式	排放总量	工业源	生活源	机动车	集中式
1974.4	1740.3	233.9	0.2	2078.0	1404.8	45.1	627.8	0.3

大气污染会使人类受到直接和间接的影响，污染物直接通过呼吸道进入人体内，致使肺功能改变，肝脏造成损害，免疫功能失效，诱发各类癌变，死亡率升高。同时，空气污染会引发林地、牧草地病虫害，间接向人类传播污染源。据联合国环境大会公布的 2017 年污染数据，每天大约有两万人死于大气污染。

（三）固体废弃物

我国十分重视固体废物污染环境防治工作。党的十八大以来，以习近平同志为核心的党中央围绕生态环境保护做出一系列重大决策部署，国务院先后颁布实施大气、水、土壤污染防治行动计划，我国生态环境保护从认识到实践发生了历史性、全局性变化。固体废物管理与大气、水、土壤污染防治密切相关，固体废弃物是指人类在生产和生活中产生的固体废物，如工业的废渣，废弃的塑料制品，以及生活垃圾。一般包括一般工业固体废物、工业危险废物、医疗废物和城市生活垃圾等。

1. 固体废物产生量

工业固体废物是指在工业、交通等生产活动中产生的固体废物，包括冶金固体废物（如高炉渣、钢渣、赤泥、有色金属渣等）、燃料灰渣（如粉煤灰、煤渣、烟道灰、页岩灰等）、化学工业固体废物（如硫酸渣、废石膏、盐泥废石、化学矿山尾矿渣等）、石油工业固体废物（如碱渣、酸渣等）、粮食、食品工业固体废物等（金志强，2012）。根据《2018 年全国大、中城市固体废物污染环境防治年报》显示，2017 年，202 个大、中城市一般工业固体废物产生量达 13.1 亿吨，综合利用量 7.7 亿吨，处置量 3.1 亿吨，贮存量 7.3 亿吨，倾倒丢弃量 9.0 万吨；工业危险废物产生量达 4010.1 万吨，综合利用量 2078.9 万吨，处置量 1740.9 万吨，贮存量 457.3 万吨；医疗废物产生量 78.1 万吨，处置量 77.9 万吨；城市生活垃圾产生量 20194.4 万吨，处置量 20084.3 万吨，处置率达 99.5%。

2. 固体废物的危害

固体废弃物如果得不到及时处理或错误地存放都会造成土壤污染、重金属污染物和严重的水污染。城市垃圾在堆放腐烂过程中产生大量酸性和碱性有机污染物，并溶解出垃圾中的重金属，形成重金属、有机物和病原微生物三位一体的污染源（张向东，2000）。垃圾堆积发酵产生的水分，通过渗透或雨水冲刷流入地表水体或渗入土壤，造成地表水和地下水的污染。

二、生态项目的必要性分析

社会经济的持续发展必须以良好的生态环境为重要条件，当社会的工业文明发展到一定程度，获取了极大的物质财富，同时也导致了资源、能源的高消耗、环境的高污染、生态的严重破坏、能源利用的低效率，造成了前所未有的生态危机。所以，我们必须采用一种新的发展观念，以更和谐的方式与自然相处，解决经济发展与生态环境的对立局面，改善已被破坏的生态环境，才能实现人类社会与自然环境的共同进步，如果我们不把生态文明建设摆在至关重要的位置上，生态环境的恶化将不可避免，社会经济发展必然出现倒退趋势。因此，建设生态项目，具有客观意义上的必要性。

总体来看，我国生态建设的起点不高，近年来生态环境质量持续转好，目前仍然面临着资源短缺、环境污染、生态系统退化等各类威胁，近年来，生态文明建设方兴未艾，尽早实现生态文明建设的目标，事关民生大计的基础设施建设项目、环境治理等生态项目建设必不可少，其重要性不言而喻。

第十二章

生态项目PPP模式

随着我国经济的发展，有效利用资源、减少环境污染、防止突发环境事件，确保生态资源可持续的重要性日益凸显，制定并执行生态政策及措施，旨在保护生态环境的同时改善人民的生活质量。党的十八届三中全会提出，允许社会资本通过特许经营等方式参与城市基础设施投资和运营，这为生态项目的投融资创造了机遇。

一、PPP 模式简介

党的十九大报告明确提出着力解决突出环境问题，应构建政府为主导、企业为主体、社会组织和公众共同参与的环境治理体系。经济发展要以市场为导向，环境的治理不能只是依赖于政府。20 世纪 90 年代以来，私营企业进入公共部门投资领域在世界范围内日益普遍，最典型的代表是 PPP 模式。2008 年，ADB、世界银行和国际货币基金组织联合编写了教程，用英语、法语、西班牙语、俄语等 4 种语言向全世界推广 PPP。

(一) PPP 概念

PPP 是“Public-Private Partnership”的英文简称，是一种政府和社会资本的合作关系。目前关于 PPP 没有统一的严格定义。2011 年世界银行专家 Ned White 对 PPP 给出了一个较简洁、全面的描述：PPP 是公共部门与私人部门签订长期协议，要求私人合作者投资（包括货币、技术、经验或信誉），并承担某些关键风险（设计/技术、建设/安装、交付和市场需求），同时交付传统上应由政府提供的服务，并按照业绩获得报偿；联合国发展计划署（UNDP）将 PPP

模式定义为基于某个项目，政府、营利性机构和非营利性机构组织形成相互合作的关系；美国 PPP 国家委员会将其定义为项目外包化和私有化的综合体，利用两者的特征和优势提供公共物品的一种方式；加拿大 PPP 国家委员会认为 PPP 是公共部门和私营部门充分利用自己的优势，合作以最少的资源提供公共需求；英国 PPP 国家委员会认为，PPP 模式是一种风险共担政策机制，由公共部门和私营部门之间基于共同的期望所带来的，服务外包也是 PPP 的一种形式。

国内对于 PPP 的定义，国家发展改革委 2014 年发布的《关于开展政府和社会资本合作的指导意见》文件中对 PPP 模式进行界定，是指政府为增强公共产品和服务供给能力、提高供给效率，通过特许经营、购买服务、股权合作等方式，与社会资本建立的利益共享、风险分担及长期合作关系。国家财政部将 PPP 模式界定为政府部门和社会资本在基础设施及公共服务领域建立的一种长期合作关系，通常模式是由社会资本承担设计、建设、运营、维护基础设施的大部分工作，并通过使用者付费及必要的政府付费获得合理投资回报；政府部门负责基础设施及公共服务价格和质量管理，以保证公共利益最大化。

PPP 项目具有合作周期长、涉及领域广、所需投资大、不确定因素多等特点，张建兵（2016）归纳出 PPP 模式运行的三个重要特征——伙伴关系、利益共享和风险分担。正是由于其目标一致，才能达成伙伴关系，而成为伙伴关系就意味着要利益共享和风险分担，同时要保证 PPP 模式的有效运行，还需要政府对社会资本进行监督和监管。另外，PPP 项目要有效运行，还要考虑政府财政承受能力，中国财政科学研究院调研组（2017）提出 PPP 项目能够可持续发展，要做好财政承受能力评估，年度 PPP 项目财政支出不超过一般公共预算支出 10%的红线。

（二）PPP 模式在生态项目运行中的优势

生态项目顾名思义，就是为解决环境问题而开展的保护生态环境或治理环境问题、事关民生大计的基础性建设项目或公益类项目。这类项目一般支出的费用较大，周期较长，甚至是几十年。如果政府在环境治理方面唱“独角戏”，一方面会造成地方政府债务负担过大、管理效率底下的后果，而另一方面社会资本一直处于高储蓄率、投资受阻状态。所以生态项目的建设需要社会资本的投入，为当前环境治理提供高效、合理的战略机遇。生态项目 PPP 模式的优势归纳为以下几个方面：

1. 有利于拓宽社会资本投资渠道，增强经济增长内生动力

投资是带动经济发展的“三驾马车”之一，将闲置的社会资本吸引，投资于基础设施和公益项目的建设，将有利于经济的持续发展。基础设施在福利经济学上被定位为“准公共产品”，其建设周期一般较长，投资规模大，由政府单一形式投资，财政压力较大，通过 PPP 模式的实施，可将社会资本加入到公共产品的提供上来，促进了我国民营经济和社会资本的活跃程度。2017 年，民营投资占我国投资总额的 60%以上，民营经济占全国经济总量的份额在逐步提升（聂继媛，2018）。

2. 有利于政府职能的转变

PPP 模式的运行将政府由原来基础设施建设者、公共服务的提供者、监管者，转向更为集中的合作、监督和管理者。正是由于之前政府集众多角色于一身，难免顾此失彼，导致政府投资项目效率不高等问题的出现，通过 PPP 模式的政府采购阶段，使企业相互竞争，选取专业团队来做专业的事，有助于项目从设计、到建设、运营、维护等阶段的高效率、高质量完成，从而实现政府、社会资本、公众的“多赢”。

（三）生态项目 PPP 模式的应用

自政府与社会资本合作（PPP）模式大规模推广运用以来，PPP 模式成为各地政府治理环境污染的重要手段。目前，国内生态项目 PPP 模式运用于水环境治理（张建兵 2016；刘一胜，2017）、垃圾焚烧发电（李海峰，2017；焦爱英和张敬阳，2018；董莉，2019）、居家养老（林晏平，2017）、林业产业（李玉龙，2017）、海绵城市项目（徐倩，2018）、基础设施建设（邓渊博，2018）等，而水环境治理和垃圾焚烧发电的应用比较多，后面两章会对水环境治理和垃圾焚烧发电的典型案例进行介绍。

二、生态项目 PPP 模式相关政策

为确保生态项目能够顺利实施，明确各方责任，国务院、财政部、发改委等部门发布了一系列政策，具体内容见表 12-1。

表 12-1　国家各部委鼓励推进生态项目的相关文件

发布时间	发布单位	发布文件	文件主要内容
2014/9/23	财政部	《关于推广运用政府和社会资本合作模式有关问题的通知》（财金〔2014〕76 号）	拓宽城镇化建设融资渠道，促进政府职能加快转变，尽快形成有利于促进政府和社会资本合作模式（PPP）发展的制度体系
2014/11/26	国务院	《国务院关于创新重点领域投融资机制鼓励社会投资的指导意见》（国发〔2014〕60 号）	进一步鼓励社会投资特别是民间投资，盘活存量、用好增量，调结构、补短板，服务国家生产力布局，促进重点领域建设，增加公共产品有效供给；建立健全政府和社会资本合作（PPP）机制；重点政策措施文件分工方案

（续）

发布时间	发布单位	发布文件	文件主要内容
2014/12/2	国家发展改革委	《国家发展改革委关于开展政府和社会资本合作的指导意见》(发改投[2014]2724号)	合理确定政府和社会资本合作的项目范围及模式;建立健全政府和社会资本合作的工作机制;加强政府和社会资本合作项目的规范管理;强化政府和社会资本合作的政策保障等
2015/4/25	国家发展改革委、财政部、住建部、交通运输部、水利部、中国人民银行	《基础设施和公用事业特许经营管理办法》	特许经营协议订立;特许经营协议履行;特许经营协议变更和终止;监督管理和公共利益保障;争议解决;法律责任等
2016/10/11	财政部	《关于在公共服务领域深入推进政府和社会资本合作工作的通知》(财金[2016]90号)	进一步加大PPP模式推广应用力度;积极引导各类社会资本参与;进一步加大财政扶持力度;充分发挥PPP综合信息平台作用等
2017/9/25	国务院办公厅	《国务院办公厅关于进一步激发民间有效投资活力促进经济持续健康发展的指导意见》(国办发〔2017〕79号)	鼓励民间资本参与政府和社会资本合作(PPP)项目,促进基础设施和公用事业建设;破解融资难题,为民间资本提供多样化融资服务
2017/11/28	国家发展改革委	国家发展改革委关于鼓励民间资本参与政府和社会资本合作(PPP)项目的指导意见(发改投资〔2017〕2059号)	创造民间资本参与PPP项目良好环境;分类施策支持民间资本参与PPP项目;鼓励民营企业运用PPP模式盘活存量资产等

上述文件中的《国家发展改革委关于开展政府和社会资本合作的指导意见》，明确给出项目适用范围：PPP 模式主要适用于政府负有提供责任又适宜市场化运作的公共服务、基础设施类项目。燃气、供电、供水、供热、污水及垃圾处理等市政设施，公路、铁路、机场、城市轨道交通等交通设施，医疗、旅游、教育培训、健康养老等公共服务项目，以及水利、资源环境和生态保护等项目均可推行 PPP 模式；财政部发布的《关于在公共服务领域深入推进政府和社会资本合作工作的通知》中提出，在垃圾处理、污水处理等公共服务领域，项目一般有现金流，市场化程度较高，PPP 模式运用较为广泛，操作相对成熟，各地新建项目要“强制”应用 PPP 模式，中央财政将逐步减少并取消专项建设资金补助。另外，为拓宽政府和社会资本合作（PPP）项目融资渠道，积极发挥企业债券融资对 PPP 项目建设的支持作用，2017 年发布《政府和社会资本合作（PPP）项目专项债券发行指引》。

由此可见，我国大力扶持 PPP 模式项目，鼓励社会资本参与政府相关项目，PPP 模式被广泛应用于各行各业。一系列文件的颁布为生态项目 PPP 模式提供了有利的外部环境和政策保障，为水污染的治理、垃圾处理等项目提供了有效的途径。

三、PPP 模式的分类

一般来说，PPP 模式是一系列项目运作模式（如 BOT，TOT，BOO 等）的统称，根据各国 PPP 委员会、各组织及学者对 PPP 模式的研究，将其类型划分为三类：外包、特许经营和私有化。

外包类项目（Out sourcing）：外包类包括项目式外包和整体外包，社会机构风险最低，整个项目运营中社会机构承担项目的部分或整体内容，最终根据协议，通过政府付费实现收益。其中，项目式外包包含服务分包和管理分包；整体式外包包括设计—建设（DB）、设计—建设—主要维护（DBMM）、运营和维护（O& M）、设计—建设—运营（DBO）等类型。其中，DBO 模式是外包类中合同期限最长的一种，需要 8～15 年，社会机构全程参与整个基础公共服务的运作中。

私有化(Divestiture)：私有化类是社会机构投资最具风险性的模式。公共部门与社会机构签订合同，社会机构在公共部门的监管下，对整个项目进行投资，达到目标收益后，社会机构可继续管理和运营，政府对此项目无追索权。整个项目的投资风险由社会机构承担，故投资风险较大。根据私有化程度，私有化类分为完全私有化和部分私有化两大类。完全私有化还可以分为购买-更新-运营（PUO），建设-拥有-运营（BOO）两类，部分私有化分为股权转让、其他两类。

特许经营类(Concession)：PPP 模式中使用最多的模式是特许经营类，这种模式下，政府在一定时期向社会机构收取特许经营费用，并进行监督，社会资本参与部分或全部项目，以实现投资回报，最终，项目的运营和所有权转移到政府部门。特许经营类包括移交—运营—移交（TOT）、建设—运营—移交（BOT）和其他等类型。

TOT 模式是指政府将正在运营的公共设施的经营权移交给社会机构，约定利益分配及运营周期，由社会资本运营，待合同到期后，社会机构将公共设施或服务无偿转交给政府。

BOT 模式是指政府将一个基础设施项目的特许经营权授予社会机构，社会机构特许期内负责项目设计、融资、建设和运营，并回收成本、偿还债务、赚取利润，特许经营期结束后将项目所有权再移交给政府的一种项目融资模式。相对于 TOT 模式，BOT 模式收益更高，但是风险也相对较高。

除了上述两种类型外，特许经营类还包括 DBTO（设计—建设—移交—运营模式）和 DBFO（设计—建设—融资—运营模式）等类型。PPP 的特许经营类模式可以有效地增加社会投资总量，带动相关产业发展,提升社会经济增长。

四、PPP 模式结构

为了更好地阐释 PPP 模式的运作，PPP 模式涉及的合同各主体及各主体之间的关系要明确，结合财政部公布的《PPP 项目合同指南》及刘一胜（2017）相关的研究，得出 PPP 模式典型的项目合同图，如图 12-1。

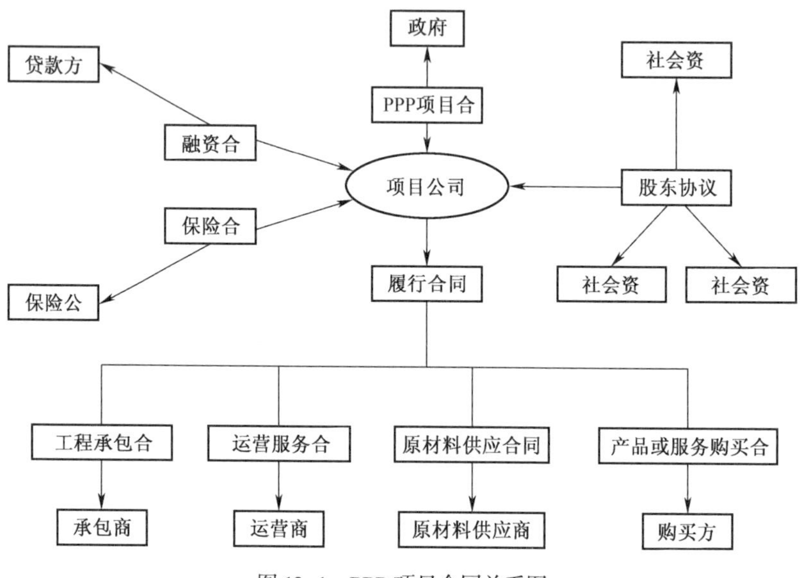

图 12-1 PPP 项目合同关系图

由图 12-1 可以看出，以项目公司为原点，将政府、社会资本、贷款方、保险公司、承包商、运营商、原材料供应商、购买商等不同合作主体联系在一起，通过签订相应的合同，规范各方之间的权力和义务，合理分享利润、分担风险。

第十三章

云南大理洱海环湖截污治理(PPP)项目案例分析

党的十九大以来，经济发展方式从中高速发展转为高质量发展，把“防污治污”作为全面建设小康社会的三大攻坚战之一。2015 年 4 月 16 日国务院发布《关于印发水污染防治行动计划的通知》，提出要强化城镇生活污染治理，加快城镇污水处理设施建设与改造，到 2020 年，全国所有县城和重点镇具备污水收集处理能力，县城、城市污水处理率分别达到 85%、95%左右。为了鼓励水污染防治领域推进 PPP 工作，2015 年 4 月 9 日，财政部和环境保护部联合印发了《关于推进水污染防治领域政府和社会资本合作的实施意见》，要求转变政府职能，拓宽环境基本公共服务供给渠道，改变政府单一供给格局。截至 2018 年 1 月，国家发改委共向社会公开推介三批 PPP 项目，其中水污染防治 PPP 项目约 17 个，涉及金额约 200 亿元（国务院发展研究中心——世界银行“中国水治理研究”课题组，2018）。

一、洱海水质情况

洱海地处中国云南大理白族自治州，水域面积达 256.5 平方千米，是云南省第二大淡水湖，也是大理主要饮用水源地。入湖河流 117 条，涉及大理市、洱源县 16 个乡镇，约 83.3 万人。一水绕苍山，苍山抱古城，洱海是大理人民赖以生存的母亲湖，同时也是苍山洱海国家级自然保护区的重要组成部分。

(一) 洱海水质类别

随着城镇化的发展，洱海周边居住人口的快速增长，在云南省九大高原湖泊中，人口密度最大，周边工业、城镇生活、农村生活、养殖业、农业面源、服务业等，对洱海水域造成了严重的污染。洱海水环境功能要求是Ⅱ类，根据2008～2018云南环境状况公报显示，洱海水质都呈Ⅱ类和Ⅲ类状态，而且有7年都是Ⅲ类。到2018年，超标指标总磷（Ⅲ类，超标0.08倍）、化学需氧量（Ⅲ类，超标0.07倍）。湖库单独评价指标总氮为Ⅲ类，营养状态指数为42.7，处于中营养状态。

表13-1 2008~2018年洱海水质类别

年份	2008	2009	2010	2011	2012	2013	2014	2015	2016	2017	2018
水质类别	Ⅱ	Ⅲ	Ⅲ	Ⅲ	Ⅱ	Ⅲ	Ⅱ	Ⅱ	Ⅲ	Ⅲ	Ⅲ

大理市2019年政府工作报告中指出，2018年洱海保护治理“十三五”规划完成年度投资40.2亿元，累计完成投资116.78亿元，占规划总投资的84.5%，洱海水质全年为优，总体保持Ⅲ类，7个月达到Ⅱ类，未发生规模化蓝藻水华，新建一批蓝藻控制与应急处置设施，收集处理富藻水1629万立方米、藻泥3997吨。

（二）污染原因分析

随着城镇化、旅游业快速发展，洱海流域的生活垃圾、污水和农业面源污染逐年加大，曾三次爆发蓝藻，洱海水环境形势恶化，正处于关键的、敏感的、可逆的、营养状态转型时期（中国财政科学研究院调研组，2017）。近年来，大理市旅游业快速发展致使洱海周围的客栈数量疯长，出现污水偷排现象，同时越来越多的生活垃圾被抛弃在洱海附近，2015年洱海周边每日平均产生657吨垃圾，也是导致洱海水环境不断恶化的原因之一。而已有的污水处理设施规模小且运行不稳定,导致洱海的环境承载力及水质呈不断下降的趋势。

（三）洱海水环境治理势在必行

2011年国家财政部和环保部将洱海列为全国湖泊生态环境保护试点。2015年1月，习近平总书记考察云南大理时指出：“一定要把洱海保护好，让‘苍山不墨千秋画，洱海无弦万古琴’的自然美景永驻人间。”习近平在洱海考察期间与当地干部合影时说到：“立此存照，过几年再来，希望水更干净清澈”。大理州政府长期以来十分重视洱海水环境的保护与治理，创新体制机制，全面控污治污。2015年大理州人民政府颁布《云南省大理白族自治州洱海保护管理条例（修订）》，加强洱海及其流域生态环境的保护管理，2017年3月27日，《关于划定和规范管理洱海流域水生态保护区核心区的公告》发布，划定洱海流域水生态保护区核心区，规定了一系列措施进一步保护洱海生态环境。

二、洱海水环境防治总体规划

洱海水环境的防治是一个系统工程，为了彻底实现“水更加干净清澈”的目标，不仅要阻断洱海的污染源，而且要进行生态修复，建设湿地。湿地是水环境的“贮存库”和“净化器”，湿地建设对水环境的保护十分重要，湿地生态系统可以有效阻滞、截留地表径流所携带的悬浮物，降解氮、磷等营养物质，是防治水环境污染的主要途径之一。同时湿地建设也是生态文明建设的重要组成部分，国家林业局在《推进生态文明建设规划纲要》中划定湿地保护红线，到 2020 年湿地面积不少于 8 亿亩。除此之外，还需要后期水环境循环系统综合建设、污水收集处理等项目。

根据洱海流域水环境保护治理“十三五”目标、规划思路和主要任务，确定流域截污治污、水资源统筹利用等六大工程，大理市人民政府预期投资 110. 78 亿元，具体见表 13-2。

表 13-2 洱海流域水环境防治拟投资

序号	名称	所属领域	(拟)投资额(亿元)
1	大理洱海环湖截污一期项目	生态建设、污水处理	34. 9
2	大理洱海环湖截污二期项目	生态建设、污水处理	20. 9
3	大理市洱海流域湖滨缓冲带生态修复与湿地建设项目	流域治理	13. 98
4	大理海东山地新城洱海保护水环境循环综合建设项目	生态建设、环境保护	20
5	洱源县洱海流域城镇及村落污水收集处理项目	生态建设、环境保护、污水处理	21
总计			110. 78

洱海流域水环境防治涉及的都是生态建议、污水处理、流域治理领域。大理洱海环湖截污一期项目最先运行，采用 PPP 模式，最终协议签订投资额为 29. 8 亿元。项目对于财政压力，经过精确测算，大理州、市政府每年需要付费 3. 81 亿 ~3. 88 亿元，扣除收取的每年 2. 91 亿元的洱海资源保护费、每年约 2650 万元的污水处理费、每年上级财政补助的 8000 万元，每年需财政预算安排 6250 万元，是 2014 年一般财政支出的 1. 49%，在可承受范围之内（中国财政科学研究院调研组，2017）。

三、大理洱海环湖截污工程 PPP 项目简介

随着洱海流域的生活污水和垃圾日益增多，洱海水域治理的难度不断扩

大，治理洱海水环境先要从源头抓起，把污水排放及废弃垃圾从根源上拦截，才能进行下一步净化水环境，而大理洱海环湖截污工程就是实现第一步的基础建设。在国家鼓励创新投融资体制及推行 PPP 模式的背景下，经过充分考察和论证，运用规范的 PPP 模式实施大理洱海环湖截污工程。

2015 年 9 月云南省发改委批复大理洱海环湖截污工程 PPP 项目可研报告，批复近期（2016～2020 年）计划投资 34.9 亿元。建设挖色、双廊、上关、弯桥、喜洲、大理古城新建 6 座污水处理厂，在环洱海东岸、北岸、西岸铺设污水管(渠)235.38 千米，铺设尾水输水管 21.94 千米，建设泵站 17 座，服务范围达到 66.41 平方千米，服务人口 65.28 万人(2050 年)，截污主干管居住区覆盖达到 100%，河道截污干管覆盖率达到 100%。项目公司主要负责截污干管（渠）污水的处理，同时对截污干管按照行业技术标准和绩效考核的要求进行运营维护，通过政府付费获得收益，见表 13-3。

表 13-3 项目简介

项目名称	云南大理洱海环湖截污治理 PPP 项目
项目类型	政府与社会企业合资
所属行业	水环境治理
回报机制	污水处理服务费和政府购买服务费
实施机构	大理市政府和城乡建设局
采购方式	招标竞争
选中社会资本	中信水务产业基金管理有限公司
签约日期	2015 年 9 月 23 日
项目公司设立情况	名称：大理洱海生态环境治理有限公司 设立时间：2015 年 10 月 29 日 股权结构：政府方出资代表占股 10%，社会资本出资占股 90%
合作内容	建立喜洲、双廊等 6 座污水处理厂，沿洱海东岸、北岸、西岸铺设约 235.38 千米的污水管和 21.94 千米尾水输水管，新建提升泵站 17 座
运作方式	污水处理厂采用 BOT 模式、截污干管等工程采用 DBFO 模式建设
合作期限	6 座污水处理厂合作期限 30 年，其他工程合作期限 18 年

通过表 13-3 可知，云南大理洱海环湖截污治理 PPP 项目，是政府同社会资本合作设立项目公司，建设污水处理厂及相关联工程，6 座污水处理厂合作期限为 30 年（包括建设期 3 年），相关工程合作期限 18 年（包括建设期 3 年），社会资本通过污水处理服务费和政府购买服务费获得收益，特许经营期满，项目公司将所有权移交给政府。

四、项目实施过程及保障体制

项目在实施过程中主要包括项目前期准备、项目参与方和回报机制的制定、具体实施流程等。

(一) 项目前期准备

项目前期准备为项目顺利展开提供良好的基础，项目由大理州、大理市政府委托设计院进行可行性研究论证后由大理州、大理市政府发起，在项目立项之前，大理州政府对该项目的可行性作了全面调研。为了确保项目的可行性，历时近两年的时间对该项目的进行全面调研，最终得到国家发展和改革委员会批复，成功立项。

为了顺利实施本项目，大理市以大理市住建局作为牵头单位，组织大理市财政局、审计局、环保局、市法制办和政府采购交易中心成立了大理洱海环湖截污 PPP 项目领导小组（以下简称“PPP 领导小组”），指定大理市住建局作为本项目实施机构负责社会资本采购，并委派市委常委、副市长牵头指导本项目 PPP 实施方案的制订和社会资本采购相关工作。

(二) 项目实施

项目实施内容包括如下三个方面，项目参与方简介、融资结构以及项目实施流程。

1. 洱海环湖截污 PPP 项目参与方介绍

洱海环境整个防治工程浩大，大理州、大理市与中信水务产业基金管理有限公司于 2015 年 9 月 23 日签订 PPP 项目协议，由代表政府方的大理洱海保护投资建设有限责任公司与中国水环境集团有限公司合资组建 SPV 公司，即大理洱海生态环境治理公司，并获得营业执照，办公地点在大理白族自治州大理市下关镇万花路东段全民健身中心游泳馆三楼南侧，主要参与方出资及占股情况见表 13-4。

表 13-4　项目参与方简介

名　　称	出资（亿）	占股
大理洱海保护投资建设有限责任公司（代表大理市政府）	0.629937	10%
大理洱海生态环境治理公司（代表中国水环境集团）	5.669433	90%

（1）政府——大理洱海保护投资建设有限责任公司。大理洱海保护投资建设有限责任公司是大理市政府代表，代表政府出资现金 0.629937 亿，是项目公司股东之一，所占股份 10%。

（2）社会资本方——中国水环境集团。社会资本方是中国水环境集团有限公司，出资 5.669433 亿元，所占股份 90%，是中信集团下属中信产业基金旗下的水环境专业人投资平台公司，在水环境综合治理、水源地保护、供水服务、污水处理、污泥处理、中水回用等领域具有明显的优势和丰富的管理经验。

2. 项目公司及融资结构

项目公司是大理洱海生态环境治理公司，注册资本 6.29937 亿元。整个截污工程分为污水处理厂和污水收集干渠、管网、泵站两大块。

污水处理厂建设采用 BOT（建设-运营-移交）模式，包括上关污水处理厂、喜洲污水处理厂等 6 座污水处理厂的建设和运营，总投资周期为 30 年，建设期为 3 年。污水厂属于纯公共物品，运营期内政府方按污水处理既定污水处理服务单价和处理量向项目公司支付污水处理服务费，在投资期到期后大理市政府收回污水处理厂的所有权。

污水收集干渠、管网、泵站建设采用 DBFO（设计-建设-融资-运营）模式等，总投资周期为 18 年，建设期为 3 年，项目公司完成设计、建设，并进行运营管理。政府采用购买服务费方式，向项目公司支付政府购买服务费，分为可用性付费和运营维护费，其中运营维护“依效付费”占政府购买服务费 15%，根据协议大理市政府将向项目公司分 15 年每年支付固定的金额。

3. 项目实施流程

项目融资结构采用政府注资+股权回购模式，整个洱海环湖截污 PPP 项目可以划分为 4 个阶段:项目建设前期、建设期、运营期、项目移交和清算。具体的实施流程可分为：立项、选择企业、成立 PPP 项目公司、建设项目、运营项目、移交项目等，如图 13-1。

（三）项目保障体制

在整个项目融资上由大理市政府支持和监督，融资保障度很高。为了保证项目顺利落地和有效实施，主要的保障体制在于项目建设保障体制和项目运营管理保障体制。

由于环湖截污工程浩大，投资周期较长，工程实施繁琐复杂，因而建设工程项目的风险比较普遍，因此应对潜在风险应该采取一系列的保障措施，包括组织保障、制度保障、资金保障和技术保障等，具体见表 13-5。

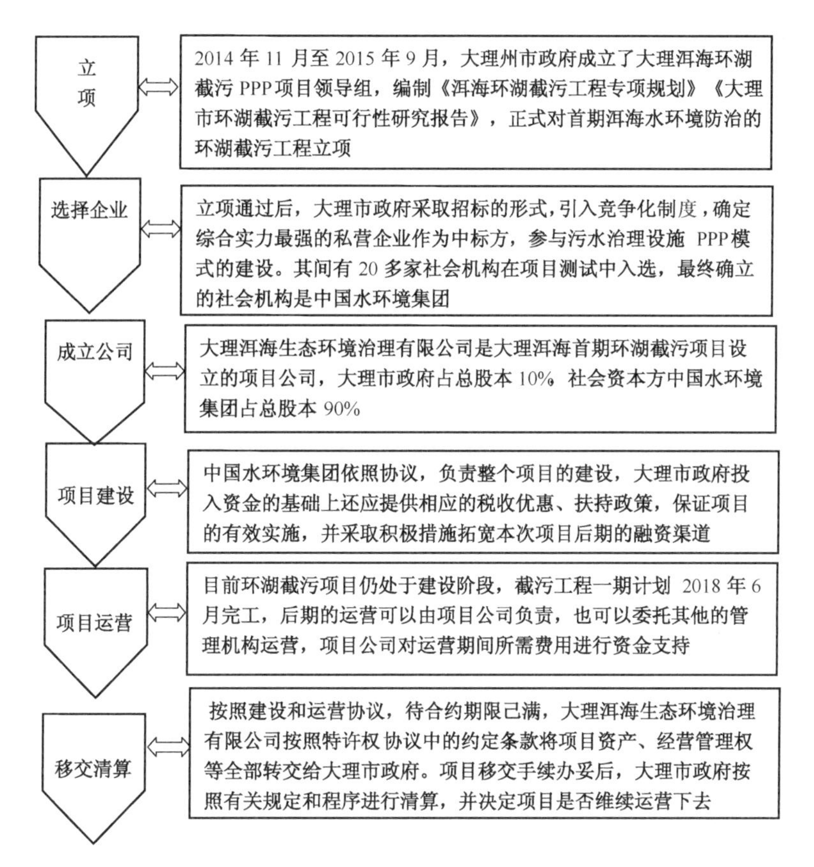

图 13-1　项目实施流程

表 13-5　保障措施

项目保障体制	具体流程
组织保障	项目公司建立"一岗双责、齐抓共管、综合管理"责任体系，完善考核体系，同时，大理州人民代表大会组织成立规划督察组，统筹监管项目公司关于洱海保护治理工作进程。
制度保障	大理州政府创新绩效考核奖惩机制，完善风险抵押制度，以目标责任制考核项目实施进度、质量，建立奖惩机制，加强对项目公司督查及时发现问题并督促整改。
资金保障	项目公司创新投融资机制，拓宽融资渠道，多渠道筹集资金。通过政策引导、以奖代补等形式吸引更多社会资本参与洱海保护治理工作。
技术保障	项目公司加强科技队伍建设，吸引专业技术人才，增加科技培训，建设高水平的专业团队，是项目顺利实施的重要保障。

五、项目效益分析

洱海环湖截污工程运用创新的融资模式——PPP 模式后，产生的效益十分显著，根据大理市政府报告，环湖截污工程闭合已提前 18 个月实现，2018 年构建了由10座污水处理厂、32座村落污水处理设施、3400千米管网、7.5万个化粪池、314个生态库塘、2.39万亩生态湿地组成，从农户到管网、管网到厂站、厂站到库塘的环湖截污治污全覆盖体系。

（一）社会效益

相对传统的由政府部门单独提供公共物品项目而言，PPP融资模式的优势之一是引入社会机构形成伙伴关系，激励社会机构使用更先进的技术和经验，提升工程效率，贡献更大的社会效益（刘一胜，2017）。

大理洱海环湖截污工程PPP项目实施后，洱海流域范围内的生态环境得到恢复，能源结构也得到改善，绿色村落和绿色农业得到进一步推广，有利于提升大理的绿色形象。同时，随着项目的逐步推进，有效改善了洱海流域以及周边的卫生条件，提高了公众健康水平和人们的环境意识，使流域环境保护工作得到群众的大力支持，促进了社会的和谐发展。

（二）经济效益

大理洱海环湖截污一期项目中，拟投资为34.9亿元，但经过中国水环境集团的专业调研和充分论证后，PPP协议的实际签约价格为29.8亿元，比项目拟投资额少了5.1亿元，节省了近14.61%，极大地节约了成本，以实现更大的经济效益。该项目在实施过程中，无论是在建设期还是运营期，都尽量雇佣当地的农民劳务工，以增加地方就业与农民收入。另外，洱海周边环境的有效改善，充分带动了旅游业的发展，多方位的增加就业机会，增加当地农民收入，最终实现促进经济增长的目标。

（三）生态效益

首期大理洱海截污PPP项目对源头污染物的排放实现了有效的拦截和限制，有利于后期洱海环湖截污二期项目的顺利进行。随着项目的逐步实施，完善了洱海流域内自然环境质量以及村落污水、垃圾收集处理等基础设施的建设，有效提高了流域居民卫生环境质量。

PPP模式产生的最直接效益就是生态效益。通过大理洱海环湖截污工程PPP项目的实施，有效改善了洱海的水质，保护了洱海流域生态系统，削减了污染物的排放，确保洱海水质尽快达到并稳定维持在II类，最终实现洱海流域社会、经济、生态和谐发展。

第十四章

云南大理垃圾焚烧发电 BOT项目案例分析

云南省正在进行中国“最美丽省份”的建设和世界一流“三张牌”的打造。大理州引进垃圾焚烧发电 BOT 项目，旨在把生活垃圾进行无害化的焚烧发电处理，以保持清洁良好的环境，既是保护洱海及周边地区环境的需要，也是满足经济建设的需要。

一、项目背景

英国曼彻斯特市建有世界上第一个城市生活垃圾焚烧厂，始建于 1876 年，至今已有 140 多年的历史，这个行业发展至今，全世界已有 2500 余座生活垃圾焚烧厂。经过一个多世纪的发展进步，生活垃圾焚烧发电技术已非常成熟，实现了垃圾无害化、减量化、资源化的处理。欧美国家的垃圾发电厂大多建于城市中心或周边地区，甚至成为人们旅游观光和休闲的地方。维也纳施比特劳垃圾焚烧发电厂，就建在世界音乐之都维也纳市中心，已成为城市的标志性建筑和旅游景点。

我国生活垃圾焚烧发电行业虽然起步较晚，始于 20 世纪 90 年代末。但国家支持力度很大，起点高，发展快。目前，国内已建成并投入运行的垃圾发电厂有近 200 余座，日处理规模高达 15 万吨，沿海发达地区垃圾焚烧发电的比例已超过了 50%。

大理历史悠久，是云南省文化发祥地之一，更是国家的历史文化名城。大理市下辖 10 镇、1 乡、111 个村委会和 501 个自然村，以及创新工业园区、旅游度假区、海东开发管理委员会，总面积 1815 平方千米，总人口 68 万人，近年来，随着大理市旅游业的快速发展，生活垃圾的产量也越来越多，全市日均垃圾产量约688吨。为实现全市垃圾处理“减量化、资源化、无害化”水平，大理打破传统的处理垃圾模式，采用BOT模式与社会资本合作，建立垃圾焚烧发电厂，利用生活垃圾发电，为工业提供用电，提高资源的循环利用率，将及时收集清运洱海流域生活垃圾，对降低洱海流域面源污染，产生巨大的经济效益、社会效益和生态效益。在大理生活垃圾的回收处理领域，大理三峰再生能源发电有限公司在生活垃圾焚烧发电方面极具代表性，本章就将大理垃圾焚烧发电BOT项目进行详细分析。

二、大理焚烧发电BOT项目内容

BOT是基础设施投资—建设—运营—转让的一种模式，指BOT项目发起人通过竞标的方式，从委托人处获取特许经营权，之后设立BOT项目公司，在特许经营权内，负责项目的融资、建设、项目管理等事务，通过运营、开发项目以及政府补贴优惠等方式回收资金，偿还贷款，获得利润。在特许期结束后,项目将全权移交给政府。

（一）垃圾焚烧发电特许经营项目介绍

大理市第二（海东）垃圾焚烧发电工程项目列入《云南省生活垃圾处理设施建设规划(2008～2012)》，大理市政府通过BOT招商引资、竞争性谈判方式招标，于2010年10月确定重庆三峰环境产业集团有限公司实施该项目，并于2011年5月与重庆三峰环境产业集团有限公司独资成立的大理三峰再生能源发电有限公司签订了《大理市生活垃圾处理BOT项目特许经营协议》，该公司负责项目主体工程的投资、建设以及管理，特许经营期限为25年，在特许经营期满后，将项目所有权移交给政府。

1. 项目概况

大理市第二（海东）垃圾焚烧发电项目总投资为6.8亿元，一期拟计划投资4.2亿元，二期拟计划2.5738亿元。项目主要负责处理大理的居民生活垃圾与工业生产废弃物。项目的一期工程于2013年12月建成投运，二期工程于2019年初建成，项目具体内容见表14-1。

表14-1 项目具体内容

项目简介	具体程序
运作模式	采用BOT的方式进行建设、运营和维护
特许经营模式	BOT模式

（续）

项目简介	具 体 程 序
所属分类	能源公司
特许经营期限	25年(2010年10月至2035年10月)
项目规模	总规模为1200吨/日,一期工程600吨/日
厂区占地面积	81.43亩
工程总投资	一期拟计划投资4.2亿元,二期拟计划2.5738亿元
装机容量	12兆瓦
特许经营范围	特许期内建设、运行,垃圾焚烧发电厂向政府收取垃圾处理服务费

由表14-1可知，大理州政府采用BOT模式与社会资本合作，建立大理市第二（海东）垃圾焚烧发电厂，项目公司在特许经营期限内负责项目建设、运营及维护，并通过向政府收取垃圾处理服务费获得收益。

2. 社会资本方——大理三峰再生能源发电有限公司

大理三峰再生能源发电有限公司由重庆三峰环境产业集团有限公司独立投资设立，于2011年动工建设垃圾发电项目，2013年12月项目建成投产运营，公司采用世界一流且在中国运用也是最成熟的德国马丁SITY2000逆推倾斜式炉排炉焚烧发电处理工艺，生活垃圾日处理量低于600吨，装机容量12兆瓦，年发电量约8160万千瓦时。垃圾主要来自于大理市全境和洱源县、宾川县两个毗邻县的部分乡镇。

3. 实施建设过程

项目建于大理市海东镇，占地面积为81.43亩，总投资约4.2亿元，其中，厂区内主体设施建设投资为21600万元，厂区外配套设施建设投资为20000万元；2014年4月实施RCCS项目。实施RCCS后，凝汽器端差由8～10℃大幅下降到3～4℃的低水平。不仅获得了显著的经济效益，同时解放了工人的劳动力，避免了频繁复杂的凝汽器清洗工作。二期项目特许经营权协议于2017年6月正式签订，建成后将可全部焚烧无害化处理大理白族自治州辖区内三县一市居民生活垃圾。二期工程建设用地在现有一期工程81.43亩的基础上，新增建设用地23.07亩，工程总投资25738万元。工程建设期和运营期的环境保护满足现行国家标准和规范。

4. 目前取得成果

解决了城市生活垃圾的污染问题,避免大量垃圾占用郊区的农田堆置,其城乡生活垃圾收集清运量从2013年的16.47万吨上升到2016年的27.54万吨，城乡环境卫生得到明显改善。同时，大理市的生活垃圾处置城乡一体化模式已进入成熟运转阶段。而在这背后，三峰环境云南大理垃圾发电厂作为实现大理市垃圾处理的终端设施，可谓功不可没。

5. 移交与项目清算

按照建设和运营协议，待合约期限已满，大理三峰再生能源发电有限公司会按照特许权协议中的约定条款，将项目资产、经营管理权等全部转交给大理市政府。项目移交手续办妥后，大理市政府按照有关规定和程序进行清算，并决定项目是否继续运营下去。

三、项目保障体制

由于垃圾焚烧处理工程浩大，投资周期较长，各项工程实施起来繁琐复杂，因而建设工程项目的风险是比较普遍的。大理市各地的垃圾焚烧工程较大，在建设管理中的体制和外部环境较复杂，包括垃圾焚烧处理厂的建设、垃圾收集、焚烧炉、灰渣处理系统、烟气处理系统的建设等，应对此类潜在风险采取的保障措施见表 14–2。

表 14–2 潜在风险应对措施

保障措施	具体实施流程
制定相关政策法规	制定项目管理预算和现场建设管理费用包干制度，严格按照预算控制投资支出
严格控制招标流程	加强竞争机制，严格把关，吸引更加高效、高质量和高技术的合作方参与到垃圾焚烧发电工程项目中
实时更新方案，保证效率最大化	在项目实施中需要变更设计方案时，应提前做好优化设计，及时更新，防止施工过后的重大项目更改的发生。对于在工程建设过程中的难点问题，多次召开优化设计专题会议，充分利用了科学技术这一生产力，实现精细化管理
强化合同管理，实行前瞻性控制	施工招标采用工程量清单制招标，而在招标过程中，充分履行建管主体职责，加强合同管理前瞻性控制，认真做好招标文件的编制和审查工作，界定好发包人、承包人合同管理相关责任，重视招标现场查勘和答疑工作，明确各项外部施工条件
加强资金财务管理和审计	按照资金管理制度，严格控制财会风险发生

由表 14–2 可知，应对潜在风险应该采取保障措施有制定相关政策法规、严格控制招标流程、实时更新设计方案，保证效率最大化等，能够有效的应对潜在风险，减少不必要的损失。

垃圾焚烧工程建成后，能否达到工程设计的初衷实现生态环境的治理与保护目标，取决于工程运行管理的水平和效率。生态环境工程运行管理的问题在于项目运行能否实现自我运转，防止出现生态环境工程“建的起，用不起”的尴尬。在运行管理过程中可能出现的风险包括由于科学技术的发展使已建成的项目在技术上失去优势，从而导致成本相对较高、生产效率相对较慢、品种相对落后或服务质量相对较差的风险。运行管理中的另一部分风险来自于市场风险。应对潜在风险应该采取的控制措施见表 14–3。

表 14-3　风险应对措施

垃圾焚烧处理厂面对的风险	控　制　对　策
灰渣管网风险	建立灰渣管网运营维护规章制度
飞灰处理风险	采用先进的热处理、生物提取等技术
环境污染风险	相关部门应加强对项目公司运行的监督检查,确保项目公司发挥减排效益
员工失职风险	项目公司合理安排技术人员,统一管理,实现人员的优化配置
财务风险	财务风险防范的有效方法是挑选专业的项目公司,通过招投标的方式独资或租赁承包现有垃圾焚烧处理设施的运营管理,与政府签订委托经营合同

由表 14-3 可知，垃圾焚烧处理厂面临灰渣管网、飞灰处理、环境污染等几类风险，垃圾焚烧处理厂必须制定灰渣管网运营相关规章制度，采取先进技术解决飞灰问题，相关部门还应加强对垃圾焚烧处理厂的监督检查工作，以防产生环境污染。合理安排员工岗位，达到人员优化配置，避免员工失职风险。选取有资质的公司承担该项目，是防范财务风险的有效方法。

四、项目效益分析

大理焚烧发电工程运用创新的融资模式——BOT 模式后，产生的效益十分显著,包括经济效益、社会效益及生态效益。

（一）经济效益

城市垃圾焚烧发电项目投资包括建设费、设备安装费、其他工程费用等，项目建设周期长，社会影响广，主要由政府出资，因此，一般运用投资收益法对其经济效益进行评估分析。垃圾焚烧发电厂将生活垃圾中的可燃物进行焚烧，将垃圾焚烧过程中产生的热能转化为电能输出到发电厂，最直接经济收益就是上网电费，根据我国每年产生的生活垃圾总量以及电费来估算，每年产生的电费收入也是一笔不小的金额，另外，如果焚烧产生的热量在供电之外还供热，产生的效益会更好。而且，焚烧中产生的灰渣可以作为建筑材料使用，也可算少量收入。该工程建成之后，大大减少了垃圾掩埋量，节省了一大笔垃圾掩埋费和土地征用费，以上这些加起来，毋庸置疑是一笔巨大的经济效益。

（二）社会效益

垃圾焚烧发电项目有其独有的特性，在关注经济效益的同时，更应该注重其社会综合效益，主要有以下几个方面：

1. 有利于地区的经济发展

垃圾焚烧发电处理从根本上解决了环境污染问题，大大改善了地区的环境，提高了地区的环境质量水平，可以吸引外资投资，同时也有利于发展旅游业等第三产业，从而促进当地的经济发展。

2. 减轻了对环境的污染

极大地减轻了对环境的污染，产生了巨大的环保效益。垃圾焚烧发电项目采用先进的技术和设备，在运营过程中使用净化装置，使排出来的气体和污染物对环境的污染降至最低。公司的环境垃圾焚烧发电量为 11 万吨/天，供 400 多万居民使用，每年可减少 CO_2 排放 65084.16 吨、减少 SO_2 排放 1958.4 吨、减少 NO_x 排放 979.2 吨。

3. 节约了土地资源

随着城市生活垃圾的大大增加，传统的垃圾填埋法已然不再适用，而目前采用的焚烧发电法占地面积小，处理过程更加科学合理，垃圾大大减量，不仅节约了土地资源，而且避免了对空气、水体等的二次污染。

4. 实现了垃圾的资源化

该项目运用垃圾的焚烧发电技术，在处理垃圾的同时产生大量的电能，除了对自身的供给外，还可以对外输出，大大缓解了整个城市的用电紧张，同时也可以收入上网电费作为投资收入，实现资源的可持续利用。

(三) 生态效益

垃圾焚烧发电项目不仅能带来巨大的经济效益和社会效益，同时，还具有生态效益，主要包括以下两方面：

1. 有利于资源的综合利用

垃圾焚烧发电一方面避免了空气污染和水体污染，美化了环境，提高了城市生活质量，另一方面也使得垃圾得到了利用，达到了资源循环利用的良好效果，这正好契合了我们所大力提倡的资源综合利用。

2. 有利于居民的身心健康发展

垃圾与居民的生活息息相关，处理不当造成的污染很容易引发一些疾病，对居民的身心健康造成严重的威胁，垃圾无害化处理提高了居民生活质量，从而很大程度上减少了疾病发生的机会，有利于居民的身心健康发展。

参 考 文 献

中国国际经济交流中心课题组 . 2013. 中国实施绿色发展的公共政策研究 . 北京:中国经济出版社 .

北京师范大学经济与资源管理研究院,西南财经大学发展研究院 . 2014. 2014 人类绿色发展报告 . 北京:北京师范大学出版社 .

北京师范大学经济与资源管理研究院,西南财经大学发展研究院,国家统计局中国经济景气监测中心 . 2015. 2015 中国绿色发展指数报告 . 北京:北京师范大学出版社 .

中国财政科学研究院调研组 . 2017. 云南大理洱海环湖截污治理(PPP)项目的运作模式与启示 . 财政科学,(10):130-134.

蔡登谷 . 2011. 森林文化与生态文明 . 北京:中国林业出版社 .

程永宏,桂云苗,张云丰 . 2017. 碳税政策对企业生产与减排投资决策的影响研究 . 生态经济,(7):51-56.

陈银娥等 . 2011. 绿色经济的制度创新 . 北京:中国财政经济出版社 .

陈璋 . 2008. 中国 1978~2020 年自然地域系统压力分析及预测,复旦大学博士学位论文 .

成金华,李悦,陈军 . 2015. 中国生态文明发展水平的空间差异与趋同性 . 中国人口・资源与环境,(5):1-9.

陈建成,姜雪梅,王会,等 . 2018. 推进绿色发展 实现全面小康——绿水青山就是金山银山理论研究与实践探索 . 北京:中国林业出版社 .

陈静 . 2015. 基于网络 DEA 的中国区域绿色发展评价,山西大学硕士学位论文 .

陈飞翔,石兴梅 . 2000. 绿色产业的发展和对世界经济的影响 . 上海经济研究,(6):33-38.

戴鹏 . 2015. 青海省绿色发展水平评价体系研究 . 青海社会科学,(3):170-177.

邓渊博 . 2018. PPP 模式在基础设施建设工程中的应用研究,新疆大学硕士学位论文 .

丁丁等 . 2015. 中国低碳发展政策路径研究——从顶层设计到实践应用 . 北京:科学技术文献出版社 .

丁娟,陈东景,肖汝琴,等 . 2014. 基于 DPSIR 模型的唐山市海洋资源可持续利用评价 . 海洋经济,4(6):22-28.

恩格斯 . 1957. 自然辩证法 . 北京:人民出版社 .

傅国华,许能锐 . 2015. 生态经济学,北京:经济科学出版社 .

付伟,赵俊权,杜国祯 . 2013. 基于生态足迹与环境库兹涅茨曲线的中国西北部地区生态安全分析 . 中国人口・资源与环境,(5):107-110.

付伟 . 2016. 青藏高原地区资源可持续利用研究 . 北京:气象出版社 .

付伟,罗明灿,李娅 . 2017a. 基于“两山”理论的绿色发展模式研究 . 生态经济,(11):217-222.

付伟,王见,杨芳,等 . 2017b. 城市饮用水源区生态补偿理论研究 . 西南林业大学学报,(3):25-30.

付伟,冷天玉,杨丽 . 2018. 生态文明视角下绿色消费的路径依赖及路径选择 . 生态经济,34(7):227-231.

费孝通 . 2004. 论人类学与文化自觉 . 北京:华夏出版社 .

冯之浚 . 2013. 循环经济与绿色发展 . 杭州:浙江教育出版社 .

戈峰 . 2002. 现代生态学,北京:科学出版社 .

高媛,马丁丑 . 2015. 兰州市生态文明建设评价研究 . 资源开发与市场,(2):155-159.

高秀艳,甘云清 . 2013. 辽宁绿色食品产业竞争力实证分析 . 沈阳大学学报(社会科学版),15(6):737-743.

高红贵 . 2015. 绿色经济发展模式论 . 北京:中国环境出版社 .

谷树忠,成升魁 . 2010. 中国资源报告:新时期中国资源安全透视 . 北京:商务印书馆 .

国务院发展研究中心——世界银行“中国水治理研究”课题组 . 2018. 中国水治理运用 PPP 模式的现状、问题与对策. 发展研究,(5):8-11.

国家林业局主编. 2015. 绿水青山:建设美丽中国纪实. 北京:中国林业出版社.

胡书芳. 2016. 浙江省制造业绿色发展评价及绿色转型研究. 产业经济,(6):139-142.

胡鞍钢,王绍光. 2000. 政府与市场. 北京:中国计划出版社.

胡鞍钢. 2005. 中国:绿色发展与绿色 GDP(1970~2001 年度). 中国科学基金,(2):84-89.

胡鞍钢,门洪华. 2005. 绿色发展与绿色崛起——关于中国发展道路的探讨. 中共天津市委党校学报,(1):22.

胡鞍钢. 2011. 中国"十二五"规划与绿色发展. 中国水利,(6):25-26,16.

胡鞍钢. 2012. 中国创新绿色发展. 北京:中国人民大学出版社.

胡鞍钢,周绍杰. 2014. 绿色发展:功能界定、机制分析与发展战略. 中国人口·资源与环境,24,(1):14-20.

胡鞍钢. 2016."十三五"规划:引领绿色革命. 环境经济,(Z2):23-26.

侯沛芸,李光中,王鑫. 2005. 生态旅游与世界遗产教育策略拟定之研究. 旅游科学,19(5):8-14.

郝栋. 2013. 绿色发展的思想轨迹:从浅绿色到深绿色. 北京:北京科学技术出版社.

韩美,杜焕,张翠,等. 2015. 黄河三角洲水资源可持续利用评价与预测. 中国人口·资源与环境,5(7):154-160.

韩美丽,李俊莉,郃鹏飞等. 2014. 山东省绿色发展水平评价及区域差异分析. 曲阜师范大学学报,40,(2):95-100.

简良开. 2005. 神秘的他留人. 昆明:云南人民出版社.

金志强. 2012. 固体废弃物危害及处理技术分析. 科技创新与应用,(18):150.

黄德林等. 2012. 饮用水水源污染立法研究. 北京:中国社会科学出版社.

黄少安. 2018. 改革开放 40 年中国农村发展战略的阶段性演变及其理论总结. 经济研究,(12):4-19.

何平均. 2010. 促进低碳经济发展财税政策的国际实践及启示. 改革与战略,(10):187-190.

谷树忠,谢美娥,张新华. 2016. 绿色转型发展. 杭州:浙江大学出版社.

盖志毅. 2005. 草原生态经济系统可持续发展研究,北京林业大学博士论文.

焦爱英,张敬阳. 2018. 农村基础设施的 PPP 供给模式研究——以天津市静海紫兆生活废弃物处理项目为例. 天津经济,(11):28-33.

董莉. 2019. 生活垃圾焚烧发电 BOT 项目的风险管理. 管理观察,(12):9-13.

贾小爱. 2007. 绿色 GDP 核算的理论与实证研究,东北财经大学硕士学位论文.

贾雯. 2017. 习近平生态文明建设思想研究,山西财经大学硕士学位论文.

贾勇. 2017. 解构制造企业服务化转型:路径依赖与路径创造视角. 北京:经济科学出版社.

江林,马椿荣,康俊. 2009. 我国与世界各国最终消费率的比较分析. 消费经济,(1):35-38.

靳明,赵昶. 2008. 绿色农产品消费意愿和消费行为分析. 中国农村经济,(5):44-45.

柯水发.2013. 绿色经济理论与实务. 北京:中国农业出版社.

吕素昌. 2017. 中国文化产业经济贡献的影响因素. 中国国际财经(中英文),(18):10-11.

李航. 2017. 习近平生态文明思想研究,西华大学硕士学位论文.

刘德海. 2016. 绿色发展. 南京:江苏人民出版社.

刘思华. 2001. 绿色经济论. 北京:中国财政经济出版社.

刘思华. 2003. 刘思华文集. 武汉:武汉人民出版社.

刘思华. 2008. 对建设社会主义生态文明论的若干回忆——兼述我的"马克思主义生态文明观". 中国地质大学学报(社会科学版),(4):18-30.

刘一胜. 2017. 水环境治理 PPP 项目融资研究——以大理洱海环湖截污 PPP 项目为例,华中师范大学硕士学位论文.

刘轶芳,李娜娜,刘倩 . 2017. 中国绿色产业景气指数:开发与测度 . 环境经济研究,(3):115-131.

刘宇辉,彭希哲 . 2004. 中国历年生态足迹计算与发展可持续性评估 . 生态学报,24(10):2257-2262.

刘小清 . 1999. 绿色产业——迎着朝阳走来的新兴产业 . 商业研究,(9):112-114.

刘宗超,刘粤生 . 1993. 全球生态文明观——地球表层信息增值范型 . 自然杂志,(Z3):26-30.

刘景林,隋舵 . 2002. 绿色产业:第四产业论 . 生产力研究,(6):15-19.

刘焰,邹珊刚 . 2002. 现代绿色产业的类别特征分析 . 宏观经济研究,(7):47-48.

刘纪远,邓祥征,刘卫东,等 . 2013. 中国西部绿色发展概念框架 . 中国人口 · 资源与环境,23,(10):1-7.

刘定一 . 2009. 大连能源—环境—经济可持续发展研究,大连理工大学博士学位论文 .

廖国强,关磊 . 2011. 文化 · 生态文化 · 民族生态文化 . 云南民族大学学报,(4):43-49.

李世东,樊宝敏,林震,等 . 2011. 现代林业与生态文明 . 北京:科学出版社 .

李玉龙 . 2017. 林业产业 PPP 投融资模式应用研究——以汉中为例,西北农林科技大学硕士学位论文 .

李宝林 . 2005. 环保产业生态产业与绿色产业 . 中国环保产业,(9):22-24.

李文华 . 2012. 生态文明与绿色经济 . 环境保护,(11):12-15.

李效顺,曲福田,郭忠识,等 . 2008. 城乡建设用地变化的脱钩研究 . 中国人口 · 资源与环境,18(5):179-184.

李晓西,刘一萌,宋涛 . 2014. 人类绿色发展指数的测算 . 中国社会科学,(6):69-95.

李晓西,王佳宁 . 2018. 绿色产业:怎样发展,如何界定政府角色 . 改革,(2):5-19.

李向前,曾莺 . 2001. 绿色经济 . 成都:西南财经大学出版社 .

李琳,楚紫穗 . 2015. 我国区域产业绿色发展指数评价及动态比较 . 经济问题探索,(1):68-75.

林晏平 . 2017. 居家养老 PPP 模式的可行性和运营机制研究,清华大学硕士学位论文 .

林凌 . 2011. 基于公平发展原则的生态补偿机制探析——以莆田市东圳水库饮用水水源保护区为例 . 福建财会管理干部学院学报,(1):13-16.

冷天玉,陈澄,付伟 . 2017. 丽江永胜他留文化考察与研究 . 大观,(10):114-115.

李海峰 . 2017. BOT 模式下的垃圾焚烧发电项目的风险管理研究,西南交通大学硕士学位论文 .

马子清 . 2004. 山西省可持续发展战略研究报告 . 北京:科学出版社 .

马世骏,王如松 . 1984. 社会—经济—自然复合生态系统 . 生态学报,(1):1-9.

马世骏 . 1991. 高技术新技术农业应用研究,北京:中国科学技术出版社 .

马平川,杨多贵,雷莹莹 . 2011. 绿色发展进程的宏观判定——以上海市为例 . 中国人口 · 资源与环境,21(12):454-458.

宁智斌 . 2015. 生态伦理视阈下的绿色发展探析,华侨大学硕士学位论文 .

牛璐,孙宁 . 2013. 绿色设计的重要性及绿色经济的探究 . 生产力研究,(8):27-28.

牛文元 . 2000. 可持续发展战略——21 世纪中国的必然选择 . 中国科学院院刊,(4):270-275.

牛文元 . 2004. 新型国民经济核算体系—绿色 GDP. 环境经济,(3):12-17

牛文元等 . 2007. 中国可持续发展总论 . 北京:科学出版社 .

牛文元 . 2013. 生态文明的理论内涵与计量模型 . 中国科学院院刊,28,(2):163-172.

牛文元等 . 2015. 2015 世界可持续发展年度报告 . 北京:科学出版社 .

牛文元等 . 2016. 2016 中国绿色设计报告 . 北京:科学出版社 .

牛文元等 . 2017. 2016 世界可持续发展年度报告 . 北京:科学出版社 .

聂继媛 . 2018. 大理洱海环湖截污 PPP 项目中政府采购管理研究,昆明理工大学硕士学位论文 .

欧阳志云,赵娟娟,桂振华 . 2009. 中国城市的绿色发展评价 . 中国人口 · 资源与环境,19(5):11-15.

潘家华 . 2018. 新时代生态文明建设的战略认知、发展范式和战略举措 . 东岳论丛,39,(3):14-20.

潘玉君,袁斌 . 2010. 区域生态安全与经济发展的空间结构(上册),北京:科学出版社 .

裴庆冰,谷立静,白泉 . 2018. 绿色发展背景下绿色产业内涵探析 . 环境保护,(Z1):86-89.

曲格平 . 1992. 中国环境与发展 . 北京:中国环境科学出版社 .

钱小军,周剑,吴金希 . 2017. 2016 巴黎协定后中国绿色发展的若干问题思考——清华大学绿色经济与可持续发展研究中心政策研究报告 2016. 北京:清华大学出版社 .

钱易,吴志强,江亿,等 . 2017. 生态文明建设和新型城镇化及绿色消费研究 . 北京:科学出版社 .

钱易,唐孝炎 . 2010. 环境保护与可持续发展 . 北京:高等教育出版社 .

阮朝辉 . 2015. 习近平生态文明建设思想发展的历程 . 前沿,(2):105-107.

阮嘉馨,李巧华 . 2016. 企业绿色政策的实施效果——基于制造业企业绿色创新行为的分析 . 绵阳师范学院学报,(3):30-36.

任铃,张云飞 . 2018. 改革开放 40 年的中国生态文明建设 . 北京:中共党史出版社 .

孙显元 . 1999. 可持续发展研究中的几个理论问题 . 安徽师范大学学报(人文社会科学版),(2):77-82.

孙鸿良 . 1993. 生态农业的理论与方法.济南:山东科学技术出版社.

孙儒泳 . 2001. 动物生态学原理 . 北京:师范大学出版社 .

石敏俊,袁永娜,周晟吕等 . 2013. 碳减排政策:碳税、碳交易还是两者兼之? 管理科学学报,(9):9-19.

石超刚 . 2007. 基于可持续发展的绿色建筑评价体系研究,湖南大学硕士学位论文 .

沈满洪 . 2016. 促进绿色发展的财税制度改革 . 中共杭州市委党校学报,(3):68-73.

唐珍宝 . 2015. 基于 PSR 模型的福建省水资源可持续利用评价研究 . 环境科学与管理,40(3):169-173.

吴松,许太琴 . 2017 云南生态年鉴 . 芒市:德宏民族出版社 .

吴敬琏 . 2013. 中国增长模式决策 . 上海:上海远东出版社 .

吴季松等 . 2006. 循环经济综论 . 北京:新华出版社 .

王宝义 . 2018. 中国农业生态化发展的评价分析与对策选择,山东农业大学博士学位论文 .

王利明 . 2012. 由“健商”(HQ)文化谈开去 . 前沿,(10):117-118.

王光慈 . 2004. 食品营养学 . 北京:中国农业出版社 .

王如松 . 2013. 生态整合与文明发展 . 生态学报,(1):1-11.

王军,井业青 . 2012. 基于钻石理论模型的我国绿色产业竞争力实证分析——以山东省为例 . 经济问题,(11):36-40.

王小平等 . 2017. 产业绿色转型与环保服务业发展 . 北京:人民出版社 .

王永芹 . 2014. 当代中国绿色发展观研究,武汉大学博士学位论文 .

王光辉,王红兵 . 2016. 绿色设计贡献率函数及其实证分析 . 中国科学院院刊,(5):508-516.

邬彩霞 . 2017. 绿色“一带一路”与中国产业绿色竞争力 . 中国战略新兴产业,(29):41-43.

习近平 . 1993. 福州市 20 年经济社会发展战略设想 . 福州:福建美术出版社 .

习近平 . 2007. 之江新语,杭州:浙江人民出版社 .

叶谦吉 . 1998. 生态农业——农业的未来 . 重庆:重庆出版社 .

徐中民,张志强,程国栋 . 2000. 甘肃省 1998 年生态足迹计算与分析 . 地理学报,55(5):607-616.

谢高地,鲁春霞,成升魁,等 . 2001. 中国的生态空间占用研究 . 资源科学,23(6):20-23.

徐倩 . 2018. PPP 模式下海绵城市项目风险分担机制研究,浙江理工大学硕士学位论文 .

向书坚,郑瑞坤 . 2013. 中国绿色经济发展指数研究 . 统计研究,(3):72-77.

夏勇,钟茂初. 2016. 经济发展与环境污染脱钩理论及EKC假说的关系——兼论中国地级城市的脱钩划分. 中国人口·资源与环境,26,(10):8-16.
易昌良. 2016. 2015中国发展指数报告——“创新、协调、绿色、开放、共享”新理念、新发展. 北京:经济科学出版社.
杨开忠. 2009. 谁的生态最文明——中国各省区市生态文明大排名. 中国经济周刊,(32):8-12.
杨丽,付伟. 2019. 生态文明视角下他留文化传承研究. 管理学文摘,(2):146-150.
于法稳. 2018. 新时代农业绿色发展动因、核心及对策研究. 中国农村经济,(5):19-34.
余海. 2011. 中国“十二五”绿色发展路线图. 环境保护,(1):10-13.
俞杰. 2018. 我国最终消费率的影响因素及对策研究. 农村经济与科技,(4):75-76.
岳鸿飞,杨晓华,张志丹. 2018. 绿色产业在落实2030年可持续发展议程中的作用分析. 城市与环境研究,(1):78-87.
严行方. 2007. 绿色经济. 北京:中华工商联合出版社.
中国21世纪议程管理中心可持续发展战略研究组. 2004. 发展的基础—中国可持续发展的资源、生态基础评价. 北京:社会科学文献出版社.
中国生态补偿机制与政策研究课题组. 2007. 中国生态补偿机制与政策研究. 北京:科学出版社.
中国科学院可持续发展战略研究组. 2013. 2013中国可持续发展战略报告:未来10年的生态文明之路. 北京:科学出版社.
中共中央宣传部理论局. 2016. 全面小康热点面对面,北京:学习出版社.
张春霞. 2002. 绿色经济发展研究. 北京:中国林业出版社.
张建兵. 2016. 中国污水治理PPP模式的研究,浙江工业大学硕士学位论文.
张向东. 2000. 我国城市固体废弃物的危害及处理. 求知,(3):22-25.
翟浩辉. 2006. 把握重点统筹规划保障城市饮用水水源地安全—在全国城市饮用水水源地安全保障规划审查会上的讲话摘要. 南水北调与水利科技,4(5):1-3.
张攀攀. 2016. 武汉绿色发展的综合评价与路径研究,湖北工业大学硕士学位论文.
张友国,张晓,李玉红,等. 2016. 环境经济学研究新进展:中国绿色发展战略与政策研究. 北京:中国社会科学出版社.
张诚谦. 1987. 论可更新资源的有偿利用. 农业现代化研究,(5):22-24.
张建龙. 2012. 现代林业统计评价研究. 北京:中国林业出版社.
张森年. 2015. 确立生态思维方式建设生态文明——习近平总书记关于大力推进生态文明建设讲话精神研究. 探索,(1):5-11.
张玉,穆璐璐,赵玉. 2017. 区域绿色产业发展的评价与对策研究. 生态经济,9(3):41-44.
张纪华. 2018. 学习贯彻党的十九大精神为建设美丽云南砥砺前行. 西南林业大学学报(社会科学),2(1):1-10.
张智光等. 2010. 绿色中国:理论、战略与应用. 北京:中国环境科学出版社.
张志强,徐中民,程国栋,等. 2001. 中国西部12省(区市)的生态足迹. 地理学报,56(5):599-600.
张春霞. 2002. 绿色经济发展研究. 北京:中国林业出版社.
张晓娇,周志太. 2017. 构建促进绿色产业发展的绿色财政体系. 合肥工业大学学报(社会科学版),31(5):13-16.
张叶,张国云. 2010. 绿色经济. 北京:中国林业出版社.
郑德凤,臧正,孙才志. 2015. 绿色经济、绿色发展及绿色转型研究综述. 生态经济,31,(2):64-68.
周琼. 2016. 云南生态文明建设的历史回顾与经验启示. 昆明理工大学学报(社会科学版),16(4):22-36.
赵建军等. 2014. 绿色发展的动力机制研究. 北京:北京科学技术出版社.

赵华飞．2016. 绿色发展理念的科学内涵、精神实质和时代意义——以党的十八届五中全会精神的解读为视角．安徽行政学院学报,7(04):5-10.

赵景柱．2013. 关于生态文明建设与评价的理论思考．生态学报,(15):4552-4555.

赵雪梅．2018. 以共建共享绿色产业链推动城市生活垃圾处理的构想．环境保护,(7):52-55.

赵先贵,赵晶,马彩虹,等．2016. 基于足迹家族的甘肃省生态文明建设评价,33(6):1254-1261.

诸大建．2008. 生态文明与绿色发展．上海:上海人民出版社．

诸大建．2011a. 中国发展 3.0:生态文明下的绿色发展——深化中国生态文明研究的十个思考．当代经济,(11):4-8.

诸大建．2011b. 基于 PSR 方法的中国城市绿色转型研究．同济大学学报(社会科学版),22(4):37-47.

诸大建．2012. 绿色经济新理念及中国开展绿色经济研究的思考．中国人口·资源与环境,22(5):40-47.

钟太洋,黄贤金,韩立,等．2010. 资源环境领域脱钩分析研究进展．自然资源学报,25(8):1400-1412.

Carson,R. 1962. Silent spring. Houghton Mifflin Company, Boston, New York.

Clausen. J, Göll,E, Tappeser,V. 2017. How path dependencies in socio-technical regimes are impeding the transformation to a Green Economy,Journal of Innovation Management,(2):111-138.

Creutzig F, Baiocchi G, Bierkandt R, et. al. 2013. Global typology of urban energy use and potentials for an urbanization mitigation wedge. Proceedings of the National Academy of Science of the United States of America, (20):6283-6288.

Ehrlich,P. ,Holdren,J. 1971. Impact of population growth,Science,(171):1212-1217.

Jarvis,P. 2007. Never mind the footprint, get the mass right. Nature,(446):24.

Kiley Worthington M. 1981. Ecological Agriculture. Agriculture and Environment,6(4):349-381.

Kuhn, B. 2016. Collaborative Governance for Sustainable Development in China. Open Journal of Political Science,(6):433-453.

Moorthy, K and Yacob, P. 2013. Green Accounting: Cost Measures. Open Journal of Accounting,(2):4-7.

Ngoc, H. T. and Anh, N. T. 2016. Green Economy Development in Vietnam and the Involvement of Enterprises. Low Carbon Economy,(7):36-46.

OECD. 2003. Environmental indicators— Development, measurement and use. Paris: OECD,.

Rees,W. E. 1992. Ecological footprint and appropriated carrying capacity: What urban economics leaves out. Environment and Urbanization, 4(2): 121-130.

Roy Morrison. 1995. Ecological democracy. Brooklyn:South End Press: 23-25.

Tian, T. and Chen, Y. P. 2014. Research on Green Degree Evaluation of Manufacturing Reverse Logistics. American Journal of Industrial and Business Management,(4):85-89.

UNDP. 1990. Human Development Report 1990,Oxford:Oxford University.

United Nations Environment Program (UNEP). 2011. Green Economy: Cities Investing in Energy and Resource Efficiency. Year of Publication.

Wackernagel,M. ,Rees,W. E. 1996. Our ecological footprint: reducing human impact on the earth. New Society Publishers, Gabriola Island.

Wackernagel, M. , Yount, D. J. 1998. The ecological footprint: An indicator of progress toward regional sustainability. Environmental Monitoring and Assessment,(51):511-529.

Wackernagel,M. ,Onisto,L. ,Bello,P. ,et al. 1999. National natural capital accounting with the ecological footprint concept. Ecological Economics,(29):375-390.